U0186846

世界建筑艺术简史

郭学明◎著

机械工业出版社
CHINA MACHINE PRESS

这是一本内容丰富的"简史",介绍了建筑和建筑艺术的起源、文明前建筑、古代建筑和现代建筑,包括美索不达米亚、埃及、波斯、欧洲、伊斯兰、南亚、东亚、印第安等各种古代和现代建筑风格,从艺术的角度,通过500张经典建筑照片和图例,介绍了各种建筑风格的背景、特征和来龙去脉。文字凝练易懂,知识性强,体现了作者广博的阅读和大量实地考察下的创见性和深入思考。本书适合建筑师、建筑专业学生、从事或喜欢艺术的读者以及对世界史有兴趣的读者阅读。

图书在版编目(CIP)数据

世界建筑艺术简史 / 郭学明著 . —北京:机械工业出版社,2020.5(2023.8 重印)
ISBN 978-7-111-65125-3

Ⅰ.①世… Ⅱ.①郭… Ⅲ.①建筑史—世界
Ⅳ.① TU-091

中国版本图书馆 CIP 数据核字(2020)第 048365 号

机械工业出版社(北京市百万庄大街 22 号邮政编码 100037)
策划编辑:薛俊高 责任编辑:薛俊高 张大勇
责任校对:刘时光 封面设计:马精明
责任印制:刘 媛
涿州市般润文化传播有限公司印刷
2023 年 8 月第 1 版第 2 次印刷
169mm×239mm·24 印张·2 插页·465 千字
标准书号:ISBN 978-7-111-65125-3
定价:89.00 元

电话服务   网络服务
客服电话:010-88361066   机 工 官 网:www.cmpbook.com
        010-88379833   机 工 官 博:weibo.com/cmp1952
        010-68326294   金 书 网:www.golden-book.com
封底无防伪标均为盗版   机工教育服务网:www.cmpedu.com

"想不明白，两个老男人在一起聊好几天，有什么可聊的？"有一次，我和老友薛俊高去武汉待了几天，没怎么游玩，尽侃大山了。一位美女听说了，觉得奇怪，如此问道。

那是几年前，武汉某军工研究所通过机械工业出版社请我去做一个关于西方建筑艺术的讲座，建筑分社副社长薛俊高与我同去。之前，武汉一家新潮书店也请我去做讲座，也是薛副社长陪我去的。尽管老薛是出于对市场信号的敏感和重视才去，但也不排除他喜欢与我聊。

老薛不是老男人，一枚70后，比我小20岁。我喊他老薛，是因为他是老朋友。我们都是学结构出身，又都喜欢读书和思考，虽然水平不高，但涉猎范围较广，建筑、历史、文化……所以，聊几天也不会有车轱辘话。有一次在东湖边上，我们居然聊了一个多小时"深奥表达的副作用"，从黑格尔扯到《读书》扯到汪晖。

我有阅历，时间和空间的阅历；他懂市场，对图书的品位和读者的需求有判断力。我编著、主编的20多本建筑艺术和结构技术书籍都是他策划并编辑的，大都获得了读者青睐。这些书都是在漫无边际的聊天中形成选题创意和写作框架的。

两次武汉讲座，我都是用一个多小时的时间简单介绍了西方建筑，并告诉听众判断建筑艺术风格的简单方法。听众大都不是专业人士，但听得津津有味。听众的反应激活了两个"老男人"的创作欲望，我们在聊天中形成共识：写一本内容丰富条理清晰而又简洁明了的世界建筑艺术简史。

经过了几年努力，花费了不菲代价，这本书终于出炉了。

本书共40章，分成3篇。

第1篇"建筑艺术概述"4章，介绍了建筑和建筑艺术的起源，建筑艺术与文明的关系，建筑艺术风格的定义、元素、谱系和演变历程，文明出现前人类社会两个阶段——采集狩猎社会和早期农业社会——的建筑。

第2篇"古代建筑艺术"21章，介绍了古代建筑即农业文明建筑的基本概念、艺术特点和4个古代建筑艺术风格谱系——地中海谱系、南亚谱系、东亚谱系和印第安谱系，以及各谱系主要建筑风格的来龙去脉、艺术特点与主要实例。

第3篇"现代建筑艺术"15章，介绍了现代建筑即工业文明建筑的基本概念、产生的背景、艺术特点、从古代走进现代的历程，梳理了现代建筑艺术风格，介绍了主要建筑风格与流派的来龙去脉、艺术特点与主要实例，重点介绍了现代主义、后现代主义、解构主义和新现代主义建筑风格，介绍了著名现代建筑师和普利兹克奖获得者的作品，介绍了当代建筑并展望了未来建筑。

本书有些原创性思考或提法，如建筑艺术形成的原因、建筑与文明的关系、地中海谱系、现代折中主义等，作为引玉之砖供读者参考。

本书对建筑艺术风格的归类强调艺术特征，而不是以时间、区域或建筑师为决定性因素。

本书提供了建筑艺术风格的历史背景和社会背景，以使读者对建筑风格的来龙去脉有清晰深入的了解。

本书既是写给建筑专业人士看的，尽可能注重严谨性和艺术性；也是写给非专业读者看的，力求通俗易懂。

我去过 60 多个国家几百个城市和地区考察建筑，本书写作过程中参考的中外历史和建筑书籍的字数是书稿字数的几百倍。虽是简史，创作过程并不简单。

本书中建筑照片约 60% 是我自己拍摄的，40% 或朋友提供或从图片公司购买。

特别自豪地告诉大家，我的外孙高近腾小朋友（8 岁）为本书提供了他拍摄的 5 张照片（图 19-13、图 22-8、图 22-9、图 30-11、图 40-11）。

女儿的闺蜜，毕业于大连理工大学（我的母校）艺术学院的设计师关颖为本书手绘了近 20 张富有韵味的建筑构造图，在此致谢。

感谢梁晓艳总工、孙昊设计师、马瑾设计师绘制的效果图与平面图。感谢张晓娜副总绘制的拱券图例（附录 A）。感谢文华女士手绘的西亚、北美早期建筑与欧洲城堡复原图。感谢老友旅行家祝振东先生陪我在国内各地拍建筑，并专程去西宁拍塔尔寺、去成都青城山拍建福宫，两次去四川渠县拍汉阙等。感谢老友杨雪女士专程去拍西安大雁塔、陕西窑洞和贵州侗族吊脚楼。感谢老友董继辉先生提供国内建筑照片并专程去四川拍福宝民居。感谢留日老友周晓虹博士和我的同事田仙华翻译提供日本建筑照片。感谢老友旅行家马颖女士提供危地马拉和伊朗建筑照片。感谢著名导演家山先生提供的新疆维吾尔族民居照片。感谢老友伍军总工安排女儿女婿专程去拍摄南普陀寺。感谢陈光先生提供部分国外照片。感谢任伟先生专程到现场拍摄新加坡绿色建筑照片。感谢老友王晓阳先生提供西双版纳傣族民居照片。感谢南京倍立达市场总监饶俊先生提供长沙梅溪湖文化中心照片。感谢老友摄影家沈盛章先生帮助修整照片。

感谢许德民总经理承担了大量公司日常工作和我主编的一套技术丛书的组织与初审稿件工作，减少了我许多工作量，使我得以在本书投入更多精力。

感谢张玉波董事长为寻找和购买近 200 张照片做了大量烦琐细致的工作，并慷慨买单。

家人不言谢。但还是想说说他们的贡献。我在国外的大多数田野调查是家人陪我去的，女婿高森是司机兼行李生，女儿郭慧臻是行程总策划兼司机兼行李生。小组长——我家领导罗晶波———路上管理我的生活，时不时"逼"我多喝水……

艺术是一个不易扯清的话题，更主要是我水平有限，本书一定存在不当或错误之处，恳请读者给予批评指导。

郭学明

2020 年 3 月

CONTENTS
目 录

第1篇
建筑艺术概述

第1章
建筑的起源

近 200 种灵长类动物都不需要建筑，

为什么人类需要建筑？

1.1　什么是建筑

什么是建筑？

有建筑学专家把带有艺术属性的房屋称作建筑；把没有艺术属性的房屋称作构筑物。

这样的定义一是不符合大多数人对建筑概念的认知，你说这些房子属于建筑，那些房子属于构筑物，听起来会觉得别扭；二是没有办法界定哪些房屋属于建筑，哪些房屋属于构筑物，因为艺术是很难定义的概念。

什么是建筑？建筑是人工建造的围护空间和仪式性构筑物。

山洞是天然形成的围护空间，不能算建筑；但人工凿岩形成的围护空间，如佛教石窟、窑洞，就属于建筑。

建筑的围护系统由屋盖、墙体构成。

一些仪式性构筑物，如祭祀台、纪念碑、牌坊、凯旋门等，虽然没有形成空间，但是在建筑艺术舞台上扮演着重要角色，也被纳入了建筑的范畴。

1.2　人类为什么需要建筑

人类为什么需要建筑？

有人马上会说：这还用问？遮风挡雨御寒防晒呗！

人类是从灵长类动物进化来的。近 200 种灵长类动物，猴子、猩猩、狒狒、猿，都不需要建筑，都不需要遮风挡雨御寒防晒。为什么只有人类需要建筑？

让我们从 1 千万年前说起。

大约 1 千万年前，由于地壳变动，非洲东部形成了南北方向的大裂谷。裂谷东边地势隆起，成了干旱缺雨的高地，茂密的森林变成了稀树草原。生活在那里的灵长类动物无树可栖，不得不从树栖动物变成地居动物。为了适应稀树草原环境，一些猿从四肢行走变为双足直立行走，即直立猿——也就是人类的祖先。

在稀树草原上觅食需长途行走。对灵长类动物而言，直立行走比四肢爬行速度快、节省体力；身体与太阳光的夹角小，吸热少，散热快。在草原上，直立行走还有一个好处：比爬行更容易发现敌情或食物。

直立行走使人类祖先与灵长类的近亲有两点不同：

第一，"有"了手，可以制作和使用工具。

第二，骨盆变窄，雌性生殖道随之变窄，胎儿不得不在发育不成熟即脑袋还不够大的时候出生。由此，人类在所有动物中照料婴幼儿时间最长，并形成了紧密型的配偶关系和社会形态。

考古发现最早的类人猿化石距今约 700 万年（乍得古猿）。从那时到 260 万年前，人类祖先是食草动物。距今 260 万年开始，人类成为既食草也食肉的动物，由采集者变成了采集-狩猎者。

人类祖先成为采集-狩猎者后，一个重要变化是褪去了体毛。地球上 4 千多种哺乳动物中，极少有放弃体（皮）毛而适于生存的。厚实多毛的皮肤能防止热量散失，防止烈日下体温过高，防止太阳直射灼伤皮肤。那么，人类为什么会褪去体毛呢？因为狩猎需要快速奔跑，而人类的体质和身体构造与天生的草原动物比没有优势。为了适应快速奔跑，人类在进化中褪去了体毛，成为"裸猿"，以利于散热。

人类是灵长类动物中唯一褪去了体毛的。由于没有体毛，皮肤娇嫩，尤其是婴幼儿，由此产生了对衣服和遮风挡雨防晒御寒的居所的需求。穴居的田鼠和土豚类动物体毛比普通哺乳动物少很多，也证明了褪去体毛与需要居所有相关性。

如此看来，人类需要建筑，是从食草动物转变为既食草也食肉动物，从采集者转变为采集-狩猎者后开始的。

人类祖先最先使用的工具是树枝，用来挖掘根茎类食物。成为采集-狩猎者后，人类开始制作石头工具，由此进入旧石器时代。最早的石制工具是被称作"砍砸器"的有刃薄石块，可用于切开皮肉，砍砸骨头。人类没有食肉动物天生的尖利牙齿，只能借助于工具。

考古发现最早的人类宿营地距今约 260 万年，有石器、人骨和兽骨化石，没有建筑痕迹。著名古人类学家理查德·利基推测那时候河边营地的场景："一个家族群在用幼树搭架、茅草盖顶的建筑下宰割肉类。"⊖ 在稀树草原，树枝条和茅草是最容易获得的建筑材料。非洲热带雨林俾格米人直到现代还保持着采集 - 狩猎生活方式，居住在用树枝和芭蕉叶搭建的棚厦里。

成为采集 - 狩猎者几十万年后，人类开始用火。"人类很有可能早在距今 180 万年前就学会了保存火种。"⊜ 保存火种既要防止风吹雨浇，又要防止火的蔓延，于是人类用石头或泥土围成火塘或灶坑，搭起遮风挡雨的棚子。用火也使营地相对固定，因为火不便于搬来搬去。

成为采集 - 狩猎者之前，人类祖先的脑容量与灵长类动物中最聪明的猿相差无几，大约是 450 毫升。成为采集 - 狩猎者之后，由于集体狩猎需要协作交流，也由于动物蛋白提供了更多的营养，经过了 200 多万年的进化，人类脑容量增加了两倍多，达到现在的 1350 毫升。

人类从采集者变为采集 - 狩猎者后，食物链扩展，得以散布到地球各个角落。各地气候和地质条件不一样，有山洞的地方很少，人类不得不建造居所——草棚、帐篷或地穴，以适应炎热或严寒的环境。采集 - 狩猎者的居所非常简陋，不耐久，也不讲艺术，但就形成人造围护空间而言，它是建筑的源头。

1.3 "窝居"动物对人类的启发 ○·····

人类没有造窝的本能。而有些动物是天生的"建筑师""工程师"，不用进建筑系不用掌握结构知识也不用学施工技术就能建造非常好的"建筑"。

蜜蜂分泌蜂蜡建造蜂巢，神奇地将蜂巢做成六边形。六边形比四边形结构稳定，节省材料；比三边形有效空间大，非常合理。

有一种沙漠石蜂用唾液和小沙粒混合成"混凝土"建造蜂巢。胡蜂和大黄蜂则嘴嚼木质纤维，使纤维与唾液黏合，形成纸浆纤维材料建造蜂巢。有的蜜蜂还会建造"超大型"建筑，一个蜂巢里有多达 1.7 万个"房间"。

蚂蚁也是建筑天才。有一种红蚂蚁用松针、小树枝、树皮、树叶、秸秆等材料建造起巨大蚁巢，防晒隔热保温效果好，还有通气孔。蚁巢内有不同功能的空间——起居室、育婴室、蚁后"宫殿"等。

澳大利亚有一种沙漠白蚁，用泥土和沙粒混合成"混凝土"，可建造起 6m 高的蚁巢。相对于体长，这么高的蚁巢相当于人类建造起两千多米高的摩天大厦，比目前最高建筑

⊖　《人类的起源》P29，（肯尼亚）理查德·利基著，上海科学技术出版社。
⊜　《世界史前史》P78，（美）布莱恩·费根著，世界图书出版公司。

828m 高的迪拜哈利法塔还要高出 1.5 倍。

　　一些鸟类也是天然的建筑师，用树枝和湿泥建造鸟巢。有的海鸟用海草和湿泥建造鸟巢。名贵的燕窝是金丝燕用唾液和绒状羽毛建造的。"鸟造混凝土"的原理与钢筋混凝土一样，树枝或羽毛承担拉应力，湿泥和唾液干燥后形成的胶凝体承受压应力。

　　南美洲灶鸟用软泥建造鸟巢，就像如今的 3D 打印技术一样，软泥硬化后形成坚硬的质地。南美洲还有一种园丁鸟，会建造带庭院的"房子"，衔来美丽的花朵摆在庭院里。

　　一些爬行类动物和哺乳类动物有穴居习惯。蚯蚓、蛇、蜥蜴都有打洞本能；鼠、獾类动物或在土中掘洞，或在树上啃出树洞。

　　窝居动物是人类在建筑和结构方面最早的老师。动物洞穴是窑洞和凿岩建筑的源头；下凹式蚁巢是地穴建筑的源头；蜂巢燕窝是"土木"建筑的源头；树枝搭建的鸟窝则是装配式建筑的源头。

1.4　建筑与社会演化的关系

　　人类是从采集者变为采集 - 狩猎者后才开始需要建筑的。

　　绝大多数采集 - 狩猎者是游动的小型血缘社会，只有几十人，或居住在天然洞穴里（很少）、或用树枝和树叶搭建棚厦、用兽皮和木杆搭建帐篷。采集 - 狩猎者之所以游动，是因为采集 - 狩猎生活方式所能获得的食物资源不集中。一个地方可吃的植物采集光了，或季节变了，或动物迁徙了，采集 - 狩猎者就需要迁徙。所以，他们的居所是临时的。在极个别食物资源丰富的地区，采集 - 狩猎者不用流动，定居建筑开始出现。

　　距今 1.2 万年到 6000 年间，世界上不同地区先后发生了农业革命，人类从采集 - 狩猎的食物搜寻者变成了农耕或畜牧的食物生产者，石器工具也增加了品种，扩展了功能。人类进入了新石器时代。

　　农业依赖土地。照看农作物需要定居，有农业提供的食物，人类也用不着游动了。人类进入农业社会的同时开始定居，开始建造使用寿命长的房屋。

　　早期农业社会的建筑有 3 种功能：居住、仓储和防御。居住功能建筑有木屋、黏土房屋、芦苇房屋等；仓储建筑主要是谷仓，储存粮食和种子，为防止老鼠或其他动物偷吃，一般仓储建筑是在地面上架起来的；防御建筑或构筑物包括木栅栏、黏土围墙、石头围墙、瞭望台等。仓储和防御功能建筑在采集 - 狩猎时期是不需要的，因为没有东西需要储存，也没有东西可被抢。

　　农业生活方式需要盛放谷物、酒水或烹调用的盆盆罐罐，人类发明了制陶术。烧制陶器的过程中又发现了冶炼金属的方法，人类从石器时代进入了金属时代，先是铜器时代，继而是铁器时代。

农业提高了人口密度，灌溉农业地区需要集约劳动修建水利工程，人口聚集的村落形成了。

由于农业生产方式对气候高度依赖；也由于抢夺或保护粮食与土地的战争日益频繁，人类对超自然力量——神灵——越来越依赖，开始建造祭祀神灵的仪式性建筑。

随着手工业和贸易的发展，社会共同体越来越大，几千人、几万人甚至十几万人的城邦出现了，血缘社会被地缘社会也就是陌生人组成的社会所取代，宗教祭祀建筑成为凝聚社会最重要的象征符号和仪式场所。同时，权力登场。权力的象征——帝王宫殿和陵墓也随之出现。人类进入了被定义为"文明"的社会形态。

以文明形成作为分水岭，农业社会分为两个阶段：文明形成前阶段与文明形成后阶段。文明形成前的农业社会或早期农业社会，建筑以实际功能为主，建筑艺术处于萌芽、点缀状态；文明形成后的农业社会，除居住、储存、防御功能建筑外，出现了大体量的宗教功能、政治功能和公共功能建筑，这些建筑具有艺术属性。建筑艺术的历史开始了。

到了近代，工业革命发生，人类进入工业社会，建筑在功能、规模、类型、技术和艺术风格方面发生了巨大变化。19世纪中叶，现代建筑登场了。

建筑历史可分为4个阶段。文明形成前两个阶段：采集-狩猎社会建筑和早期农业社会建筑；文明形成后两个阶段：古代建筑和现代建筑。

文明形成之后到现代建筑问世前的建筑统称为古代建筑。现代建筑登场到今天的建筑，统称为现代建筑。

本书用"文明形成前建筑"的说法，而没有用"史前建筑"的说法。因为"史前"的概念不清晰。如果以文字记载的编年史作为史前史后分界点，有的文明社会没有文字记载的历史，如印度文明、美索美洲文明和安第斯山文明；有的文明社会虽然有文字记载的历史，但比实际文明出现的时间点晚了许多，如苏美尔文明、埃及文明和华夏文明。如果以考古证据作为史前史后的分界点，究竟怎样的考古证据有资格成为历史起点是模糊的。而以文明形成作为分界点，考古界和史学界对文明的概念有大体上一致的共识，如此，就有了相对清晰的界定标准。

本书也不用"远古建筑"和"原始建筑"等无法清晰界定起始点和边界的说法。

综上，人类社会演化与建筑的关系是：

树栖灵长类动物（无建筑）→地居直立人科动物，采集者（无建筑）→采集-狩猎者（临时建筑）→文明出现前农业定居者（长久建筑，出现建筑艺术萌芽）→文明出现后农业定居者（长久建筑、较大村落和城邦，出现了宗教建筑、宫廷建筑、公共建筑，古代建筑艺术）→工业定居者（长久建筑、大规模城市建筑、工业建筑、商业建筑、住宅建筑和公共建筑等，现代建筑艺术)。

　　人类社会形态与建筑的关系如图 1-1 所示。

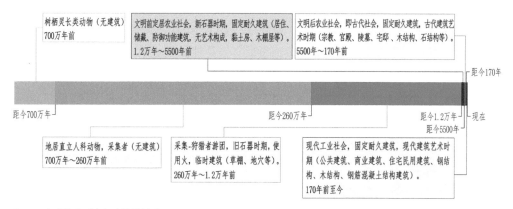

图 1-1　人类社会形态与建筑的关系

　　从图 1-1 可以看出，在长达 700 多万年的进化历程中，人类需要建筑的时间段不到 40%，而固定耐久建筑的历史只有 0.14%，建筑艺术的历史更短，只有 0.07%。

1.5　建筑与文明的关系

　　公元前 3500 年，也就是 5500 多年前，人类最早的文明诞生了。

　　这里所说的文明不是伦理意义的文明，与 "讲文明" "精神文明" "文明社区" 中的文明不是一个概念。

　　什么是文明？

　　文明是人类的创造，特指人类在农业革命后形成的规模较大的社会共同体创造的成果。

　　文明的特征有各种说法。著名考古学家戈登·柴尔德列出了 10 项；《全球通史》作者斯塔夫里阿诺斯归纳了 7 项；著名社会学家迈克尔·曼总结了 3 项。将他们的特征清单筛选归纳，文明的主要特征包括以下 4 项：

　　（1）城邦或人口密集。

　　（2）仪式性建筑。

　　（3）国家权力。

　　（4）文字。

　　并不是同时具备了以上特征才算进入文明社会。南美洲安第斯山文明，孕育了印加帝国的文明，就没有文字，直到 16 世纪还靠结绳记事。最初的华夏文明也没有仪式性建筑的证据。

文明的基本特征中，两项与建筑直接有关：城邦和仪式性建筑；一项与建筑间接有关：国家权力，因为权力总是被王宫、王陵等建筑体现和证实的；还有一项文字，事实上也与建筑有关，早期文字常常刻在建筑物墙壁、浮雕和附属构筑物上。

文明出现之前，人类有许多创造，如房屋、工具、语言、服饰、陶器、绘画、雕塑、装饰品、宗教、习俗等。但这些创造不是文明，而被定义为文化，如欧洲克鲁马努人的壁画艺术被称作克鲁马努文化；杰里科遗址、加泰土丘和仰韶遗址分别被叫作杰里科文化、加泰文化和仰韶文化。

文明的出现是人类社会组织方式与紧密程度变化的结果。文明的本质是更有效地组织起来的社会及其能量的释放。有艺术属性的仪式性建筑是其重要证据。文明与非文明的差异首先体现在建筑方面。

建筑的艺术属性是文明的产物，也是文明的证据。

人类最早的文明包括：两河流域的苏美尔文明（大约在5500年前出现）；尼罗河谷的埃及文明（大约在5100年前出现）；印度河流域的哈拉帕文明（大约在4500年前出现）；黄河和长江流域的华夏文明（距今约3500~5000年）；中美洲文明（模糊的始点是3500年前）和南美洲安第斯山文明（大约3000年前出现）。

第2章

建筑艺术的起源

大多数时候，建筑艺术表达的是权力的意志与意识。

2.1　什么是艺术

艺术是人类的创造物。

美女很美，但不算艺术。艺术家用艺术手法把美女画下来、拍照下来或雕塑出来，就成为艺术了。

并不是表达美的创作才是艺术，恐怖、丑恶的呈现或许也是艺术。俄罗斯19世纪画家彼得罗的作品《战争的祭礼》，画了一堆骷髅头（图2-1），一点都不美，但它却是著名的艺术品，震撼心灵。

艺术或带来愉悦，或带来震撼，或带来痛苦与悲伤。

给艺术下定义是很难的事。一些美学家或哲学家不认为有一个定

图2-1　彼得罗的油画《战争的祭礼》

义能够涵盖艺术的本质。哲学家维根特斯坦认为，艺术是不可定义的。

但我们讨论建筑艺术，总是要给艺术下一个定义。至少在本书中谈到艺术时应有明确的含义。

什么是艺术？

艺术是人的理念、愿望、情感和美学偏好的形象表达。

例如，《战争的祭礼》表达的是彼得罗的反战理念和悲悯情怀；埃及金字塔（图2-2）表达的是法老永续生命的愿望；雕塑《大卫》（图2-3）则表达了米开朗琪罗的人文主义情怀和人体美学偏好。

图 2-2 埃及法老的坟墓——金字塔

图 2-3 米开朗琪罗雕塑的大卫

　　艺术形式繁多。有绘画艺术、雕塑（雕刻）艺术、建筑艺术、文学艺术、戏剧艺术、音乐艺术、舞蹈艺术及影像艺术，等等。

　　最早的有据可查的艺术形式是绘画、雕塑和建筑艺术，都属于视觉艺术。绘画是平面艺术（二维）；雕塑是立体艺术（三维）；建筑就形体而言是三维艺术，局部而言既有三维艺术（如柱头）也有二维艺术（如马赛克墙面）。

2.2　人类为什么需要艺术

图 2-4　法国拉斯科洞穴壁画

　　考古发现人类最早的绘画艺术作品是 3.5 万年前的欧洲岩洞壁画。在洞穴深处的岩壁上，画着栩栩如生的野牛野马（图 2-4）。这些黑暗的岩洞显然不是艺术博物馆和画廊。有的艺术史学家认为：岩洞壁画不是出于美学情趣，而是巫术仪式的背景。岩壁上画的野牛野马是狩猎者期望捕获的猎物，他们相信，对其施以咒语，就可以方便地将其捕获。这种巫术仪式就像把所恨之人画下来，写上名字，用针扎、念咒语一样。艺术源于巫术，源于对超自然力量的想象和依赖。

人类早期艺术创作多与墓葬有关，如墓室墙壁上的浮雕、绘画，殉葬的雕塑艺术品等。这些艺术作品表达了人类抗拒死亡的愿望，希望或者说相信死亡之后生命还会以某种形态继续存在。

宗教是艺术之源。巫术是宗教的早期形态，墓葬意识是宗教来世说、天堂说、地狱说的原始模型。宗教信仰者认为，在无法解释的自然现象背后，存在高于人类的超验的力量——神。所以他们要举行仪式敬拜神，祈求神的宽恕、保护与帮助。古代社会的绘画艺术、雕塑艺术和建筑艺术，大都是献给神的。

权力也是艺术的动机。对君主歌功颂德的画作、浮雕、表功柱，宏伟的宫殿王陵，还有太平洋岛屿酋长住宅的图腾装饰，都是为了彰显权力与权威，强调统治的合法性。

建筑艺术也是社会地位的标识与炫耀。例如，中国古代建筑的屋顶式样就是与社会地位等级相对应的。

当然，艺术使人愉悦，喜欢美是人的欲望。但很多艺术作品并不是"好美之心"的产物。

2.3 什么是建筑艺术

建筑艺术与艺术一样，也是一种表达。

建筑艺术是人的理念、愿望、情感和美学偏好借助于建筑形象的表达。

建筑形象包括形体、体量、比例、质感、色彩、虚实、明暗、与环境的关系等。

大多数时候，建筑艺术表达的是权力的意志与意识。神庙表达的是神权意识，金字塔表达的是法老意识，宫殿表达的是君权意识，摩天大楼表达的是资本意识，现代公共建筑表达的是公民意识。

建筑的基本功能是满足人类的生理需求，遮风挡雨、防晒避寒、防御侵扰等；建筑艺术满足的则是人类的心理需求，宗教、政治、意识形态、地位符号、表现欲、审美偏好等。

并不是所有建筑都有艺术特征。许多实用建筑没有艺术元素或艺术元素很少，如棚厦、农舍、保障房、仓库、厂房等。只有艺术特征鲜明的建筑或构筑物才会被认为是建筑艺术作品。

汽车和飞机设计得再漂亮，也不会被纳入艺术范畴，不会称作汽车艺术、飞机艺术，因为汽车和飞机不会不顾甚至牺牲使用功能去刻意表达，只是基于使用功能，运用艺术元素，把产品设计得更好看一些。

建筑有"建筑艺术"一说，主要是许多建筑除了实用功能外还有艺术表达的功能，有的建筑甚至以艺术表达为主旨。

艺术与建筑的关系有 4 种情况：

（1）以表达为主旨的建筑

这类建筑没有或基本没有实用功能，主要功能是表达，艺术是其最重要的属性，如金字塔、祭坛、纪念碑等。

（2）表达功能比实用功能重要的建筑

这类建筑既有实用功能，又有表达功能，表达功能比实用功能更为重要，艺术是其重要属性，如既有象征性功能又有聚会功能的教堂、宫殿、国会大厦、城市公共建筑、标志性建筑等。

（3）表达为辅的建筑

这类建筑以实用功能为主，艺术表达为辅，如普通民用建筑。

（4）无艺术元素建筑

这类建筑只考虑实用功能和结构要素，不考虑或基本不考虑艺术元素，如农舍、工业厂房、仓库等。

2.4　建筑艺术的起源 ○······

人们借助于建筑形象所要表达的意识，或者说建筑艺术的目的，与恐惧意识、凝聚社会、维护统治、地位标识和满足欲望有关。

（1）恐惧意识

早期祭祀性建筑和陵墓是恐惧意识的产物。恐惧灾难、失败和死亡，寻求超自然力量的恩典。在科学还没有充分发育的时代，超自然力量是人们试图控制环境的寄托与捷径。

（2）凝聚社会

采集 - 狩猎社会是小型血缘社会，农业社会初期也是血缘社会，当社会共同体规模大到一定程度，由血缘社会变成了地缘社会，也就是政治社会，社会共同体成员不再是血缘的聚合，宗教成为替代性的结合力量，巩固社会权威和社会秩序，维持社会团结和稳定。对超自然力量的恭顺是凝聚社会的重要手段。由此，作为仪式中心的神庙出现了，其建筑规模、艺术表现力和豪华程度远超过人的居所。宗教是建筑艺术的牵引。

（3）维护统治

宏伟的宗教建筑、宫廷建筑是神权和君权意识的表达，是权力和权威的宣告，能形成心理暗示，使人们对强大权力畏惧、崇拜与顺服。建筑艺术是维护统治的隐形力量。

（4）地位标识

建筑艺术是社会地位的标识，有着固化等级和炫耀的功能。

（5）满足欲望

建筑艺术可满足审美情趣、虚荣心、荣誉感及对人生或来世的欲望。

综上所述，建筑艺术源于对死亡和灾难的恐惧、对胜利的渴望、对统治稳定的期盼、对社会地位的标识、对成就的炫耀和审美情趣。

建筑艺术是什么时候起源的?

采集-狩猎者的建筑是临时建筑。采集-狩猎者虽然对超自然力量充满敬畏，崇拜形形色色的神灵，但他们对神灵的依赖要弱一些，流动的生活方式也不可能允许他们建设固定的祭祀中心，最多在山洞石壁上绘画，或者制作图腾符号。所以，采集-狩猎社会没有建筑艺术。

到早期农业社会，人类定居了下来。农业生产方式对天气的依赖，提高了超自然力量在人们心中的地位，开始出现祭祀性建筑和故意而为的艺术表达。建筑艺术的萌芽破土而出。

文明出现后，社会共同体规模大了，出于凝聚社会和维护统治的需要，也由于可以组织起来较多的人力和物力资源，大型宗教建筑（神庙）和政治权力建筑（王宫、王陵），即以意识表达为主要目的的建筑出现了。建筑艺术正式登场亮相。

建筑艺术在文明出现之际登场。

不同地区文明出现的时间不同，因此，建筑艺术起源的时间各地是不一样的。西亚大约在 5500 年前，北非大约在 5000 年前，南亚大约在 4500 年前，东亚大约在 3500~5000 年前，欧洲大约在 3500 年前，美洲大约在 3500 年前。

第 3 章

建筑艺术风格

建筑艺术风格是时代与环境的印记。

3.1 什么是建筑艺术风格

建筑艺术风格是对有着相同或相似艺术特征的建筑所做的归纳与命名。例如：希腊古典风格，柱式与山花是其主要特征；罗马风格，穹顶和半圆拱券是其魅力所在；东亚风格，大屋顶和斗拱具有鲜明特色；现代极简主义风格，简洁抽象是它的美学语言。

建筑艺术风格的命名，或由当时的评论家给出；或由后人总结归纳；也有由建筑师自己定义的。例如，哥特式风格是后人归纳的带有贬义的称谓；后现代主义风格是当时评论家起的名；有机主义风格则是建筑师赖特的自我定义。

有的建筑风格特征明显、边界清晰，如希腊风格、哥特式风格、印度风格、东亚风格、国际主义风格；有的建筑风格与其他建筑风格共享了一些元素，边界不清晰，如罗马与罗马风，文艺复兴与新古典主义。并不是所有建筑都可以纳入建筑艺术风格的谱系中。普通功能性建筑，如农舍、仓库、厂房等，没有或很少有艺术元素，就没有被建筑风格谱系覆盖。不过，废弃厂房或仓库经过艺术加工和环境改造后用于文化功能，就形成了一种风格，如台湾"文创园风格"、北京"798 风格"。

被纳入建筑艺术风格谱系的建筑主要是宗教建筑、政治建筑、公共建筑、商业建筑和艺术特征鲜明的民居等，或历时较久，或传播较广，或影响较大。也有些著名建筑特立独行，没有同类建筑，未被归类于建筑艺术风格谱系。还有的建筑融合了不同风格，很难准确归类于哪种风格。

建筑艺术风格是对已知或现存建筑的归纳，并没有呈现建筑历史的全貌。有些古老建筑只有文献记载，没有留下实物痕迹，如巴比伦空中花园、秦朝阿房宫；有的古建筑只留下了残垣断壁，无法窥其全貌，如印度河流域哈拉帕古城、河南二里头遗址。这些建筑虽然根据文字描述和推理可以大致绘制出复原图，但为其定义艺术风格还是有些勉强。

有的建筑风格存续时间很长，几百年甚至逾千年，如埃及风格、拜占庭风格、伊斯兰风格、中国古代建筑风格；有的建筑风格持续时间较短，几十年就式微了，如后现代主义风格；还有的建筑风格昙花一现，只建了几座建筑就不再有效仿者了，如野兽主义风格。

有的建筑风格影响范围遍及全球，如巴洛克风格、国际主义风格；有的建筑风格传播范围较广，如伊斯兰风格；还有的建筑风格只在区域内有影响，如美索美洲和安第斯山建筑风格。

建筑艺术风格的判断依据不是精准的模具，特征完全一样的建筑很少见，每个建筑都会有些自己的特点和个性。

建筑流派是建筑艺术风格的分支，是对建筑风格的再细分，相当于建筑艺术风格的亚科目。例如，徽派建筑是中国古代建筑的分支；高科技派是现代主义风格的分支。

建筑艺术随时间而演进着，但不存在"进步"之说。例如，不能说罗马建筑艺术比希腊建筑艺术进步了，也不能说哥特式建筑艺术比罗马建筑艺术高级了，更不能说现代建筑艺术是古代建筑艺术发展和进化的结果。建筑艺术风格的演变不是递进关系。每一个时期的建筑艺术风格只是符合了那个时代的社会特点、需求与能力，符合当时人们的审美情趣。古代建筑艺术是古代社会文化生活与技术能力的反映，是那个时代的反映。社会与文化进步了，艺术表现形式变化了，但不意味着过去的艺术落后了。现代建筑艺术基于现代社会的需求，也基于现代科学技术的支撑，可以说，科学技术是在不断进步着的，但绝不能说，现代艺术比古代艺术更先进。

建筑艺术风格是时代与环境的印记。

3.2 建筑艺术风格元素

建筑艺术是造型艺术，是运用物理元素和人文元素，并受到环境、场地影响的视觉表达。

建筑艺术不是简单的物理元素的陈列与组合，建筑艺术赋予建筑物灵魂、气质、气场和表情，优秀建筑能辐射出震撼力和穿透心灵的力量。

建筑美学效果或自然形成（功能、结构、材料），或人为形成（装饰、比例、形体），或环境形成（场地、环境）。

绝大多数建筑不是单纯的艺术品，实用功能是其不可忽略的基本属性。建筑艺术风格的特征由功能、空间、体量、形体、形制、比例、立面、表皮、雕塑、浮雕、绘画、构造物、细部构造、内装饰和结构等要素体现，也与建筑的实现难度、所处环境与场地有关。

（1）功能
建筑功能对建筑艺术影响很大。

一般而言，以实用功能为主的建筑，艺术成分少些；以心理功能为主的建筑，艺术成分多些。古代建筑中，农舍、作坊艺术元素运用得很少；神庙、宫殿、帝王陵墓艺术元素运用得很多。现代建筑中，工厂、仓库几乎没有艺术元素，普通住宅艺术元素也不是很多，而旅游建筑、公共建筑和标志性建筑艺术元素很多。总体上讲，宗教功能、政治功能、公共功能和商业功能建筑中，艺术比重较大。

一些实用性建筑，建造时并没有美学动机，却具有艺术潜质，被后人发现。如中世纪城堡是功能性建筑，后来却成了艺术表达语言，如乡间宅邸、城堡酒店等。

有时，仅将建筑功能改变，艺术效果就会发生很大的变化。例如将弃用厂房和仓库改为文创园，建筑空间、形体和表皮没有改变，只是功能变了，再做些修整，艺术效果就大不一样了。

（2）空间

建筑的使用功能主要靠空间实现。建筑空间由墙体、屋盖等外围护系统围成，结构和基础仅仅是为围护系统提供支承。

建筑空间大都是闭合的；也有露天建筑，如古希腊剧场、古罗马角斗场、现代体育场；也有四周敞开的建筑，如柱廊、亭子等。

建筑空间对建筑艺术风格有较大影响。埃及金字塔、中部美洲金字塔、佛教窣堵坡等陵墓、祭祀性建筑，是没有或几乎没有内部空间的建筑（或构筑物）。而具有结社性质的宗教礼拜场所，如犹太教会堂、基督教教堂和伊斯兰教清真寺，则有很大的内部空间。有没有空间要求，需要怎样的空间，影响着建筑形体和结构，艺术语言的运用也不一样。

（3）体量

体量大小也是建筑艺术风格的重要特征。一些建筑的影响力和感染力是靠体量实现的。只有大体量建筑才能营造出宏伟的效果，而小体量建筑更能显示出其玲珑的魅力。

同样是金字塔，埃及金字塔的体量与中美洲金字塔的体量不同，构成了风格差异和视觉效果的差异。贝聿铭设计的卢浮宫扩建工程的玻璃金字塔体量过大或过小，都会破坏视觉效果。与建筑功能和场地环境匹配的适宜体量，是由建筑美学预判能力所决定的。建筑师和艺术家在美学预判能力方面具有专业优势。

（4）形体

形体，也就是建筑物的三维造型，是建筑艺术风格最重要的特征。不同的造型或造型组合，是建筑风格最易识别的元素。

例如，埃及金字塔简洁抽象的方锥形，佛教窣堵坡象征水滴或苍穹的半圆球，表达了不同的理念。

古希腊神庙是坡屋顶矩形形体，古罗马万神庙是半圆球体加筒体。尽管万神庙的前厅与门头采用了希腊柱式，但形体不同使其与希腊建筑风格有了差异。哥特式教堂与罗马风教堂虽然都是巴西利卡布置，但前者细高的形体与后者厚实的形体有明显差异。密斯设计的现代主义风格纽约西格拉姆大厦与库哈斯设计的解构主义风格北京央视大楼，还有扎哈设计的非线性曲面的北京建国门 SOHO，三者的艺术特征区别主要依赖于形体。

（5）形制

什么是形制？形制是指相对固化的设计规则，或由传统固化，或由权力规定，主要与平面布置和形体设计有关。

罗马天主教教堂的形制是拉丁十字，像十字架一样的狭长的十字形平面布置；拜占庭东正教教堂的形制则是希腊十字，即集中式十字形布置。不同的平面形制影响了建筑形体和空间，进而影响到艺术形象。

（6）比例

比例是建筑美学最不易拿捏的元素，是建筑师的基本功。好的建筑，形体比例、构件比例、门窗比例和搭配组合关系设计得很得体，看上去顺眼。希腊古典建筑特别讲究比例，建筑师以人的尺度确定建筑的比例关系，所以是千年经典。比例失当的建筑看上去是丑陋的。

（7）立面与表皮

建筑立面是建筑艺术语言集中的媒介，包括立面布置、造型、门窗设计等。

强调权威的建筑，如宫廷，立面较多采用对称式；凸显浪漫的建筑，如海滨度假酒店，则喜欢看似随意的立面形式。

古代建筑多用装饰性强的立面造型，如欧式古典建筑运用柱式、线脚等，印度教神庙立面密密麻麻布满了雕塑小神像；现代主义建筑主张简洁的立面；后现代主义建筑则喜欢运用一些放大或变形的古代建筑或世俗符号。

门窗是辨识建筑艺术风格最便捷的标识，例如，半圆拱门窗是罗马风格，尖拱门窗是哥特风格，马蹄拱门窗是伊斯兰风格等。

明亮的光线和阴影都是美学元素，光影的变化犹如韵律。

建筑表皮的虚实、质感、色彩、比例、韵律、凸与凹、明与暗、简与繁、曲与直、对称与随意等都是建筑艺术语汇，用来表达出建筑的风格、气质与情感。

（8）雕塑、浮雕、绘画

许多建筑特别是古代建筑，雕塑、浮雕和绘画是建筑艺术的重要组成部分。如金字塔前的狮身人面像；希腊建筑山花里的浮雕；东方建筑屋脊端部的鸱尾；文艺复兴建筑的壁画和穹顶画等。

（9）构造物与细部构造

附属于建筑的构造物和建筑上的细部构造，是建筑艺术的重要部分，其象征性更强。

如埃及神庙的方尖碑；伊斯兰清真寺的宣礼塔，清真寺屋顶的新月标志；中国古代建筑的华表、牌坊；日本神道教的鸟居等。

（10）内装饰

建筑内部装饰也是建筑艺术风格的构成。例如，拜占庭风格和伊斯兰风格的马赛克，洛可可风格的石膏造型，都是其建筑艺术风格的鲜明特征。

（11）结构

结构与建筑艺术风格的关系包括四个方面。

◇ 结构对艺术风格的影响。例如，文艺复兴时期佛罗伦萨大教堂的穹顶结构与罗马时期万神庙的穹顶结构的差异，形成了其建筑艺术风格的差异。现代建筑柱梁结构、剪力墙结构、悬索结构和空间薄壁结构的差异，对建筑形体乃至艺术风格也有重要的影响。

◇ 结构构件是艺术元素的载体。如埃及建筑结构柱上的浮雕，埃及和希腊建筑中柱头的雕刻造型，中国木结构柱顶的斗拱等。

◇ 结构本身是艺术元素。极简主义清水混凝土建筑，结构构件就是建筑美学的一部分。现代建筑师沙里宁的有机主义建筑和圣地亚哥·卡拉特瓦拉的造型舒展的建筑，将结构逻辑之美与建筑艺术融为一体。

◇ 非结构功能的"结构构件"。一些"结构构件"并没有结构功能，而只是作为美学元素。今天的装饰构件可能是过去的结构构件，如没有支承功能的装饰性柱子。

（12）实现难度

审美评价与建筑的实现难度有关。不易实现的艺术品美誉度会更高一些。

例如，埃及金字塔和玛雅金字塔都是在新石器时代建造的，实现难度很大，为其艺术感染力加分。再如，秘鲁的马丘比丘被评为世界新七大奇迹之一，名气非常大。但其实不过是在山顶上建造的石头墙、茅草顶的建筑群，它的美学评价是被实现难度赋予的。

（13）环境与场地

建筑的艺术效果不仅取决于建筑本身，而且与场地和环境有密切关系。同样的建筑，在广场、河边、海边、空旷地与在市区街道旁比较，视觉效果差距很大。金字塔建在沙漠里才有气势和问天之境界，如果建在拥挤的闹市中，就会显得突兀，有压迫感。

3.3 影响建筑艺术风格的主要因素 ◦∙∙∙∙∙∙∙∙∙∙∙∙∙∙∙∙∙∙∙∙∙∙∙∙∙∙∙∙∙∙∙∙∙∙

一种建筑艺术风格的形成，不单单出于建筑师的美学观念和创意。古往今来，那些有艺术表现力的建筑，其实是不同时期主导社会的人们表达思想与意愿的媒介。

建筑风格的形成与时代、地域、宗教、政治、经济、文化、传统和美学观念有关，与建筑材料和技术条件有关。在不同地区、文化、时代和美学偏好影响下，美学判断不同。

（1）时代印记

建筑艺术风格是时代印记，是主导时代的那个阶层的需求与价值观的反映。

哥特式风格是中世纪神权的印记；文艺复兴风格洋溢着人本主义的气息；纽约、芝加哥的摩天大楼表达的是资本的意愿；现代社会大众时代，极简主义美学正被中产阶层所接受。

文明前社会，神权和君权尚未确立，生产力也不发达，建筑形态自然质朴；古代社会由强大的神权和君权主导，宗教和宫廷建筑注重象征性和形式主义；现代社会民众地位提升，生产力发展，建筑风格多元，总体上对形式主义是排斥的。

（2）地域特征

地域环境特别是地理、气候条件对建筑艺术有较大影响。寒冷地区喜欢厚重；炎热地区习惯通透；多雪地区陡坡屋顶不存积雪；多雨地区缓坡大挑檐有利于把水排得远一些。地理环境直接影响建筑表皮与形体设计。

建筑艺术是传播的。交通便利的地区，建筑艺术风格借鉴外来因素较多；交通封闭的地区，建筑艺术变化缓慢。当地建筑材料对建筑艺术的影响也是一种地域性影响。

（3）宗教影响

建筑艺术受宗教影响非常大，对古代建筑而言，宗教影响是第一位的。

宗教是建筑艺术的源头。建筑艺术的历史是从祭祀性建筑开始的，古代建筑艺术最主要的载体就是宗教建筑。

宗教的性质、观念和表达习惯，搭起了建筑艺术的框架。不同宗教的差异可以在宗教建筑上找到最直接最鲜明的符号。

印度教是多神教，其神庙没有中心，不对称，外立面布满各路神的雕塑；基督教是一神教，教堂有中心，有重心，对称布置，突显唯一权威。

同是基督教，注重宗教仪式的天主教教堂多华丽，而弱化宗教仪式强调个人面对上帝的新教教堂多简朴。

（4）权力作用

城市规划、政治功能建筑和标志性公共建筑的艺术风格和品位，很多时候取决于权力执掌者的意志和美学偏好，或选择他中意的建筑师，或亲自干预设计。例如，君士坦丁堡（现在的伊斯坦布尔）的圣索菲亚大教堂，东罗马帝国皇帝查士丁尼不仅亲自选定设计师，还干预设计和施工过程。美国国会大厦所以采用罗马风格，基于时任总统杰斐逊效仿罗马共和的理念。

（5）经济条件

建筑艺术风格受经济条件制约。可支配的经济资源多，建筑或宏伟或奢华；经济不发达时期或地区，建筑风格趋于简单。埃及古王国是大金字塔时代，因为当时国力强盛；

中王国是小金字塔时代，因为国力虚弱，没钱建造大体量建筑。

罗马风建筑简朴，哥特式建筑复杂，巴洛克建筑奢华，与当时社会经济状况的变化基本同步。佛罗伦萨大教堂是佛罗伦萨资本主义发展的结果。迪拜哈利法塔是石油经济的象征。

（6）文化传统

建筑艺术风格与文化传统有关，文化积淀影响着决策者、建筑师和公众的美学偏好。

例如德国人、北欧人和日本人喜欢简洁的风格；西班牙人和拉丁美洲人喜欢热闹的风格；法国人和意大利人喜欢浪漫的风格……这些都与文化传统有关。

（7）建筑习惯

一些建筑艺术语言源于习惯，与功能、结构和艺术逻辑无关。

例如埃及神庙的斜面石墙，源于下宽上窄的夯土墙习惯，用石头砌墙了，也要按习惯砌成斜墙。我国藏式建筑的斜墙也是源于下宽、上窄的夯土墙习惯。

再如日本神社建筑，最初是节日游行时抬着的象征性建筑，后来改为固定建筑，但每20年要按照原样重建新神社，建好后再把旧的神社拆掉。如此，现在看到的虽然是20年内建的神社，却是一千多年前的样子。

（8）材料影响

不同建筑材料形成的建筑风格不同。形体、空间、质感、造型、色彩等艺术元素都可能受到材料特性的限制。

例如，东亚木结构古代建筑与欧洲石结构古代建筑形成了完全不同的风格。再如，以混凝土、钢材和玻璃为主要材料的现代建筑，与以石材、木材和砖瓦为主要材料的古代建筑，艺术风格完全不同。

（9）技术制约

建筑艺术受结构技术制约，随着结构技术的进步，建筑艺术的表达空间也大了。

例如，由于结构技术的进步，哥特式建筑采用侧推力小的尖拱和飞扶壁支承体系，比之前的罗马风格教堂墙体薄了很多，可以设置彩色玻璃窗，使其具有更强的艺术表现力。

再如，现代结构技术、起重设备和施工技术的进步，使得摩天大楼越建越高，形成了新的建筑艺术语言。

3.4 建筑艺术风格的谱系

建筑艺术风格可分为自然建筑、古代建筑和现代建筑三大类。

自然建筑基本无装饰，古代建筑大都有装饰，现代建筑在有装饰和无装饰间摇摆。

建筑艺术的历史从 5500 年前文明出现之时开始。不同原创文明孕育了不同的建筑艺术风格。建筑艺术风格随时间的推移，或演进，或传播，或消失。

一些建筑风格之间有着比较密切的关联性，或有着共同的起源，或互相影响，或单向传播。如此，构成了建筑风格的谱系。

有的建筑艺术风格传播较广，分叉较多，谱系枝繁叶茂；有的建筑艺术风格则只限于地域性影响。

有的建筑风格与其他建筑风格相似，但互相之间没有关联性，是巧合性相似，不属于一个谱系。例如金字塔，埃及有，中部美洲也有，形体大致一样，只是体量和功能不一样。美洲与欧亚非大陆在 1 万多年前就处于隔绝状态，两地金字塔只有几千年的历史，相互之间不存在传播和影响的可能。所以，虽然都是金字塔，但不属于一个谱系。

再比如叠涩式尖拱，美洲玛雅有，欧亚大陆也有，互相之间没有传播的可能，也不属于一个谱系。

古代建筑可归纳为 4 个谱系：地中海谱系、南亚谱系、东亚谱系和印第安谱系。

现代建筑由于历史尚短，也由于现代社会建筑艺术风格传播很快，世界各地建筑相似性关联性较强，虽然有各种风格和流派，但归类谱系有些勉强，可以把现代建筑视为一个谱系——现代建筑谱系，包括现代主义、有机主义、后现代主义、解构主义、新现代主义及各种流派。

建筑风格与谱系见表 3-1。

表 3-1　建筑艺术风格谱系

时代	古代建筑									现代建筑
谱系	地中海					南亚	东亚	印第安		现代建筑
分谱系	西亚与埃及	希腊-罗马	拜占庭	哥特	伊斯兰			美索美洲	安第斯山	
风格	美索不达米亚、埃及、波斯	米诺斯、迈锡尼、希腊、希腊化、罗马、罗马风、文艺复兴、巴洛克、洛可可、新古典主义	拜占庭、俄罗斯	哥特、新哥特	西亚、北非、伊比利亚、中亚、南亚、东南亚	印度河、印度佛教、印度教、耆那教、尼泊尔、泰国、柬埔寨、印度尼西亚	中国、朝鲜、日本、越南	特奥蒂瓦坎、玛雅	昌昌、印加	现代主义、后现代主义、有机主义、解构主义、新现代主义、典雅主义、地域主义、现代折中主义

3.5　建筑艺术风格的演变 ○┈┈┈┈┈┈┈┈┈┈┈┈┈┈┈┈┈┈┈┈┈┈┈┈┈┈┈┈┈┈┈┈┈

　　文明出现前的建筑是自然主义和功能主义的，未形成建筑艺术风格。

　　无艺术建筑向有艺术建筑转化，是建筑的生理功能向心理功能转化，实用性向象征性转化，结构和构造元素向艺术元素转化的过程。

　　文明出现后，建筑艺术风格开始形成。古代建筑艺术风格主要是形式主义和象征主义的。

　　在经历了从古代建筑向现代建筑转化的过渡期后，现代建筑开始形成了以强调功能和结构为要旨的风格，弱化甚至摒弃了形式主义和象征主义。随后，形式主义和象征主义又以新的形态有所回潮，出现了后现代主义和解构主义等。

　　建筑艺术风格演进有理性和浪漫交替出现的规律，即理性→浪漫→再理性→再浪漫的路径。

　　例如，欧洲古代建筑风格的演进：希腊（理性）→罗马（浪漫）→罗马风（理性）→哥特式（浪漫）→文艺复兴（理性）→巴洛克（浪漫）→新古典主义（理性）。

　　再比如现代建筑：现代主义（理性）→后现代主义（浪漫）→新现代主义（理性）→解构主义（浪漫）……

第4章
文明出现前的建筑

文明出现前，建筑尚未有艺术属性。

4.1　文明出现前的两个时期

人类是从采集者变成采集 - 狩猎者后才需要建筑的。在文明出现前，建筑有两个时期：采集 - 狩猎时期和早期农业时期。

采集 - 狩猎时期历时约 200 万年，所谓建筑就是临时棚厦，没有艺术元素，但建筑形体、结构和构造为以后固定建筑及其艺术元素的形成提供了最原始的基础。

早期农业时期历时约 6000 年，各地不等。由于定居，建筑耐久性提高了，形体、结构、构造和材料应用较采集 - 狩猎时期丰富。早期农业时期晚期，出现了最早的祭祀性建筑，建筑艺术进入萌芽状态，但艺术尚未成为建筑的重要构成。

4.2　采集 - 狩猎社会建筑

采集 - 狩猎社会没有文字史，也没有建筑遗迹。采集 - 狩猎者住在什么样的建筑里，主要依靠对采集 - 狩猎者群落的田野调查。

世界上一些地方由于地理隔绝没有进入农业社会，直到 15 世纪大航海时代后才被发现。如此，人们得以通过对这些群落的田野调查了解采集 - 狩猎者的生活状态，"回望"自己的过去。

被地理隔绝的采集 - 狩猎社会在北美洲、南美洲、非洲、大洋洲和印度洋岛屿上都有发现。布莱恩·费根的《世界史前史》将采集 - 狩猎群落称作"band"，译成"游团"⊖。

采集 - 狩猎者游团有以下特征：

第一，是游动的群落。在一个营地居住一段时间，周围可吃植物采光了，或猎物打

⊖　《世界史前史》P29，（美）布莱恩·费根著，世界图书出版公司。

光了，或动物迁徙了，再换地方住。也可能因为垃圾太多或死人而换地方。在大的地域范围内相对固定。

第二，是几十人的小型血缘社会。

第三，住所是简易的临时建筑。

第四，居住营地有聚会场地，用于分享猎物、举行仪式或联欢。

采集 - 狩猎者游团的居所类型包括：草棚、帐篷、骨头结构棚屋等；也有极少数采集 - 狩猎者定居，居所是木结构房屋。

1. 草棚

采集 - 狩猎者的草棚有地面草棚和架空草棚。

图 4-1 采集 - 狩猎者地面草棚

（1）地面草棚

地面草棚（图 4-1）用粗树枝做骨架，用茅草、树叶或兽皮围护，也有用泥巴加草做围护墙的。草棚形体有人字形、圆锥形、单坡屋盖型及双坡屋盖型等。

美洲采集 - 狩猎者多采用人字形和圆锥形草棚，搭建省事，受力合理，但有效空间小。印度洋安达曼岛采集 - 狩猎者采用单坡或双坡屋盖型草棚，就是在竖直木柱上再架立坡屋顶，与现在木结构坡屋顶建筑的结构原理和形体基本一样，有效空间大了，但搭建费事一些。

安达曼岛人除单个家庭居住的普通草棚外，还有多个家庭居住的公共草棚，有矩形的，也有圆形或椭圆形的，结构与普通草棚一样[○]。

（2）架空草棚

野兽出没地区或潮湿地区的采集 - 狩猎者将草棚架空，离开地面，或架在木桩上，即干阑式建筑的雏形；或架在树上，犹如中国传说中有巢氏的房屋。

2. 帐篷

流动频繁的狩猎者习惯用帐篷，拆装方便。帐篷一般为圆锥形，用木杆和兽皮搭建，

○ 关于安达曼岛人和塞曼人建筑的描述，摘编自《安达曼岛人》P23~26、P303~309、图片6~8，（英）拉德克里夫 - 布朗著，广西师范大学出版社。

如北美洲狩猎者所用的帐篷（图4-2）。

3. 骨头结构棚屋

树木稀缺的草原或海滨，有狩猎者用动物骨头做棚屋骨架。乌克兰梅兹里克考古发现了3万年前狩猎者用猛犸象骨、兽皮和草建造的椭圆形棚屋，屋顶直径4.5m。南美洲秘鲁沿海地区的渔猎者用鲸骨做棚屋骨架。

4. 定居的采集-狩猎者的固定耐久房屋

在食物资源丰富的地区，采集-狩猎者无须流动，建造了固定耐久的房屋。但这种情况非常少见。

智利蒙特沃德采集-狩猎者遗址距今约1.2万年。房子是矩形的，木结构，宽3～4m[一]。美国伊利诺伊州科斯特有一处公元前6500年前采集-狩猎者的营地遗址，由黏土和灌木丛建造的房屋[二]。阿拉斯加因纽特人靠捕猎鲸、海豚和鱼虾为生，用原木建造房子，房子周围和屋顶覆盖厚土用以御寒（图4-3）。澳大利亚沿海地区的土著居民用石头垒房屋。

图4-2 北美洲狩猎者的帐篷

图4-3 因纽特人覆盖土的木头房屋

4.3 早期农业社会建筑

早期农业社会是指农业革命发生到文明出现前这段时期。不同地区"早期农业社会"的起始点和时间跨度不一样。西亚地区约公元前1万年出现农业，公元前3500年出现

　　[一]　《世界史前史》P122，（美）布莱恩·费根著，世界图书出版公司。
　　[二]　《世界史前史》P134，（美）布莱恩·费根著，世界图书出版公司。

了苏美尔文明，早期农业社会历时约 6500 年。北美洲种植玉米约始于公元前 4000 年，到 17 世纪西方人到来时，尚未出现国家，还属于早期农业社会。北美洲早期农业社会也历时约 6000 年，但时间坐标比西亚晚了近 6000 年。

我们今天对早期农业社会建筑的了解，一方面依据考古；另一方面依据对北美洲北部、南美洲南部、非洲中部、太平洋岛屿的尚未进入文明状态的早期农业社会的田野调查。

农业革命后，人类从流动的食物搜寻者变成了定居的食物生产者，由此需要固定和耐久的房屋。早期农业社会的建筑包括住宅、仓库和防御设施（围墙、围栏、堡垒）等。有的地方出现了用于祭祀神灵的小型神庙（西亚）、巨石阵（欧洲）等，但都没有出现大型仪式性建筑。

受技术、经济和劳动力资源限制，早期农业社会建筑结构简单，形象自然质朴，虽然艺术元素开始萌芽，但尚未成为建筑的重要构成，更没有形成建筑艺术风格。

早期农业社会建筑有黏土建筑、木结构建筑、芦苇建筑、地穴式建筑及石头建筑等。

1. 黏土建筑

黏土建筑是人类最早的定居建筑，是木材和石材匮乏地区最主要的建筑形式。西亚、埃及、北非、东亚、北美中部和西南部、南美安第斯山西部都有黏土建筑。

黏土建筑是"土木"建筑。承重墙是黏土；屋顶铺木材、芦苇（或草），表面再用黏土抹平。

黏土墙最初是将黏土与秸秆混在一起夯实而成。后来发明了黏土砖墙，用模具预制泥砖，泥砖里掺加切短的秸秆，晒干后砌筑墙体，砌筑用泥浆粘接，出产天然沥青的地方用沥青粘接。在西亚，黏土砖在炎热干燥的夏季制作，美索不达米亚的日历将夏季第一个月称作"砖月"。

公元前 7000 年左右，西亚地区出现了烧制的黏土砖。但缺少木材的地区烧砖代价太大，绝大多数建筑还是用晒干的黏土砖。文明出现以后也是如此。烧制砖只用于重要建筑的地面。

黏土建筑多为平屋顶，人可在屋顶活动，夏季还可在屋顶睡觉。西亚和北非的黏土建筑屋顶材料采用椰枣树、芦苇和黏土。至今在这些地区还能看到椰枣树屋顶的黏土建筑（图 4-4）。

黏土建筑的形体有圆形、椭圆形和长方形。圆形黏土建筑较为普遍，西亚、南美、欧洲、非洲都有。位于约旦河西岸巴勒斯坦的杰里科有距今约 1 万年的村落遗址，是考古发现的最早的农业社会遗址，黏土建筑大都是圆形和椭圆形。黏土建筑采用圆形或椭圆形整体性好，可能与采集 - 狩猎时期围绕火塘搭建棚厦的习惯有关，也可能源自圆形帐篷的习惯。图 4-5 是公元前 3000 年的位于土耳其哈兰的蜂窝状黏土拱券屋，是穹顶与拱券出自西亚的最早证据。

图 4-4　黏土建筑的椰枣树干加芦苇屋顶　　　　图 4-5　土耳其哈兰蜂窝状黏土拱券屋

一些地区的黏土建筑没有门。如土耳其恰塔尔休于（也译作加泰土丘）的建筑遗址（距今约 1 万年），在屋顶开洞爬梯子进出。美国西南部印第安阻尼人（The Zunis）的黏土房也在屋顶开洞，爬木杆进出。

西亚和埃及的黏土建筑多围成院子，窗户开在院内侧。有的农耕村落用黏土砖砌筑围墙和碉楼。

2. 木结构建筑

木材资源丰富的地区，农耕者的房屋为木结构房屋，屋盖与墙体用草、树叶、芦苇、席子等，或用黏土填充柱间墙体，畜牧地区也有用牛粪填充墙体的。

木屋的屋顶有矩形坡屋顶、圆锥形屋顶，或用弯曲木杆直接做成尖拱结构。寒冷地区有的木屋用水平放置的圆木摞成结构与围护一体化的墙体。还有的木屋是架空的，建在木桩上，北欧、加勒比海沿岸和岛屿、太平洋岛屿、非洲中部地区和中国南方都有。

早期农业社会是氏族社会，即父系或母系血缘社会，一个大家族或氏族住在一个大房子里。北美洲东北地区印第安易洛魁人的房屋长 25 ～ 30m，用榆木和树皮建造，可以住 20 个家庭，多达百人（图 4-6）。南美洲普图玛约人则住在木结构圆形大草棚里（图 4-7）。

3. 芦苇建筑

芦苇建筑在西亚和埃及较多。7000 年前埃及最早的定居建筑就是芦苇建筑。芦苇建筑是将芦苇绑成束，一截埋在土中，地面上部分折弯形成拱券，成为墙体与屋顶一体化的围护结构。端部山墙用编制的芦苇席子围挡，开设门洞（图 4-8）。

芦苇所形成的拱券和芦苇束凸出墙面的构造，是尖拱和附墙柱的源头，后来成为重要的艺术元素。

4. 地穴式建筑

地穴式建筑是在地面挖坑，坑上部覆盖木梁与草。或坑挖一半深，上部墙体与屋顶

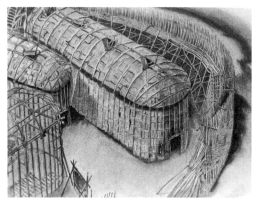

图 4-6　北美洲易洛魁人氏族长屋图

图 4-7　南美洲普图玛约人的圆形大草棚

图 4-8　西亚地区的芦苇建筑

用木柱和草围护，如此用短木柱就可以建造房屋。叙利亚的阿布·胡赖拉遗址，美国的查科峡谷，东方的中国、朝鲜、日本都发现了地穴式建筑遗迹。

日本还有两种地穴式建筑的变种，一种是在平地用树枝和黏土围成圆形或椭圆形矮墙，其上搭建木结构墙体和屋顶；另一种是在平地用泥土堆起圆台形高台，再在高台表面下挖，其上搭建树木茅草。

5. 石头建筑

早期农业社会石头建筑较少，那时候没有金属工具，建造石头建筑比较难。石材或限于大型祭祀性建筑使用，如巨石阵；或用于基础；或在既没有黏土资源也缺少木材的山区用于墙体，如南美洲南部山区阿根廷迪亚吉塔人的房子就是用石头建造的。

4.4　文明前的建筑艺术萌芽

早期农业社会出现了以祭祀为目的的公共建筑。

人类目前考证的最早的定居遗址杰里科有个 4m 宽 5m 长的小型神庙，门口有柱子。这座神庙既是最早的祭祀性建筑，也是柱式的源头，是建筑艺术清晰可见的萌芽。

位于伊拉克苏美尔南部的埃利都遗址有一座只有 3m² 的微型神庙，距今约 7000 年。这座微型神庙的突出特点是正对着门的神龛和供桌，成为后来诸多神庙、教堂基本形制的源头。

杰里科和埃利都的神庙虽然体量很小，但表现了祭祀建筑的形制，突出了装饰性艺术元素。

马耳他、法国、西班牙和英格兰都发现了巨石阵，距今约 4500 年，其中尤以英格兰巨石阵最为出名（图 4-9）。虽然那时西亚和埃及已经进入文明时期，但出现巨石阵的欧洲地区还处于文明前的阶段。在没有金属工具、没有车轮、没有起重工具的时代，建造这些巨石阵是非常艰巨的任务，须动员组织大量的劳动力。

一些早期农耕社会建有公共房屋，如新西兰毛利人的木结构会堂，既是宗教祭祀建筑，也是公共聚会场所，用了木雕和图腾。

早期农业社会晚期出现了社会分层，氏族或部落领袖、巫师或富有阶层会在自己的房子上做一些装饰，如西太平洋岛屿酋长住的房子，有代表氏族或部落的图腾装饰。

图 4-9　英格兰巨石阵

采集-狩猎社会和早期农业社会的建筑注重实用功能，但有些建筑艺术语汇开始形成，或无意中提供了艺术素材，建筑艺术的萌芽已经露头。具体归纳如下：

1. 建筑形体与形体组合

建筑形体包括人字形、圆锥形、圆形、长方形双坡屋顶、长方形单坡屋顶、矩形平屋顶、椭圆形、圆弧形和非线性形体，还有不同形体的组合。古代建筑和现代建筑的主要形体都可以追溯到文明出现前时期。

2. 柱与柱廊

采集-狩猎者或直接利用树干搭建建筑，或砍下树干作立柱；杰里科遗址小型神庙门口的柱子等，是建筑柱式的源头。

柱式是古代建筑艺术的支撑和灵魂。埃及、波斯、希腊、罗马等建筑风格，非常重要的特征就是柱式。中国古代建筑也是以木柱 - 斗拱体系支承的木结构建筑。

3. 大空间建筑

农业氏族的长屋和大圆棚为神庙教堂等大空间公共建筑提供了技术和艺术经验。

4. 抽象的艺术语言

抽象的艺术语言和建造过程的巨大付出，表达了对超自然力量的敬畏和信赖，例如巨石阵。

5. 立面凸凹阴影

在西亚、埃及的芦苇建筑中，芦苇束突出墙面所形成的凸凹阴影关系，是丰富立面效果的重要手段，在古代建筑时期发展成装饰性的附墙柱。

6. 表皮装饰

西亚的黏土砖一般做成方形或矩形。最初 6 个砖面都是平的。后来出现了一个面为圆形凸起的砖，使墙体表面有了凸凹感。

建筑表皮或用石膏抹平墙面，在墙上涂颜色或绘画；或用实物与雕塑装饰等。

7. 室内装饰、绘画与雕塑

杰里科的建筑已经有了装饰的概念。内墙与地面用石膏抹平压光并染成红色。

恰塔尔休于小神庙的墙壁用石膏抹灰刮平，绘有彩色壁画，绘画题材和风格类似于欧洲岩洞壁画。并刻意用兽头和兽角装饰，或是实物，或用石膏雕塑而成。

第2篇
古代建筑艺术

第 5 章
古代建筑艺术概述

象征主义和装饰主义是古代建筑艺术的基调。

5.1 古代建筑的起点与终点

建筑艺术的历史是从古代建筑登场开始的。

这里所说的古代建筑，是指伴随着文明出现、有着艺术属性和古代艺术特色的建筑。

不同地区进入文明有先有后，各地古代建筑的始点不同。大约为：西亚的始点是公元前 3500 年；非洲的始点是公元前 3100 年，欧洲的始点是公元前 2200 年；南亚的始点是公元前 2500 年；东亚的始点是公元前 3300 年—公元前 2700 年；美洲的始点是公元前 1500 年。

世界各地古代建筑的终点大体上是一样的，19 世纪中期到 20 世纪初，古代建筑在历史舞台的地位逐渐被现代建筑所取代。

5.2 具有艺术属性的古代建筑

并不是所有建筑都具有艺术属性，古代社会普通人的住宅如农舍和城市民宅就很少有艺术属性。

人类社会从文明前状态进入文明状态，有两个重大变化：

第一，从无权力或权力很弱的自治社会，变成了由权力——神权和君权——统治的社会，出现了国家。

第二，出现了象征着神权和君权的具有艺术属性的大型建筑，如神庙、教堂、宫殿、王陵等。

古代建筑艺术大多是在宗教建筑和政治建筑上体现的，贵族和富商宅邸讲究艺术，极少数公共建筑和商业建筑有艺术元素，一些军事建筑或构筑物在有意无意中呈现了美学价值。

（1）祭祀性宗教建筑

用于祭祀的仪式性宗教建筑以象征性为主，或没有内部空间，如埃及金字塔、佛教窣堵坡等；或空间很小，如印度教神庙、美索美洲金字塔等；或内部空间只是神的居所，祭祀仪式在室外举行，如希腊和罗马的神庙。

埃及金字塔是法老的陵墓，因为当时认为法老是神的后裔和代表，死后成神，所以金字塔及其附属建筑是举行宗教祭祀仪式的场所，既是君权建筑，也是神权建筑。

（2）聚会性宗教建筑

既有仪式功能也有聚会功能的宗教建筑，不仅有象征性，也有较大的内部空间，有实用功能。犹太教会堂、基督教教堂和伊斯兰教清真寺都有聚会功能，室内空间较大或很大。

（3）宫殿

帝王宫殿不仅是帝王的办公和居住场所，也是仪式性场所，有着辐射威权、稳定统治秩序的功能，既有实用性，也有象征性，许多宫殿象征性更为重要。

（4）帝王陵墓

帝王陵墓是帝王抗拒死亡的意愿表达和对策，是其死后的居所。埃及陵墓内的壁画是对死后生活的场景想象，世界各地帝王陵墓随葬的金银财宝和日常用品是为了死后使用的，而不是为了盗墓者发财。那些殉葬的嫔妃、臣下和佣人，都是为了帝王死后还有人伺候。帝王陵墓也是帝王家族延续统治的象征性表达。政教合一的帝王陵墓如埃及法老的陵墓兼有宗教祭祀功能。

（5）城墙和城堡

城墙和城堡是具有军事用途的实用性建筑或构筑物，大多数没有象征性表达的故意，如长城和欧洲中世纪城堡。有些军事建筑有刻意的艺术表达，如巴比伦帝国和波斯帝国城墙的浮雕与带图案的瓷砖，希腊迈锡尼城门上的狮子雕塑等，都是在耀武扬威，吓阻进攻者；中国古城楼也是有艺术表达的建筑。

那些当初没有艺术表达目的的军事建筑，军事功能不再有实用价值时，其象征性和艺术性却显现出来了，如万里长城和欧洲中世纪城堡。进入热兵器时代后，军事上被冷落的城堡成为艺术表达手段，法国古典主义时期、新古典主义时期和现代，都有用城堡作为艺术元素的建筑，如文艺复兴后的城堡宅邸和巴伐利亚的天鹅堡。

（6）贵族富商宅邸

古代社会的贵族、达官贵人和富商等有地位有钱人的宅邸有艺术属性，既是享受人生的需要，也是社会地位的标志。如罗马帝国贵族的别墅、威尼斯商人的豪宅、佛罗伦萨美第奇家族的府邸、苏州官宦人家的园林和山西成功商人的大院等。

（7）公共建筑与商业建筑

古代社会公共建筑较少，但也有。如希腊召开公民大会的柱廊广场"阿勾拉"、古罗马的市场、文艺复兴时期威尼斯的图书馆、西湖长堤上的游览亭等。

有6个文明——苏美尔文明、埃及文明、印度河文明、华夏文明、美索美洲文明和安第斯山文明——被认为是原创文明。最早的建筑艺术是从这6个文明原创地登场并传播的。

根据考古发现的证据，苏美尔文明最早具有艺术属性的建筑是宗教建筑和王宫；埃及文明是法老陵墓马斯塔巴和金字塔；印度河文明和华夏文明是古城遗址，宗教建筑不是很明显；美洲的奥尔梅克文明和安第斯山文明是宗教祭祀建筑。

爱琴海文明、希腊文明、罗马文明等欧洲文明都不是原创文明，主要受苏美尔、埃及和波斯文明的影响。

5.3　古代建筑材料与技术 ⸱⸱⸱⸱⸱⸱⸱⸱⸱⸱⸱⸱⸱⸱⸱⸱⸱⸱⸱⸱⸱⸱⸱⸱⸱⸱⸱⸱⸱⸱⸱⸱⸱⸱⸱⸱

古代建筑艺术受建筑材料、结构技术和工具的影响很大。

1. 建筑材料

古代建筑材料主要是黏土、石材、木材、芦苇、砖瓦等，西亚地区有装饰材料瓷砖、马赛克和玻璃。这些结构材料除木材外没有抗拉性能好的材料，但受木材长度的限制，形成大跨度空间比较难。更大跨度的建筑只能依赖于拱券和穹顶结构。

古代用铁制作建筑工具、建筑配件和装饰物，但没有用作结构材料，因为使用木材炼铁成本太高。工业革命后用煤炭炼铁，大大降低了成本，铁才用于建筑结构中。

2. 结构技术

没有空间要求或空间很小的建筑如金字塔、窣堵坡等基本靠堆砌而成。

有空间要求的建筑发展出了简支结构、木架结构、拱券与穹顶结构。

竖向结构支撑主要是墙体（黏土、石头、烧制砖墙体）和柱（石柱、砖柱、木柱）。由于屋顶或楼盖材料抗弯性能差，简支结构无法实现大跨度，墙体间距或柱距很小，空间不通透。拱券和穹顶可实现大跨度，但侧向水平推力较大，不得不依靠很厚的墙体，或设置扶壁、飞扶壁支撑。

屋盖或楼盖等水平构件为石梁、石板、木方、木板、木架、砖石拱券和穹顶等。

3. 工具

最初的古代建筑是新石器时代建造的，如埃及建造金字塔时没有金属工具，是用更硬的石头——黑曜石——作为石材凿制和木材的切割工具。美洲印第安人直到15世纪西方人来了，还在用石制工具建造房屋。

炼铁技术普及后，有了铁制木匠工具和石匠工具，但都是手工工具，没有加工设备。起重安装主要靠人工搬运或拉拽。

由于建筑材料、结构技术与工具的限制，古代建造大跨度和高层建筑的难度和代价很大，建筑外墙窗洞小（哥特式由于运用了飞扶壁，窗洞大一些），建筑艺术表达的成本很高，建造工期很长。

5.4 古代建筑艺术的表达特点 ○┈┈┈┈┈┈┈┈┈┈┈┈┈┈┈┈┈┈┈┈┈┈┈┈┈┈

古代建筑的象征性远远高于实用性，其艺术的表达特点有：

（1）宏伟高大的象征性表达

堆砌而成，如金字塔、窣堵坡、塔庙、高台基建筑等。

结构形成，如罗马、拜占庭、伊斯兰风格的穹顶、拱顶建筑，东方木结构大屋顶等。

（2）竖直向上的象征性表达

如罗马风、哥特式塔楼，中国佛塔等。细高建筑物或构筑物是象征性表达非常有效的手段。埃及的方尖碑、罗马的表功柱、基督教教堂的钟楼、中国佛塔和伊斯兰教宣礼塔等，既有召唤性，又有标志性。

（3）富有雕塑感

或形体有雕塑感，如印度教、佛教建筑；或表皮布满雕塑，如印度教神庙；或结构构件富有雕塑感，如柱头柱础；或建筑运用浮雕与雕塑，如希腊山花与墙体的浮雕，建筑物附属雕塑等。

（4）丰富立面的光影韵律

如山花、柱廊、附墙柱、拱券、线脚等。

（5）表面的华丽与亮丽

如采用大理石、马赛克、瓷砖、玻璃、绘画等。

5.5 古代建筑艺术的风格谱系 ○┈┈┈┈┈┈┈┈┈┈┈┈┈┈┈┈┈┈┈┈┈┈┈┈┈

古代建筑艺术风格根据源头、特征和相对独立性可归纳为 4 个谱系：地中海谱系、南亚谱系、东亚谱系、印第安谱系。每个谱系内有不同的艺术风格，可追溯到同一源头，但由于地域环境、地域材料、宗教、文化、习俗和时代变迁等原因，又有各自的艺术特色。

1. 地中海谱系

地中海谱系发端于地中海东部的两河流域地区和东南部的埃及。约 5500 年前开始形成，而后扩展至地中海岛屿和环地中海地区，再传至欧洲，以及亚洲、非洲一些地区，15世纪后传至美洲和大洋洲。

地中海谱系的建筑艺术风格包括：美索不达米亚风格、埃及风格、波斯风格、希腊风格、罗马风格、拜占庭风格、罗马风风格、哥特式风格、文艺复兴风格、巴洛克风格、洛可可风格、新古典主义风格、浪漫主义（即新哥特主义）风格、折中主义风格和伊斯兰风格等。

其中：

◇ 美索不达米亚风格和埃及风格既是原创，又互相影响；波斯风格受美索不达米亚风格和埃及风格的影响，与希腊风格互相影响。

◇ 希腊风格受美索不达米亚风格和埃及风格的影响，与波斯风格互相影响。

◇ 希腊风格、罗马风格、拜占庭风格、罗马风风格、文艺复兴风格、巴洛克风格、洛可可风格、新古典主义风格是一脉相承的，属于希腊-罗马风格系列。

◇ 哥特式风格、浪漫主义风格与希腊-罗马系列有些区别；折中主义风格是各风格的折中或拼盘。

◇ 伊斯兰风格受美索不达米亚、埃及、波斯、希腊、罗马和拜占庭风格的影响，尤其受西亚的美索不达米亚、波斯和拜占庭的风格影响较大。

2. 南亚谱系

南亚谱系发端于印度河流域和恒河流域，始点距今约4500年。后来扩展至南亚和东南亚地区，包括斯里兰卡、喜马拉雅山地区、缅甸、柬埔寨、泰国、印度尼西亚等。建筑风格包括婆罗门-印度教建筑、南亚佛教建筑等。南亚谱系受希腊、波斯和萨珊部分影响；对东亚谱系有所影响。穆斯林统治印度时期所建建筑属于伊斯兰风格，如泰姬陵等，不属于南亚谱系，而属于地中海谱系。

3. 东亚谱系

东亚谱系发端于中国黄河和长江流域，始点距今约4700—5300年，扩展至东亚。建筑风格包括中国古典建筑、朝鲜古典建筑、日本古典建筑等。东亚谱系中的石窟和佛塔受印度佛教风格的影响。

4. 印第安谱系

印第安谱系有两个分支，美索美洲和安第斯山。

美索美洲建筑始于奥尔梅克，始点距今约3500年，扩展至中部美洲高地（墨西哥城一带）和低地（玛雅）地区。建筑风格包括特奥蒂瓦坎风格、托尔特克风格和玛雅风格等。

安第斯山建筑发端于南美洲安第斯山与太平洋之间。始点距今约3000年。建筑艺术风格包括奇穆风格和印加风格等。

5.6 古代建筑艺术的传播 ○┈┈┈┈┈┈┈┈┈┈┈┈┈┈┈┈┈┈┈┈┈┈┈┈

限于技术条件，古代建筑艺术传播较慢，有以下 4 种方式。

（1）贸易传播

贸易交往传播，如希腊文明的源头是米诺斯文明，米诺斯人与西亚腓尼基人和埃及人做生意。西方拼音文字就是米诺斯人从腓尼基人那里学来的。

（2）军事传播

军事征服传播，如亚历山大传播了希腊建筑艺术；罗马帝国学到了希腊建筑艺术，并形成希腊 - 罗马艺术将其广泛传播；欧洲人将巴洛克、新古典主义传播到美洲、大洋洲、亚洲和非洲殖民地。

落后文化被先进文明同化也是一种传播方式，如阿卡德被苏美尔、波斯被巴比伦、罗马被希腊、中亚蒙古人被伊斯兰同化等。

军事传播还有一种方式——雇佣军，如希腊人到埃及当雇佣军，向埃及人学习了建筑艺术。

（3）宗教传播

建筑艺术随宗教传播，如基督教建筑传播到北欧、伊斯兰教建筑传播到中亚和东南亚、佛教建筑传播到中国和日本等。

（4）文化传播

文化交流形成的传播，如日本建筑就受中国古典建筑艺术的影响。

第6章

美索不达米亚建筑艺术

美索不达米亚是建筑学的诞生地。

6.1　人类最早的文明发源地

　　尽管美索不达米亚几乎没有存留完整的古建筑，无法准确判断和定义其建筑风格特征，但建筑艺术的历史应当从这里写起。

　　美索不达米亚在底格里斯河和幼发拉底河之间，"美索不达米亚"是希腊语"两河之间的土地"的意思，其大部分地区在伊拉克境内，北部和西部少部分地区在土耳其和叙利亚境内。

　　美索不达米亚在公元前 9000 年出现农业，是人类最早的农耕地区之一；公元前 7000 年发明了陶器；有考古证据的村落出现在公元前 6500 年；公元前 5000 年发明了日晒黏土砖；公元前 3400 年发明了车轮；公元前 3200 年出现了文字——刻在泥板上的楔形文字。

　　美索不达米亚被认为是世界上最早出现文明的地方。美索不达米亚南部的苏美尔，公元前 3500 年出现了城邦和祭祀建筑，300 年后有了文字。苏美尔文明距今约 5500 年，比埃及文明早几百年，比爱琴海米诺斯文明早 1500 年，比希腊迈锡尼文明早 2000 多年，比希腊古典文明和波斯文明早了近 3000 年。

　　埃及距离美索不达米亚直线距离 1000 多公里，两地之间没有天然的交通阻隔。有历史学家认为，埃及文明早期受到美索不达米亚影响，后来则是互相影响。

　　苏美尔地方不大，3 万多平方公里，大约有两个北京市大。文明出现后，苏美尔有十几个城邦国家，小的几万人，大的十几万人，最大的有二十多万人。

　　美索不达米亚地区有几十个地方发现了古建筑遗址。现存最为完整的建筑遗址乌尔塔庙建于乌尔第三王朝期间（公元前 2122 年—公元前 2004 年）。

　　乌尔王朝之后是伊新和拉尔萨时期，已发掘出的美索不达米亚最大的宫殿遗址——马里城邦遗址是这个时期的（公元前 2000 年—公元前 1800 年）。之后，美索不达米亚及其周围地区先后经历了古巴比伦、中巴比伦、赫梯、亚述、新巴比伦帝国。公元前 539 年，波斯居鲁士大帝率领军队占领了新巴比伦和美索不达米亚地区，美索不达米亚的历史结束，进入波斯帝国时期。

巴比伦帝国曾被中国学者说成西亚最早的国家，四大文明古国（埃及、印度、巴比伦、中国）之一。其实，古巴比伦帝国（公元前1900年—公元前1595年）比苏美尔城邦国家晚了1500多年。新巴比伦（公元前625—公元前539）比古巴比伦晚了近1000年。新巴比伦建造了建筑史上著名的空中花园和巴别塔，但没有留下遗址。

古巴比伦帝国的汉谟拉比国王制定了著名的法典，犹太人的先祖亚伯拉罕也在那里生活过，所以比较有名。

美索不达米亚的历史概况见表6-1。

表6-1　美索不达米亚历史概况

阶段	年代	采集狩猎社会	史前农耕社会	苏美尔	阿卡德	古巴比伦	中巴比伦	赫梯	亚述	新巴比伦	波斯
采集狩猎社会	公元前9001年之前										
史前农耕社会（公元前9000—公元前3500）	公元前9000年		开始农耕								
	公元前7000年		发明烧制陶器								
	公元前6500年		出现小村庄								
	公元前5000年		发明晒干黏土砖								
	公元前4500年		发明了犁								
	公元前4000年		乌鲁克城建立								
美索不达米亚文明（公元前3500—公元前539）	公元前3500年			公元前3500—公元前2334							
	公元前3000年										
	公元前2500年				公元前2334—公元前2193						
	公元前2000年					公元前1900—公元前1595					
	公元前1500年						公元前1595—公元前1000	公元前1595—公元前1200			
	公元前1000年								公元前1365—公元前625	公元前625—公元前539	
	公元前500年										
波斯帝国（公元前539—公元前330）	公元元年										公元前539—公元前330

6.2 美索不达米亚建筑及艺术特征 。┄┄┄┄┄┄┄┄┄┄┄┄┄┄┄┄┄┄┄┄┄┄┄┄

美索不达米亚建筑是指从公元前 3500 年前后苏美尔文明出现，到公元前 539 年美索不达米亚被波斯帝国占领，长达 3000 年期间的建筑，相当于从周朝到现在那么长。由于时间久远；也由于美索不达米亚地区缺少石材和木材，建筑多是黏土砖所造，不易保留；再加上西亚地区战乱频繁，完整保留下来的建筑非常少，只能通过为数不多的建筑遗址和一些零碎证据了解当时的建筑情况。一些美索不达米亚晚期建筑有文字记载，圣经里也有描述，公元前 5 世纪到过美索不达米亚的希腊历史学家希罗多德的书中也有记载，一些历史学家和建筑史学家根据文字记载并结合考古发现绘制了那时候建筑的复原图。

可以认为，建筑的艺术属性和一些基本艺术元素在美索不达米亚形成。艺术史学家 S·吉迪恩认为："美索不达米亚是建筑学的诞生地。"

美索不达米亚建筑艺术或者说构成建筑风格的艺术元素主要体现在神庙、宫殿和陵墓建筑上，开始是神庙，后来有了宫殿与陵墓。这说明社会权力从神权向神权与君权结合转化。宫殿、陵墓建筑与普通民居的差异，也证明了权力垄断和社会分层的存在。

美索不达米亚最主要的建筑遗址包括：苏美尔城市乌鲁克白庙（公元前 3500—公元前 3000 年）；苏美尔城市欧拜德（公元前 2800—公元前 2700）；苏美尔城市乌尔（公元前 2550，也有说法是公元前 2150）；亚述帝国萨尔贡三世宫殿（公元前 706）；新巴比伦（公元前 575）。这些建筑遗址呈现出的建筑艺术语言包括：

（1）高台

乌鲁克白庙建在用泥砖砌筑的 12m 高的高台上，形成了夺人的气势（图 6-1）；乌尔塔庙也是高台建筑（图 6-2）。

图 6-1　乌鲁克白庙　　　　　　　　　　图 6-2　乌尔塔庙

（2）圆柱与柱廊

埃纳、埃斯努纳和亚述的神庙有土坯圆柱，或支撑房屋、或支撑柱廊与露天凉廊，还有的院墙用半圆柱装饰。这些柱子的表皮有由不同颜色马赛克组成的几何图案。

乌鲁克白庙、欧拜德遗址和乌尔塔庙都有扁平的附墙垛，也就是壁柱，主要出于象征性考虑。

（3）马赛克

在泥柱、棕榈树干木柱表面或房屋挑檐表面贴有彩色石片，或由贝壳、石膏制作的马赛克，也有烧制的马赛克（图6-3）。

（4）立体感的墙面

晒干的黏土砖有5个面是平面，一个面是凸面。凸面用于外墙面，可以使得墙体表面形成凸凹感，表面或抹灰，或有装饰物。

（5）拱券

美索不达米亚最早应用砌筑拱券，大约在公元前4000到公元前3000年之间，也就是文明出现前后。由于木材和石材稀缺，不易找到

图6-3　苏美尔黏土柱表皮马赛克

适合作门洞过梁的足够长的木材或石条，美索不达米亚人发明了拱券。最初是由晒干黏土砖砌筑的叠涩拱，即黏土砖一层层悬挑到顶。后来发明了由楔形拱券砖砌筑的尖拱和半圆拱，德国人在乌尔王陵的考古挖掘中发现了尖拱券和半圆拱券，将其移到柏林佩加蒙博物馆（图6-4、图6-5）。

新巴比伦帝国的城门是半圆拱券，并用彩色釉面砖贴面，也被德国人搬到柏林（图6-6）。新巴比伦建筑有内、外装饰，用彩色马赛克组成图案，也有雕塑与浮雕。

图6-4　乌尔王陵尖拱券

图6-5　乌尔王陵半圆拱券

图6-6　新巴比伦拱券城门

（6）铜制雕塑

美索不达米亚后期建筑有附带的铜雕，包括动物图案的铜制浮雕拱梁，铜制狮子、

牛圆雕。欧拜德遗址还有重 43 吨的狮子铜雕。

（7）对称性

一些仪式性建筑出现了对称性布置。

（8）其他做法

美索不达米亚建筑还有一些不属于艺术元素但值得注意的做法：

◇ 马里古城出现了考古发现的建筑史上最早的两层楼房，在大马士革与巴格达之间的泰尔·哈里里。

◇ 乌尔王朝时期建筑地面采用了烧制砖，这是目前发现的人类最早使用烧制砖的证据。

◇ 黏土砖块有制作者的名字，可能是为了追查质量责任，也可能为了计件算账。

◇ 民居建筑围成内院，窗户开在内院，应该是出于安全考虑。

◇ 有卫生间与排水沟。

6.3 美索不达米亚建筑艺术的影响 ◦┈┈┈┈┈┈┈┈┈┈┈┈┈┈┈

美索不达米亚文明是人类最早的文明，也是最早出现具有艺术属性建筑的地方，虽然其建筑规模、建筑艺术的成就和影响远不如埃及，但其纪念性建筑和建筑艺术元素应用较早，是地中海谱系的源头，对埃及、爱琴海、希腊、罗马、波斯、拜占庭、伊斯兰建筑艺术有影响。其中，对波斯和拜占庭建筑风格有直接影响，对希腊 - 罗马建筑风格有一定影响，对伊斯兰建筑风格有间接影响，同时通过波斯的后期帝国萨珊对东方建筑艺术也产生了间接的影响。具体元素如下：

（1）高台

高台建筑是早期宗教祭祀建筑的普遍做法，高大宏伟，接近天际，是天地之间人神之间的桥梁。美国卡霍基亚高台，美洲印第安人的金字塔都是人造高台，将祭祀建筑建于其上。美索不达米亚的高台做法对波斯建筑有直接影响。

人造高台是平原地区的做法，祭祀建筑也有利用天然高台的。比苏美尔文明晚了约 2000 年的希腊雅典卫城的神庙建筑群就是建在山顶——自然形成的高台。墨西哥阿尔万山的印第安建筑群是建在天然高坡上，南美印加文明的马丘比丘建筑群也是建在山顶上。

（2）体量

宏伟的建筑体量具有强大的震撼力，是象征性重要的表达方式。埃及金字塔、波斯王宫都是大体量建筑。

（3）壁柱

厚重墙体或木柱承重时，壁柱并不是结构必需的构件，主要是为了建筑的美学表达。

壁柱产生于芦苇建筑芦苇束凸出墙面的构造，有阴影效果，使墙面有变化，有韵律感，显得生动，所以结构元素被移作艺术功能。应用以往结构造型是建筑艺术的一种方式，过去的结构也许就是今天的艺术语言。

（4）柱式

柱式特别是圆柱对埃及、爱琴海和希腊建筑有影响。

（5）拱券

拱券对希腊、罗马、拜占庭、伊斯兰建筑有影响。

（6）马赛克与饰面砖

马赛克与饰面砖对拜占庭和伊斯兰建筑有重要影响。

（7）雕塑

美索不达米亚墙面、柱表面和梁表面的浮雕以及附属于建筑的圆雕，与埃及互相影响，对波斯、希腊建筑有重要影响，通过萨珊帝国对印度建筑也产生了影响。

第 7 章

埃及建筑艺术

古王国是金字塔时代，新王国是神庙时代。

7.1 埃及文明概述 ◦⋯⋯⋯⋯⋯⋯⋯⋯⋯⋯⋯⋯⋯⋯⋯⋯⋯⋯⋯⋯⋯⋯⋯⋯⋯⋯⋯

埃及文明始于公元前 3100 年，距今已经 5000 多年了。埃及文明的特征包括：

（1）形成了统一国家。

（2）创造了象形文字。

（3）建造了大型仪式性建筑。

埃及文明比苏美尔文明大约晚 400 年，两地相距 1000 多公里，一些历史学家认为，埃及文明受到以苏美尔为开端的美索不达米亚文明的影响。但就建筑而言，埃及风格与美索不达米亚不同，成就与影响也超过了美索不达米亚。

埃及面积有 100 万平方公里，但大多数地方是沙漠，真正有用的土地只是狭长的尼罗河谷和尼罗河入海口附近的三角洲，约 3.5 万平方公里，与苏美尔差不多。

埃及文明与苏美尔文明一样是灌溉农业文明。尼罗河洪水定期泛滥，带来淤泥，沉积后形成沃土。由于兴修水利工程集约劳动的需要，也由于掠夺和反掠夺战争的逼迫，埃及社会共同体规模逐步扩大，公元前 3100 年形成了统一的国家。

埃及是政教合一的中央集权体制，国王被称作法老，法老原意是"大房子"，指代宫殿。早期文明社会的宗教建筑大都设有粮食仓库，苏美尔、埃及都有，用以储备非农业人口和灾年救济所需要的粮食。法老控制着最重要的经济资源的分配，大房子也包括粮食仓库。最早的国王称呼来源于建筑，说明了建筑在文明中的重要地位。

埃及历史包括 3 个王国——古王国、中王国和新王国；古王国之前是早王朝；埃及历史终结前是后王朝；古王国、中王国、新王国和后王朝之间有 3 个中间期。如此，埃及历史共分为 8 个阶段，30 个王朝，共计 2760 年。30 个王朝中有外来入侵者建立的王朝，包括喜克索斯人、利比亚人、努比亚人和波斯人的王朝。外来统治者使埃及文明与周边文明互相影响。

对埃及文明有影响的文明是苏美尔文明；受埃及文明影响的文明与文化包括犹太文明、亚述文明、巴比伦文明、波斯文明、北非努比亚文化、利比亚文化、爱琴海文明和希腊文明等。

公元前 343 年，埃及成为波斯帝国的一部分。11 年后，来自希腊马其顿的亚历山大征服了波斯，埃及进入希腊人统治时期。亚历山大死后，其部将托勒密建立了托勒密王朝。公元前 30 年，托勒密王朝被罗马帝国所灭，埃及遂成为罗马的行省。

托勒密王朝虽然国王是希腊人，但依然沿袭埃及的宗教、文明和政治体制，可视为埃及文明的继续，特别是在建筑方面。托勒密王朝建造了最后的古埃及风格建筑。加上托勒密王朝这一段，古埃及建筑史比古埃及历史长 200 多年。

埃及属于封闭地区。尼罗河谷两侧是大沙漠；南部边界在地形高差很大的第一大瀑布处，再往南是非洲沙漠和高原；下游出口是地中海。埃及境内有尼罗河，水上交通方便。对外封闭性高和对内交通便利非常有利于统治，有利于组织强迫性集约劳动，有利于建造大型建筑。

一般来说，建筑物的规模、艺术性和耐久性与权力作用的范围、强度和时间长度成正比。

7.2　埃及建筑概述

公元前 5500 年埃及就有人定居，建筑的历史从那时就开始了。但埃及建筑艺术的历史是从公元前 3100 年开始的，到公元前 30 年结束。3000 多年间，埃及建造了许多仪式性建筑，主要是陵墓和神庙。陵墓包括：马斯塔巴、金字塔、岩洞陵墓；神庙包括柱式神庙、岩窟神庙。另外，还有附带的方尖碑、雕塑、浮雕、壁画等。

埃及住宅建筑与美索不达米亚一样，主要是晒干黏土砖建筑，采用平屋顶，屋顶是室外活动空间。埃及大型仪式性建筑多为石材建筑，或在晒干黏土砖墙的表面贴石材。埃及是人类最早大规模应用石材的地区。

埃及的仪式性建筑比美索不达米亚仪式性建筑体量大，应用石材多，更宏伟辉煌，也更精致。所有这些，主要是因为埃及法老权力强大，汲取物资资源和劳动力资源的能力强。金字塔和大型神庙既是强大权威的体现，也是严密的社会组织所具有的巨大能量释放的结果。

埃及建筑风格是地中海谱系最重要的源头之一。它受到美索不达米亚建筑风格一定程度的影响，对希腊、波斯和罗马建筑产生了重大和深远的影响。

虽然埃及建筑艺术的历史长达 3000 多年，但建筑成就较大的时期只是在古王国时期（公元前 2686 年—公元前 2181 年）和新王国时期（公元前 1567 年—公元前 1085 年），各历时约 500 年。古王国是埃及文明上升阶段，从建筑角度称之为大金字塔时代；新王国是埃及扩张和鼎盛时期，从建筑角度称之为神庙时代。

埃及其他 6 个历史阶段的建筑成就较少。早王朝时期国力尚未强大，权力在巩固中，大型建筑很少；中王国时期政治权威弱，又较为重视水利工程和农田建设，仪式性建筑较少，金字塔规模也较小；三个中间期和后王朝时期因灾荒、战乱、地方割据和外族统治，建筑陷于停顿状态。后埃及时代希腊人的托勒密王朝倒是有些沿袭埃及风格的建筑成就。

7.3　建筑艺术的死亡主题 ·················

人类最早的艺术表达很重要的主题与死亡意识有关。建筑艺术也一样，埃及建筑艺术从表达死亡主题开始。

陵墓（马斯塔巴、金字塔、凿岩陵墓）和与陵墓配套的丧葬神庙，以及附带的雕塑、浮雕和壁画艺术品，是埃及统治者死亡意识的表达。新王国之后专门祭祀神灵的神庙及附属艺术品是向神致敬的，与死亡的关系不那么直接了。

埃及是中央集权政教合一的专制国家，但宫殿建筑的规模、奢华程度和耐久性远不如陵墓，多用泥砖建造，较少使用石材。埃及统治者更看重死后的安排，他们把最好的建筑用于生命的永恒。

古埃及人相信人死后生命形态会继续，可获得永恒。他们特别看重死后安排，把尸体做成不腐烂的木乃伊，没有条件的穷人则把尸体埋在干燥的沙漠里。古埃及人把坟墓称作"永生的美丽之屋"，是死后永恒的居所。古埃及连底层人都重视坟墓，最高统治者法老更是穷尽所能为自己建造宏大的陵墓。宏伟的金字塔和丧葬神庙也是强化和神化王权的重要手段，是集权统治的需要。

埃及法老的陵墓有 3 种类型：马斯塔巴、金字塔和凿岩陵墓。与陵墓配套的是丧葬神庙。埃及 2700 多年历史中有近 300 个法老，早王朝时期法老的坟墓是马斯塔巴，古王国时期是大型金字塔，中王国时期是小型泥砖金字塔，新王国以后的法老陵墓主要是凿岩陵墓。也有来不及建造大型陵墓的法老采用马斯塔巴。丧葬神庙是与金字塔和凿岩陵墓配套的，在金字塔时代居于从属地位，建设规模较小。到了凿岩陵墓时代，大多数丧葬神庙与陵墓分开，异地另建，规模较大。雕塑、浮雕和壁画在各种类型的陵墓中都有。在凿岩陵墓中，浮雕与壁画艺术更为讲究。

7.4 金字塔建筑艺术 ○··

1. 马斯塔巴

在介绍金字塔之前，先介绍一下马斯塔巴，因为金字塔是从马斯塔巴演变而来的。

马斯塔巴是埃及仪式性建筑的源头。"马斯塔巴"是后来占领埃及的阿拉伯人的语言，意思是"板凳"，古埃及法老早期陵墓的外形有些像板凳。

早王朝时期，法老的陵墓都是马斯塔巴。马斯塔巴是地下墓穴加地上建筑的陵墓（图 7-1）。

古埃及普通人的坟墓，在沙漠地带的上埃及，是在地下挖墓穴，然后用砂子堆起坟包，或干脆埋在沙漠里；在尼罗河三角洲地带的下埃及，由于地势低洼，住宅建在地势高的地方，墓穴就建在住宅下，也就是说，活人

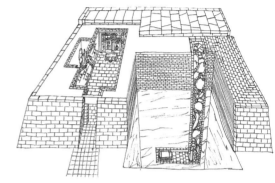

图 7-1　马斯塔巴示意图

居所在死人居所之上。马斯塔巴从构造上讲是上埃及和下埃及两种坟墓的结合。

马斯塔巴的墙面是斜的，后来埃及神庙中门、墙的面也大都是斜的，这源于古埃及人黏土房的夯实墙体下厚上薄的构造。早期结构和构造往往会固化成美学元素，结构上不再需要的构造常以艺术形态出现在后来的建筑中。

马斯塔巴的屋顶是平缓的拱顶，这与当时埃及人住宅的平屋顶习惯不同，可能是出于造型的考虑。屋顶材料一般用棕榈树干、芦苇束、纸草束和席子等，表面抹泥。

2. 金字塔

埃及最著名的建筑是金字塔。从建筑空间和功能的角度看，金字塔算不上建筑，属于堆砌的构造物。但从象征性角度，它是经典的建筑艺术作品，是人类建筑艺术史上的丰碑，影响巨大。

金字塔是埃及法老的陵墓。古埃及近 300 个法老中约有三分之一法老的陵墓是金字塔，已发现的金字塔遗址大大小小有 98 座。

金字塔是古王国时期开始出现的，大型金字塔也都建造于古王国时期。因此，古王国也被称作"大金字塔时代"。

金字塔的设计并不复杂，但在当时施工难度很大。古王国时期埃及还没有进入金属时代，开采、凿制巨石都是用黑曜石工具。采石场距离安装现场比较远，运输与安装几吨甚至几十吨重的石块完全靠人工拖拽，非常艰难。建造一座大型金字塔要举全国几十年之力。

金字塔是人类最早的大型石头建筑，也是最早的大型象征主义建筑艺术作品。

（1）阶梯金字塔

◆ 第一座金字塔——左塞金字塔。埃及最早的金字塔是古王国时期第三王朝法老左塞的陵墓（图7-2），是一座阶梯金字塔，有6层台阶，总高度62m，底边边长109m×125m。左塞在位期间是公元前2654年—公元前2635年（也有资料说是公元前2649年—公元前2630年），金字塔是此期间建造的。左塞金字塔相当于6层由大到小的马斯塔巴叠加而成。后来的斜面金字塔是由阶梯状演变而来的。

设计左塞金字塔的建筑师名叫伊姆霍特普，名字被刻在金字塔基座的铭文中，被冠以胜利者、最高建筑师、最高雕塑家称号。后来被尊为智慧之神。伊姆霍特普是人类第一个留下姓名的建筑师，也是地位最高的建筑师。

◆ 胡尼金字塔。胡尼金字塔是第三王朝最后一位法老胡尼所建，是不等阶的阶梯金字塔，90m高。胡尼金字塔由于造型特殊而被埃及人叫作假金字塔（图7-3），是从阶梯金字塔向斜面金字塔的过渡。

图7-2 左塞金字塔

图7-3 胡尼金字塔

（2）曲面金字塔和红色金字塔

斯尼弗鲁是第四王朝的创建者，他建造了3座金字塔，一座为其父亲建造，另外两座是为自己建造的，即著名的曲面金字塔（图7-4）和红色金字塔（图7-5）。

曲面金字塔也叫菱形金字塔，是边缘为折线形的金字塔。这座金字塔最初设计斜角是54°，施工一半时出现了裂缝，于是修改设计，降低金字塔高度，上半部坡度变缓为43°，由此边缘成了折线形。曲面金字塔是阶梯金字塔向斜面金字塔过渡的金字塔，高105m。

斯尼弗鲁建造的红色金字塔是阶梯金字塔之后第一座标准的金字塔。造型抽象，更具有象征性，更好看，规模也扩大了许多，其造型和坡度为后来的金字塔所效仿。

红色金字塔当时并不是红色，由于白色石灰岩表皮石材被后人盗走了，表皮下含铁元素的石材外露，就成了红色金字塔。

图 7-4　曲面金字塔

图 7-5　红色金字塔

（3）吉萨金字塔群

　　吉萨有一个第四王朝的金字塔群，3 座大的法老金字塔（图 7-6）和 3 座小的王后金字塔。3 座大金字塔分别由斯尼弗鲁的儿子胡夫、孙子哈夫拉和重孙子门卡乌拉所建。

　　吉萨金字塔群中最高的胡夫金字塔是埃及最大的金字塔，世界七大奇迹之一，约公元前 2530 年建成。金字塔高 147m，边长 230m，倾斜角 52°。由 25 万块两吨多重的石块垒砌而成，金字塔内部最大的石块重约 200 吨。

　　胡夫金字塔是当时世界上最大和最高的建筑物。在 1880 年德国科隆 157m 高的哥特式大教堂建成之前，胡夫金字塔作为世界第一高建筑长达 4400 多年。

图 7-6　吉萨金字塔群

与胡夫金字塔相邻的是 144m 高的哈夫拉金字塔和 66m 高的门卡乌拉金字塔。

吉萨金字塔群的金字塔表面是磨光的灰白色石灰岩。如图 7-6 所示胡夫金字塔塔尖部分。金字塔其他部位表面石材都被囊中羞涩的中王国法老拆走用在自己的泥砖金字塔表面了。

（4）金字塔的演化过程

图 7-7 给出了金字塔的演化过程，从第一座金字塔到最高的金字塔，仅仅用了 100 年时间。金字塔的演化过程是从台阶形到折线形再到直线形，从 62m 高到 90m 高再到 105m 高，最高达到 147m 高——胡夫金字塔的高度。胡夫金字塔之后，大金字塔时代又持续了两个世纪，在第六王朝进入小金字塔时代。

| 马斯塔巴 | 阶梯金字塔
高 62m | 阶梯金字塔
高 90m | 54° 变 43° 折线
高 105m | 43° 直线
高 104m | 51° 直线
高 147m |

| 马斯塔巴
前王朝 | 左塞金字塔
公元前 2635 年 | 胡尼金字塔
公元前 2610 年 | 斯尼弗鲁曲面金字塔
公元前 2580 年 | 红色金字塔
公元前 2580 年 | 胡夫金字塔
公元前 2530 年 |

图 7-7　金字塔的演化

（5）金字塔内部构造

金字塔内部构造和布置各不相同，但功能构成相近，大同小异，包括通道、大走廊、墓室等，墓室墙壁都绘有壁画。图 7-8 是胡夫金字塔的内部构造示意图。

（6）金字塔附属建筑

金字塔是一个建筑群，包括谷庙（存放祭祀食物的建筑，也有一些雕像）、祭祀神庙、通道、雕塑、围墙等。图 7-9 是吉萨金字塔群著名的狮身人面像雕塑。

有的金字塔附近还有王后的小金字塔，王室成员和高级官员的马斯塔巴。小型金字塔和马斯塔巴用泥砖砌筑，表面装饰石材。

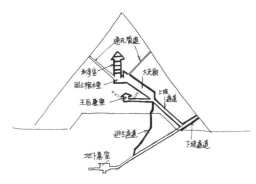

图 7-8　胡夫金字塔内部构造示意图

图 7-9　狮身人面像

（7）金字塔的艺术特点

金字塔的艺术构思并不复杂，不过是沙漠堆积坟墓的放大，或马斯塔巴叠加后的变形，只是体量更大、更牢固、更耐久、建造难度更大。

简单的构思达到了抽象的象征主义效果，强烈表达了对神的崇拜和世俗权力的意志。

金字塔的艺术特点包括：

◆ 简单而抽象的造型。
◆ 宏大的规模。
◆ 沙漠中的人造山所形成的场地环境放大效应。
◆ 古朴的质感。
◆ 匀称得体的比例。
◆ 由耐久性实现的时间效应。
◆ 建造难度所形成的令人赞叹的效果。

被地理隔绝的不同地区的人类用建筑或构筑物表达意志与意识时，堆积高台是不约而同的选择。西亚、东亚、北美、中美、南美，都出现过高台、高土堆、金字塔等接近天空的建造物。埃及金字塔是这些建造物的艺术顶峰，做到了极致。

7.5　埃及柱式建筑艺术

1. 埃及柱式建筑简述

文明前埃及用芦苇束或木柱与泥砖结合的住宅是埃及柱式建筑的滥觞。大约4500年前，埃及人开始在法老陵墓和神庙中使用石柱，这是人类最早的石柱建筑。柱式是埃及建筑风格的重要构成，丰富多彩，在神庙中广泛应用。

早王朝时期法老的陵墓马斯塔巴就有使用石柱的。古王国第一座金字塔的通道入口和神庙使用了石柱。大约公元前 2500 年，第五王朝的第一位法老乌塞尔卡夫建造了埃及第一座神庙，神庙里有柱廊，柱子上有象征性浮雕。到了新王国时期，即公元前 1500 年之后，距今 3500 年到 3000 年间，埃及建造了一些大型柱式神庙，包括卡尔纳克神庙、卢克索神庙、哈特舍普舒特女王神庙等。后来托勒密王朝也建造了埃及柱式神庙，保存较好的是莱菲神庙。

2. 埃及柱式建筑实例

（1）卡尔纳克神庙

卡尔纳克神庙最早建于公元前 2000 年，现在看到的神庙是新王国时期第十八王朝的法老杜德摩西一世于公元前 1500 年在旧神庙遗址上重建的，之后 1000 多年间诸多法老又不断扩建，成为埃及最大的神庙（图 7-10）。

图 7-10　卡尔纳克神庙

卡尔纳克神庙的外墙与马斯塔巴一样是斜墙面，埃及其他神庙也大都采用斜墙面。神庙里有埃及最大的多柱大厅，共有 134 根柱子，其中 12 根柱子高达 22m，其他柱子高 18m，柱子直径 2m 多，有雕塑造型的柱头、柱础，柱表面有浮雕（图 7-11）。

（2）哈特舍普舒特女王神庙

哈特舍普舒特女王神庙建于新王国时期，约在公元前 1470 年。神庙利用地势形成多层平台，犹如楼房的感觉，气势宏伟，庄严肃穆（图 7-12）。

图7-11　卡尔纳克神庙的柱子

图7-12　哈特舍普舒特女王神庙

哈特舍普舒特女王神庙的艺术特点包括：对称性、简洁有力和柱廊的应用（图7-13）。

（3）卢克索神庙

卢克索神庙建于新王国第十八王朝的阿蒙霍特普三世时期，约公元前13世纪，主要特征也是斜墙面、多柱大厅。柱子和柱头造型有自己的特点（图7-14）。

（4）莱菲神庙

莱菲神庙是托勒密王朝时期建造的，距今约2200年，神庙的形体、墙体、墙面和柱廊沿袭了埃及柱式建筑的风格（图7-15），不过，柱廊看上去有一些希腊建筑艺术的韵律（图7-16）。

图7-13　哈特舍普舒特女王神庙的柱廊

图7-14　卢克索神庙

图 7-15　莱菲神庙　　　　　　　　　　　　图 7-16　莱菲神庙的柱廊

3. 丰富多彩的柱子

埃及柱式建筑的石柱丰富多彩。

柱子断面有方形、圆形、8 棱形、16 棱形，还有小柱子组合成的束柱；柱子表面既有无装饰的光面，也有圆弧凹槽，还有浮雕、人物动物立体雕塑一体化；有无柱础和简单石板柱头柱础，也有丰富的装饰性柱头柱础。埃及常见柱子的式样如图 7-17 所示。

凹槽式　　棕榈叶式　　莲花式　　　　纸莎草式　　　　圆锥式　　棒式　　菊花式　　哈托尔式

图 7-17　埃及柱子式样

埃及的装饰性柱头在古王国第五王朝（约公元前 2500 年）开始出现，到新王国（约公元前 1500 年）随着柱式建筑的增加而丰富起来。几乎所有结构柱都被赋予了明确的艺术功能，尤其注重柱头的象征性表达，既有雕塑植物、动物或神的形象，也有抽象的造型。

埃及柱式建筑的柱子多、布置密、直径大、高度高。因为柱顶采用石梁石板，抗拉强度低，所以无法扩大柱距采用大跨度。

4. 其他构造

（1）墙

埃及黏土建筑的夯土墙下宽上窄，墙面倾斜。仪式性建筑如神庙等，墙体虽然采用石材，但依然用倾斜墙面。

神庙正面门两侧的墙具有仪式感，墙面有浮雕。早期神庙的墙体有凸凹，或有附墙柱，是芦苇束演变成的艺术元素。

（2）屋顶

埃及仪式性建筑多采用石条和石板屋顶，也有石梁之上用木柱和棕榈树干铺设的屋顶。屋顶可以上人，有女儿墙。屋面采用有组织排水，狮子雕像伸出墙外作导水管。希腊建筑用狮子头作导水管的做法就源于埃及。

（3）拱券与穹顶

埃及建筑应用拱顶较少，但也有应用。早王朝时期的马斯塔巴采用平缓的弧形屋顶，第四王朝用过楔形石砌成的半圆拱券，即桶拱；第五王朝在岩石中凿出了拱顶；后王朝时期出现过楔形石砌筑的穹顶。

5. 埃及柱式建筑的艺术特点

从古朴的金字塔到多彩多姿的神庙，埃及柱式建筑的艺术特点包括：

◇ 将结构柱赋予象征性表达。

◇ 柱式丰富多样，与雕塑或浮雕一体，富有个性化。

◇ 断面形状丰富。

◇ 柱子较高较粗，形成了宏伟气势。

◇ 采用多柱大厅和柱廊。

◇ 讲对称性。

◇ 使用斜墙面等。

7.6 埃及凿岩建筑艺术

埃及是世界上最早建造凿岩建筑（法老陵墓）的国家。

建造金字塔对劳动力和物资资源消耗太大，社会动乱时期法老权威丧失，金字塔遭到破坏，且屡屡被盗。新王国时期（公元前 1539 年之后）的法老用凿岩陵墓替代金字塔。著名的帝王谷有第十八至二十王朝 62 个法老的凿岩陵墓。

凿岩陵墓的修建是在岩石山上凿洞，有通道和墓室，通道较长，最长达 200 多米。墓室内墙有绘画和浮雕。

进一步，由凿岩墓穴发展到凿岩神庙。最著名的凿岩神庙是阿布·辛拜勒拉美西斯二世神殿，公元前 1279 年到公元前 1213 年期间建造，室外为巨型雕塑（图 7-18），室内为雕塑、浮雕（图 7-19）。

图 7-18　阿布·辛拜勒拉美西斯二世凿岩神殿

图 7-19　阿布·辛拜勒拉美西斯二世凿岩神殿内景

7.7　方尖碑

图 7-20　卡尔纳克神庙的方尖碑

方尖碑是花岗石雕塑成的细高石碑，成对立在神庙入口处。尖顶像金字塔造型，覆盖金属，闪闪发光，喻示着与上天的联系，是象征主义构筑物（图 7-20）。方尖碑起源于古王国第五王朝，与太阳神祭拜有关。

方尖碑表面刻有文字，埃及象形文字就是从菲莱神庙的方尖碑上的文字破译的，那个方尖碑上既有希腊文，又有象形文字。

方尖碑是纪念碑的发端，从古罗马的表功柱到华盛顿纪念碑，构思都源于古埃及，拿破仑更是直接把埃及方尖碑立在巴黎的广场上。现代高层和超高层建筑也有许多借鉴方尖碑的，或形体借鉴，或塔尖借鉴。

7.8 雕塑、浮雕与壁画

古埃及雕塑艺术和绘画艺术除借助于陶器、石材、泥板表达外，大多借助于建筑表达，是建筑艺术的重要构成。浮雕以建筑外墙、内墙、墓室内壁和柱子表面为载体。

许多建筑附带有雕塑，如狮身人面像、拉美西斯二世神殿内外的雕像等，柱头也多做成雕塑。

神庙的室内，尤其是墓室、凿岩墓室的内壁，都绘有彩色壁画等。

7.9 埃及建筑艺术风格的影响

埃及建筑影响了米诺斯建筑、希腊建筑和罗马建筑，由此间接影响了欧洲古典建筑；对波斯建筑也有影响。

（1）抽象的象征主义

埃及金字塔建立了清晰的象征主义建筑美学。用简单、抽象的几何造型表达人类意愿。用体量、高度表达畏惧与敬仰、权力与地位。抽象的象征主义影响到今天，贝聿铭设计的卢浮宫玻璃金字塔，一些现代高层建筑顶部也借鉴了金字塔造形，还有的高层建筑整体就是细高的金字塔形，如旧金山泛美大厦（图38-2a）和伦敦的碎片大厦（图38-2f）。

（2）柱式

柱式是西方建筑的核心，最早的柱式出现在美索不达米亚，是黏土砖柱，且用得较少。埃及的石柱、各种柱式、附墙柱还有束柱对地中海谱系的建筑产生了影响。

（3）凿岩建筑

埃及的凿岩建筑比波斯早1000多年，比罗马帝国约旦属地的凿岩建筑早1500年，比印度佛教建筑岩窟早1200年。

（4）其他艺术

埃及的方尖碑是最早的象征主义构筑物，开创了各种纪念碑之先河。美国华盛顿纪念碑就直接模仿了方尖碑。

埃及建筑的浮雕、雕塑、壁画等也对后来产生了深远的影响。

第 8 章

波斯建筑艺术

波斯建筑艺术是接受先进文明并
融入自己的文化要素的果实。

8.1 波斯文明概述

波斯人属于印欧语系雅利安民族，发源于俄罗斯南部草原，与迁徙到印度建立恒河文明的雅利安人是同一民族。雅利安人是能征善战的马背民族。

公元前 1000 年左右，多支雅利安人从东北亚迁徙到西南亚地区，最主要的两支是米底人和波斯人。米底人首先建立强大王国，公元前 612 年与新巴比伦合力战胜了统治美索不达米亚长达 400 年之久的亚述帝国。美索不达米亚最伟大的城市亚述首都尼尼微被摧毁。60 多年后，后来居上的波斯人在公元前 550 年战胜了米底王国，公元前 539 年征服了新巴比伦王朝和整个美索不达米亚地区，建立了波斯帝国。

关于波斯人的最早记载是亚述人在公元前 836 年刻在泥板上的，那时波斯人还是以游牧为主兼做农耕的部落。公元前 681 年前后，一位名叫阿契美尼斯的波斯首领在一场战役中崭露头角。后来的波斯国王说自己是阿契美尼斯的后代，因此波斯王朝也被叫作阿契美尼德王朝。

波斯帝国的创建者是居鲁士大帝。他有一个祖先也叫居鲁士，是波斯首领，为居鲁士一世。居鲁士大帝是居鲁士二世。

公元前 525 年，波斯贵族大流士在其他 6 位贵族的支持下成为波斯国王。大流士是波斯帝国最伟大的国王，与希腊人打了爱琴海战争。他与儿子薛西斯使波斯帝国的统治达至高峰，疆域东至印度，西到土耳其，南包括埃及，北到中亚地区，还包括地中海的塞浦路斯岛，人口约 4000 万。波斯帝国是第一个统治疆域跨越亚非欧三大洲的帝国，是马其顿亚历山大帝国之前世界上最大的帝国。

波斯帝国历时 209 年，公元前 330 年被马其顿国王亚历山大征服。亚历山大之后，波斯帝国的疆域经历了三个王朝：希腊人的塞琉西王朝、操波斯语的帕勒人的帕提亚帝国和自称是阿契美尼斯后裔的萨珊帝国。

7 世纪，阿拉伯伊斯兰帝国兴起，占领并统治了波斯。

波斯文明是游牧民族进入农业文明地区接受了先进文明并保持了一些自身特色的文明，由于统治地域广，具有各种文明融合的特点。

8.2　波斯建筑概述

美索不达米亚建筑的终点是波斯建筑的始点。

波斯建筑风格也被称作阿契美尼德建筑风格，是指公元前 539 年到公元前 330 年这 209 年期间，波斯建筑——宫殿、神庙、陵墓——所呈现的风格。其特点是"拼盘"，既继承了美索不达米亚传统，如高台基、彩釉面砖、宽坡道等；又借鉴了埃及石柱、凿岩建筑形式、浮雕和柱头柱础等。波斯与希腊进行爱琴海战争期间，掠回来了一些希腊工匠，波斯的艺术风格也受到希腊的影响，包括柱式借鉴、雕塑和浮雕立体感强、衣服皱褶雕塑得很逼真等。波斯人自己的建筑特点是动物柱头、雕塑和源于帐篷的坡屋顶。波斯建筑艺术风格是野蛮文化接受先进文明并注入了自己的文化要素的果实，属于地中海谱系。

波斯民居主要是黏土砖建筑。神庙、宫殿等仪式性建筑多用石材建造。

波斯帝国有 4 座都城：帕萨尔加德、波斯波利斯、埃克巴坦那和苏萨，都在伊朗境内，留下建筑痕迹的主要是波斯波利斯。波斯建筑遗址还有国王陵墓和凿岩陵墓。

8.3　波斯波利斯宫殿

波斯波利斯是大流士国王和儿子薛西斯国王建的首都。由于当时波斯帝国统治地域广阔，统治力强大，具有组织大规模建筑的经济和人力条件，建成的波斯波利斯宫殿是当时世界上最大的宫殿。

波斯波利斯建于公元前 518 年，距今 2500 多年，如今只剩下残垣断壁，最著名的是阿帕达那宫殿和百柱大厅。

（1）阿帕达那宫殿

阿帕达那宫殿是正方形大殿，边长 75m，可容纳万人，建在高台基上。台阶坡道既宽又缓，10 匹马一排的骑兵仪仗队可以通过坡道进入宫殿。坡道台阶的墙上装饰着浮雕，

图 8-1　波斯波利斯阿帕达那宫殿坡道雕塑

图 8-2　波斯波利斯百柱大厅

图 8-3　波斯波利斯宫殿构造与浮雕

是人民爱戴国王向国王献礼的画面（图 8-1）。

（2）百柱大厅

百柱大厅只残留几根柱子，近 20m 高（图 8-2），根据残留的柱础可以约略判断大厅的规模。波斯柱子比埃及和希腊柱子苗条，表面有凹槽。柱础呈钟状，有叶片，柱头呈花状。柱子上部雕塑感更强。动物柱头仿自巴比伦和亚述。

（3）建筑构造

波斯波利斯宫殿采用木结构梁，因为柱子间距较大。

门窗框用黑色石材，表面磨光。土坯砖墙体的表皮贴彩釉砖、彩釉浮雕等。

除石柱外，宫殿也用木柱，用灰泥覆盖涂色，采用与希腊柱一样的凹槽。柱头柱础有的直接采用埃及和希腊风格，有的采用波斯人自己创造的动物雕像，还有的采用人首牛身带翼的雕像（图 8-3）。

8.4　波斯王陵

波斯有两处王陵遗址。一处被认为是居鲁士大帝的陵墓，是地上建筑；另一处被认为是大流士的陵墓，是凿岩建筑。

（1）居鲁士大帝陵墓

居鲁士大帝陵墓位于帕萨尔加德。陵墓的屋顶是坡屋顶，这是北方特征。西亚本地传统建筑多是平屋顶，埃及也是平屋顶。而来自北方的希腊人和波斯人的房屋是坡屋顶。

陵墓基座的尺寸是 48 英尺 × 44 英尺（1 英尺 =0.3048 m），有 6 层台阶，陵墓在台阶上（图 8-4）。台阶用大块白色石灰石垒砌，用铁件固定在一起。

就形体而言，居鲁士大帝的陵墓有些像埃及左塞阶梯形金字塔，但体量小了很多。陵墓规模不大，装饰简单，门楣和基座有装饰线条。居鲁士大帝是开国之君，忙于战争，陵墓不是很讲究。

（2）大流士一世陵墓

大流士一世陵墓在波斯波利斯附近的鲁斯塔姆城，是凿岩陵墓，在悬崖上凿洞，有壁柱、圆柱等，还有柱廊（图 8-5），显然受到埃及凿岩建筑和希腊柱式建筑的影响。

图 8-4　居鲁士大帝陵墓

图 8-5　大流士一世凿岩陵墓

8.5　波斯建筑艺术风格特征

波斯建筑艺术与所有落后文明征服先进文明的模式一样，拿来主义，加上一些自己的东西。波斯建筑重在渲染军事征服力量和世俗权力，宗教特征弱，宫廷建筑的规模很大。

波斯帝国历史时间较短，自身文明积累较少。

◇ 高台基受美索不达米亚传统影响。

◇ 多柱大厅借鉴于埃及。

◇ 有的柱子有自身特色，细长比大，动物柱头，柱头式样灵活。

◇ 有的柱子照搬希腊柱式。

◇ 凿岩陵墓及柱式符号受埃及和希腊影响。

◇ 彩釉与彩釉浮雕（图8-6）受美素不达米亚、埃及和希腊的影响。

◇ 坡屋顶是波斯自身的特色。

图 8-6　波斯的彩釉浮雕

8.6　波斯建筑艺术风格的影响

波斯建筑风格对拜占庭和伊斯兰建筑风格有直接影响，如柱式的灵活、纤细和柱头雕塑等。

罗马神庙的高台基被认为受到东方的影响，与西亚或波斯建筑有关。

波斯建筑对其文化的继承者萨珊帝国有影响，又通过萨珊间接影响了东方建筑，包括印度和中国佛教建筑、石窟庙和雕塑。

第9章

希腊建筑艺术

希腊柱式是西方古典建筑艺术的支撑。

9.1 希腊文明概述

希腊文明的范围包括希腊半岛、爱琴海诸岛、小亚细亚（现在土耳其的沿海地带）、意大利南部和西西里岛等当时希腊人居住的地区。

希腊文明中所说的希腊并不是一个国家，而是许多城邦国家的集合。城邦国家由城邑和周围农村构成。丘陵半岛地形和爱琴海诸多岛屿在地理上为小国家的独立存在提供了条件，不像交通便利的大河流域或平原地区易于统一和统治。希腊有大小城邦国家500多个，也有历史学家估计为1000个左右。希腊城邦大的有几十万人，小的只有几千人，雅典是其中最大的城邦。

希腊文明不是原创文明。希腊字母是从西亚腓尼基人那里学来的；希腊建筑受美索不达米亚和埃及影响较大。希腊政治制度与西亚、埃及的君主制不同，是直接民主制度。

希腊文明的历史始于公元前2200年左右，终止于公元前86年，长达两千多年。

公元前8世纪之前的希腊历史没有文字记载，只有建筑遗址和文物。公元前8世纪—公元前6世纪，有一些残缺不全的文字记载，只能给出历史的大概轮廓。公元前6世纪之后，希腊有了文字记载的历史。

公元前8世纪以前，希腊历史分为三个阶段：米诺斯文明、迈锡尼文明和黑暗时期；公元前8世纪之后，希腊历史也分为三个阶段：古风时期、古典时期和希腊化时期。

1. 米诺斯文明

希腊文明是欧洲文明的源头；米诺斯文明是希腊文明的源头。

米诺斯是希腊神话主神宙斯与腓尼基公主欧罗巴生的儿子。希腊第一个文明以米诺斯命名，表明了希腊文明与腓尼基文明的关系。

米诺斯文明发生在公元前2200年—公元前1500年，克里特岛上有几处建筑遗址以及拼写文字留下了米诺斯文明的证据。

克里特岛是当时地中海最大的贸易中心。米诺斯人以农业、制陶业和贸易为生，贸易比重较大。大约在公元前1500年，火山喷发摧毁了米诺斯文明。

2. 迈锡尼文明

米诺斯文明之后是迈锡尼文明。

迈锡尼位于希腊本土伯罗奔尼撒半岛东部，公元前14世纪—公元前13世纪，迈锡尼是希腊的政治中心。古希腊诗人荷马的著名史诗《伊利亚特》和《奥德赛》讲述的就是迈锡尼人攻打特洛伊的故事。统帅希腊军队的阿伽门农是迈锡尼国王。迈锡尼文明有一个城堡建筑群，还有迈锡尼国王阿伽门农的坟墓。

迈锡尼文明大约持续了200年。在公元前1200年左右，入侵的多利安人摧毁了迈锡尼文明，希腊进入了黑暗时代。

3. 黑暗时代

黑暗时代大约在公元前1200年—公元前900年间。来自北方的蛮族多利安人成为希腊的统治者。多利安人中断了米诺斯文明和迈锡尼文明的传统和海洋贸易，人们的生活只能依赖于贫瘠土地上的农业。所以，黑暗时代人口锐减，物质文化匮乏，建筑遗存极少。

4. 古风时期

黑暗时代后，希腊进入古风时期。

古风时期大约从公元前8世纪开始，到公元前479年希腊人击败波斯人入侵为止。在古风时期，希腊城邦恢复了贸易，经济发展，并形成了民主制度，蓬勃向上。希腊古典建筑风格开始形成。

5. 古典时期

古典时期的起点为公元前479年，终点是公元前336年希腊各城邦被希腊北部马其顿王国的亚历山大大帝征服，希腊各独立城邦国家的历史终结。建筑风格的变化比政治变化滞后，建筑的古典时期的终点在公元前300年前后。

古典时期是希腊文明最为辉煌的时代，哲学、科学、艺术硕果累累，建筑领域成就辉煌。欧洲人最自豪两个黄金时代，一个是希腊的"古典时期"，另一个是意大利的"文艺复兴时期"。文艺复兴时期复兴的也是希腊古典时期的文明。

6. 希腊化时期

希腊化时期的起点为公元前336年，亚历山大征服了希腊；终点是公元前86年，罗马人征服了希腊。

亚历山大征服希腊后，又征服了波斯、埃及和印度部分地区，建立了跨越欧亚非大陆前所未有的大帝国。公元前 323 年，亚历山大去世，其帝国被 3 个部将瓜分，即希腊本土的安提克王国、西亚的塞琉古王国和埃及的托勒密王国。

希腊化时期，希腊文明包括建筑艺术得到广泛传播，建筑风格也有所变化。

希腊文明在古代光彩夺目，也深深地影响着现代文明。

9.2 希腊建筑概述 ◦┄┄┄┄┄┄┄┄┄┄┄┄┄┄┄┄┄┄┄┄┄┄┄┄┄┄┄┄

希腊建筑是西方建筑艺术的源头，包括米诺斯风格、迈锡尼风格和希腊古典建筑风格。

克里特岛上有米诺斯时期木石结构王宫遗址，受西亚和埃及影响较多，并有贸易文明的特征。

迈锡尼时期的建筑包括城堡和陵墓遗址，有军事国家和强大权力的特征，与之前的米诺斯建筑和之后的希腊古典建筑都不一样。

古风时期、古典时期和希腊化时期的建筑为希腊古典建筑风格，在希腊本土、意大利、西西里岛和小亚细亚都有遗址，包括神庙、广场、剧场、体育场、纪念碑等。希腊古典建筑风格是希腊建筑艺术的主体和灵魂，有着清晰的艺术规则和系统的艺术语言。希腊柱式——多立克柱、爱奥尼克柱和科林斯柱——是希腊古典建筑的灵魂，也是西方古代建筑的灵魂，统领西方建筑 2000 多年。雅典的帕特农神庙被誉为人类建筑史上最伟大的建筑之一。

9.3 米诺斯建筑 ◦┄┄┄┄┄┄┄┄┄┄┄┄┄┄┄┄┄┄┄┄┄┄┄┄┄┄┄┄┄┄┄

克里特岛有几座米诺斯王宫遗址，用石头、泥浆、木柱和石板建造，包括克诺索斯、马利亚、扎克罗和帕莱卡斯特罗。其中克诺索斯王宫最大，建于米诺斯文明晚期，即公元前 1600 年—公元前 1500 年之间。

克诺索斯王宫占地面积 1 万多平方米，有宗教、行政办公和生活场所、广场、仓库、酒库和作坊，是一个综合体。王宫没有围墙和防御设施，几个进出口都是开敞式的，露台柱廊也对外开敞，表明战争少，内部矛盾不尖锐。

米诺斯文明没有像西亚和埃及那样为神和帝王建造强调权威的宏伟建筑。不遵循严谨规则，不刻意表现象征意义，以实用功能为主。王宫建筑群没有主立面和中轴线。平面里出外进，立面高低错落，与外部环境的衔接采用交错出现的观景平台和柱廊。米诺斯时期出现了楼房。

克诺索斯王宫的艺术元素包括：

◇ 低层平屋顶建筑，矩形，错落有致的组合。

◇ 柱梁结构，柱子承担艺术角色，有柱廊（图 9-1），方柱和圆柱交替布置（图 9-2），
圆柱有柱头，上粗下细（图 9-3）。

◇ 柱子和建筑表面涂以艳丽的色彩。

◇ 室内绘有壁画（图 9-4）。

图 9-1　克诺索斯王宫柱廊

图 9-2　克诺索斯王宫的方柱与圆柱

图 9-3　克诺索斯王宫变截面圆柱与梁柱构造图

图 9-4　克诺索斯王宫室内壁画

米诺斯时期与埃及第二中间期和新王国初期、古巴比伦、腓尼基王国同期，有贸易交往，其建筑艺术元素大都可以从西亚和埃及建筑中找到相同或类似的元素。但米诺斯建筑具有贸易文明特征，注重实用功能，简单随意，追求和谐与情趣，而不是威严与距离感。

9.4 迈锡尼建筑

迈锡尼建筑遗址包括城堡和陵墓。

（1）迈锡尼城堡

迈锡尼城堡建在易守难攻的山上，有石头城墙（图9-5）。

迈锡尼城堡是王宫所在地，与米诺斯亲切的敞开式王宫不同，也与苏美尔、波斯帝国气势宏伟的高台柱式王宫不同，倒与后来欧洲中世纪城堡、南美洲印加帝国马丘比丘和日本德川幕府时期的城堡有些像。迈锡尼时期，铁器取代了铜器，战争频度增加，烈度增强。迈锡尼城堡王宫明显地反映出了战争对建筑的影响。

图 9-5　迈锡尼城堡王宫

图 9-6 迈锡尼城堡王宫狮子门

图 9-7 阿伽门农墓圆顶

战争带来的生存恐惧不仅使人们加强了建筑防御功能，也强化了人们对威权和超验力量的依赖。迈锡尼人把狮子视为自己的保护神，在城堡入口建造了狮子门，门口两侧的大块石托着石过梁，过梁上面是两米多高的三角形石雕，站立着两头雄狮（图9-6）。有人认为希腊古典建筑的山花灵感即源于此。

（2）阿伽门农墓

迈锡尼阿伽门农墓是用块石发券砌筑的圆顶墓（图9-7），直径约15m，地面至拱顶高度约14m，33层砌石，每块石材都加工成顺滑的曲面。3000多年前迈锡尼人就会准确地计算和分解圆弧曲面。

穹顶是罗马建筑风格的标志，迈锡尼人比古罗马人早1000多年建造穹顶。迈锡尼人也不是穹顶的发明者，穹顶建造技术源于西亚。

迈锡尼建筑艺术元素包括：

◇ 不规则块石砌筑的城堡自然质朴，与环境契合。

◇ 城堡入口具有象征性的狮子雕塑是力量与胜利意识的表达。

◇ 用发券技术建造穹顶。

9.5 希腊古典建筑艺术

1. 希腊古典建筑概述

希腊古典建筑在古风时期形成、古典时期成熟、希腊化时期广泛传播并有所变化。

古风时期始于公元前 9 世纪，历时约 300 年，古典时期历时 143 年，希腊化时期历时约 240 年。希腊古典建筑时期历时约 700 年。

希腊古典建筑艺术最重要的特征是希腊柱式。希腊柱式有三种，以地名命名：多立克柱式、爱奥尼克柱式和科林斯柱式。多立克柱式和爱奥尼克柱式古风时期出现，古典时期建造了一些经典建筑。科林斯柱式古典时期晚期出现，希腊化时期应用较多。

神庙是希腊最主要的建筑，多为长方形平面，坡屋顶，东西方向，主立面是东侧山墙面。外墙没有窗户，室内有神的雕塑。希腊化时期出现了主立面在长边的神庙，还出现了圆形神庙。

2. 希腊柱式

（1）多立克柱式

多立克柱式发源于伯罗奔尼撒半岛多立克地区。多立克人从北方山区迁徙到希腊，性格粗犷豪放。多立克柱式粗壮有力，柱头造型简约，柱面凹槽的凸出边缘尖锐。柱子没有柱础，直接落在基座上。柱高一般为直径的 6 倍。

古风时期和古典时期神庙多采用多立克柱式，最著名的有雅典卫城帕特农神庙、科林斯阿波罗神庙、意大利南部帕埃斯图姆第一赫拉神庙、第二赫拉神庙的海神庙和西西里岛塞利努斯的神庙群等。

▎帕特农神庙

帕特农神庙是献给雅典保护女神雅典娜的。公元前 447 年开始建设，15 年后竣工。

帕特农神庙长约 70m，宽约 31m，面积只有两千多平方米。直径 1.91m 的柱子环绕神庙形成柱廊。柱在墙外，除结构功能外，是最主要的美学语言，坚实挺拔，平稳沉静（图 9-8、图 9-9）。

图 9-8　雅典卫城帕特农神庙

图 9-9 帕特农神庙复原图

神庙主立面在山墙面。柱式的构成由下而上是：基座、柱子、柱上楣和山花。柱子又分为柱身和柱头两段，没有柱础（图 9-10）。

柱上楣是柱上横梁的外表面，做了艺术化处理。柱上楣分为 3 段，由下而上依次为额枋、檐壁和檐口。多立克柱式的额枋是平面板；檐壁三棱板和有浮雕的棱间板交替；檐口是悬挑出的线脚（图 9-11）。柱上楣之上是山花。用线脚框住三角形山花边界，山花内是浮雕（图 9-12）。

图 9-10 多立克柱凹槽与柱底

图 9-11 柱上楣

图 9-12 山花里的浮雕

帕特农神庙的设计者是雕塑师菲迪亚斯和建筑师伊克蒂努，在艺术方面有很深的造诣：

◇ **调整视觉误差** 人的视觉会产生误差，直柱子可能看成斜的；上下一样粗的柱子，可能看成腰部稍细。为了调整视觉误差，设计师对帕特农神庙一些部位的尺寸做了精细的调整。比如，在柱子三分之一高度处略微加粗，使柱子看上去上下同样粗细；把两侧的柱子略微向中心倾斜，使之看上去不是外倾而是笔直的；把基座和柱上楣的中部稍稍隆起，使之看上去是平直的而没有塌腰；把山花向前略微倾斜，使人看上去不是后仰。还有位于转角处的柱子，由于背景是虚的，看上去显得细，就略微加粗，并微调整了间距。

◇ 讲究比例 主立面高度（指山花下高度）与宽度之比是 4：9，柱子直径与柱子的中心距之比也是 4：9，建筑基座的宽度与长度之比还是 4：9，连室内的宽度与长度之比都是 4：9。建筑正立面的宽度与总高度之比则是黄金比例 0.618：1。这个黄金比例与 4：9 都是与 $\sqrt{5}$ 有关的数字。

◇ 讲究模数 帕特农神庙所有尺度都与柱子直径（1.91m）成比例关系。"模数"是定量设计的规则，有助于实现和谐的比例关系，对建筑构件的加工和现场安装也非常有利。

◇ 浮雕 神庙两个山墙的山花里和柱上楣的陇间板有精美的浮雕。

（2）爱奥尼克柱式

爱奥尼克柱式发源于爱琴海小亚细亚地区，也是古风时期出现的，比多立克柱式问世晚些。生活在海边从事贸易的爱奥尼亚人创造的柱式不像多立克柱式那样简朴雄壮、棱角分明，而是纤细温柔浪漫，有女人味。

雅典卫城的厄瑞克忒翁神庙是爱奥尼克柱式神庙（图 9-13），于公元前 406 年建成。

图 9-13 爱奥尼克柱式神庙——厄瑞克忒翁神庙

爱奥尼克柱比多立克柱细而且高，柱高是直径的 9 倍。柱头是浪花般柔和的涡卷。柱上楣比较简单，突出和衬映了柱头的华美（图 9-14）。柱面凹槽的凸出边缘是平端（图 9-15）。柱子有柱础，由曲线线脚组合而成（图 9-16）。

图 9-14　爱奥尼克柱头与柱上楣　　图 9-15　爱奥尼克柱表面凹槽　　图 9-16　爱奥尼克柱础

（3）科林斯柱式

科林斯柱式起源于科林斯地区，问世比多立克柱式和爱奥尼克柱式晚，公元前 5 世纪时出现的。在古典时期没有流行起来，希腊化时期开始应用。罗马时期的《建筑十书》记述了科林斯柱头的来历。

科林斯一位美丽少女在出嫁前因病去世了，疼爱她的奶妈把少女生前喜欢的玩具和物品装在一个篮子里，放在了少女坟前。为了防止雨水淋湿篮子里的物品，奶妈在篮子上面压了一块石板。第二年，篮子周围长出了青草，草叶向上蔓延，到篮顶石板处被阻，向外翻卷成漩涡状（图 9-17）。雕刻家卡利马库斯路过少女坟墓，看到这个被莨苕草叶环绕的美丽篮子，灵感被激活，设计了科林斯柱头。建筑艺术的灵感来源于生命所展示的美丽。

雅典宙斯神庙（图 9-18）是科林斯柱式建筑，希腊化时期开始建设，罗马时期才建完。

图 9-17　科林斯柱头的灵感来源　　　　图 9-18　雅典宙斯神庙的科林斯柱式

科林斯柱头花式复杂，柱上楣与爱奥尼克柱式一样简洁（图 9-19）；柱础稍显复杂一些（图 9-20）。柱高是直径的 12 倍。

（4）其他柱式

前面介绍的爱奥尼克柱式建筑——雅典卫城的厄瑞克忒翁神庙，还有一个用 6 根女人雕像柱支撑的小柱廊（图 9-21）。这种柱子在希腊建筑中是特例。

图 9-19 科林斯柱头与柱上楣

图 9-20 科林斯柱表面凹槽与柱础

（5）希腊柱式总结

柱子是建筑的支撑。不仅是力学意义上的支撑，也是美学意义上的支撑。柱子的美学价值人类在图腾时期就意识到了。

从埃及到巴比伦到波斯建筑，柱子都是耀眼的明星。中国古建筑也是柱式建筑，只不过是木柱，中国式柱头是精巧复杂的斗拱。

希腊柱式是一种成熟的美，匀称协调，精致得体，准确优雅，百

图 9-21 厄瑞克忒翁神庙女人雕像柱

看不厌。希腊柱子都是承重的结构柱，没有纯装饰性的柱子。希腊柱式是 19 世纪以前西方古典建筑艺术最重要的支撑。

3. 广场柱廊

希腊柱式不仅用于神庙，也用于公共建筑，例如广场柱廊。

希腊大多数城邦实行直接民主政治，政治集会的广场"阿勾拉"是城市中心，行政建筑和商业建筑布置在广场周围。环广场建筑一般设有柱廊，使广场具有仪式感，还可以避雨。

古风时期就有广场柱廊。雅典的阿塔罗斯柱廊是 20 世纪 60 年代依据公元前 150 年希腊化时期的柱廊在原址重建的（图 9-22）。柱廊也是巴西利卡的源头，我们将在下一章介绍。

4. 剧场

公元前 7 世纪晚期，希腊戏剧诞生了。世界上最早的剧场也随之诞生。希腊剧场是人类最早的城市文化设施。

希腊剧场是露天的，依地势而建。在半圆形坡地上，一层层摆上座席。观众居高临下观看演出，与现代人在台下看剧不一样，倒是与看球赛和运动会一样。舞台背后一般采用柱式背景墙，附墙柱只有装饰功能。希腊最大的剧场是伯罗奔尼撒的埃皮扎夫罗斯剧场，直径118m，有14000个观众席

图 9-22　雅典阿塔罗斯柱廊（原址重建）

（图9-23）。那时候最大的城市雅典也只有20多万人。从剧场座席数量与城市人口的比例，可以看出希腊人的文化品位和戏剧在当时社会中的地位。

图 9-23　希腊埃皮扎夫罗斯剧场

5. 体育场

希腊是奥林匹克运动发源地。在伯罗奔尼撒半岛西北部的奥林匹亚，有建于公元前4世纪的体育场遗址。体育场入口是长长的拱券通道，至今还残留一小段拱券（图9-24）。古典时期希腊建筑应用拱券的很少，希腊化时期有所应用。但希腊人应用拱券技术实际比罗马人早了200多年。

6. 圆形神庙和纪念碑

有种说法，认为希腊建筑是直线建筑，罗马建筑是曲线建筑。希腊建筑主要是直线建筑，但也有拱顶（迈锡尼墓）和拱券（奥林匹克体育场入口通道），还有圆形建筑。

希腊宗教圣地德尔菲有一座圆形神庙，外柱是多立克柱式（图 9-25），内柱采用了科林斯柱式。

图 9-24　奥林匹克体育场入口的拱券通道

希腊化时期著名建筑雅典利西克拉底合唱队纪念碑是一座圆形纪念碑，有 3 个特点：圆形建筑、科林斯柱式、纯装饰功能的附墙半柱（图 9-26）。

图 9-25　德尔菲圆形神庙

图 9-26　雅典利西克拉底合唱队纪念碑

附墙半柱是一个重要变化。柱子是用来承重的，专门做装饰元素最先是在剧场舞台的背景上，后来又扩展到墓碑、城门和纪念碑上。附墙柱到了罗马时期成了非常普遍的装饰元素。

7. 主立面在长边的神庙

古典时期神庙的主立面在山墙面。希腊化时期出现了主立面在长边的神庙，如建于公元前170年的小亚细亚北部帕加马的宙斯祭坛。这座祭坛的复原品在柏林佩加蒙博物馆（图9-27）。

图9-27　帕加马宙斯祭坛复原图

主立面在长边是重要变化，文艺复兴之后的宫殿建筑、公共建筑和现代建筑，主立面大都在建筑物的长边。意大利罗马的祖国祭坛和美国国会大厦的源头都可以追溯到帕加马宙斯祭坛。

9.6　希腊古典建筑艺术的主要特征

希腊古典建筑艺术风格的主要特征包括：

◇ 柱式建筑，有多立克、爱奥尼克和科林斯三种柱式。

◇ 柱在墙外，或环绕四周，或前后立面有柱子，或一个主立面有柱子。

◇ 以长方形坡屋顶建筑为主，山墙面为主立面。

◇ 出现了曲线形体，包括拱券、圆形神庙和圆形纪念碑。

◇ 敞开式柱廊，为"巴西利卡"的源头。

◇ 希腊化时期出现了纯装饰功能的附墙壁柱。

◇ 柱上横梁是艺术表达的载体，有造型、浮雕和线脚。

◇ 山墙用线脚围成山花，山花内有浮雕。

◇ 重视尺度比例，匀称和谐。

◇ 运用模数，所有建筑尺寸与选定的数字成比例关系。

◇ 调整建筑与构件的视觉误差。

◇ 制作精致。

9.7　希腊建筑艺术的影响

希腊建筑艺术对罗马建筑影响很深，并通过罗马影响了整个西方建筑。希腊柱式建筑被罗马、罗马风、文艺复兴、巴洛克、新古典主义等风格照搬、模仿或借鉴。

希腊剧场被罗马的斗兽场借鉴。

希腊柱廊对巴西利卡有启发。巴西利卡是罗马公共建筑、基督教教堂的基本形制。

希腊拱券和穹顶对拜占庭建筑有所影响，进而对伊斯兰建筑产生了影响。

希腊雕塑和浮雕艺术对欧洲和印度有重大影响，并借助于佛教传播到了中国。

现代建筑的历史主义建筑较多采用源自希腊的建筑艺术元素。

9.8　为什么希腊柱式建筑独领风骚

希腊柱式建筑 2500 年来在建筑领域独领风骚。

柱式建筑并不新鲜。美索不达米亚比希腊早 2000 年就采用柱子，并兼作重要的装饰元素；埃及早于希腊约 1000 年就建造了大规模多柱建筑；与希腊古典时期差不多同时期的波斯帝国也有多柱大厅。但希腊的柱式建筑艺术造诣最高，影响最大。

希腊古典建筑与西亚和埃及建筑比较并没有多少新元素，但其艺术气质和感染力却高出许多。主要原因是：

（1）公众美学

在民主制度下，公共建筑的服务对象是公众，而不是国王、法老。只有被大多数人认可的艺术才会存在和流行。在人人可以对公共建筑评头论足的情况下，建筑师会更加用心，关注每一个细节，连视觉误差都要纠正。希腊人把适度与完美看成美德，希腊建筑充分体现了适度和完美的美学观。

（2）人文主义

人文主义是希腊文明的精髓。

希腊思想家普罗泰戈拉说："人是万物的尺度"。这个概念是现代社会"以人为本"的价值观的源头。希腊建筑以人体的比例关系确定审美参照系，建筑尺度与人体比例对应。著名的黄金分割率（0.618∶1），就是希腊哲学家和数学家毕达哥拉斯对人体比例归纳的结果。人的感官觉得最和谐最适度的比例就是黄金比例。

（3）理性思维

希腊建筑是理性的。建筑模数、尺度比例和组合关系，都建立在定量分析的基础上。

（4）给力的传播

希腊建筑艺术借军事和宗教扩张而传播，首先是亚历山大在其欧亚非帝国内的传播；罗马人接受希腊文明和建筑后，又在罗马帝国的疆域内传播；基督教教堂采用希腊 - 罗马建筑风格后，将其传播到整个基督教世界。

西方古代建筑以柱式建筑为主。在钢结构、钢筋混凝土结构和玻璃金属幕墙等现代建筑问世以前，在以厚重的石头为主要材料的建筑中，柱子是很难找到替代物的装饰要素。

柱式建筑之所以广受欢迎，有以下原因：

◇ 可以在立面形成凸凹变化，显现出立体效果。

◇ 可以通过柱子的实和柱间的虚形成对比，变幻出动感的韵律。

◇ 可以象征性地给出结构语言，给人以稳定的力量和信心。

◇ 有挺拔向上的方向性，容易与人们向上的精神渴望产生共鸣。

◇ 大型建筑用柱式，可以形成气魄与气势。

◇ 小型建筑用柱式，可以表现高雅与优雅。

第10章

罗马建筑艺术

混凝土、穹顶、拱券是罗马人的三大贡献。

10.1 罗马历史概述

罗马历史分为 5 个阶段：王政时期、共和时期、帝国时期、东西罗马帝国共存时期和东罗马帝国时期。东罗马帝国就是拜占庭帝国，将在第 12 章介绍，本节简单介绍罗马前 4 个阶段的历史。

1. 王政时期

罗马历史从公元前 753 年开始。那一年，孪生兄弟罗慕路斯和勒莫斯将居住在 7 个山丘上的部落组成联盟，建立了罗马城。初建的罗马城面积近 130 平方公里。

罗马人包括拉丁人、萨宾人和埃特鲁里亚人。拉丁人与萨宾人属于印欧语系，与希腊人同一个语系。埃特鲁里亚人是来自西亚的民族。

罗马建城后实行君主制，即王政时期。公元前 509 年，由埃特鲁里亚人担任的国王被拉丁族起义者推翻，建立了共和国。王政时期历时 244 年。

2. 共和时期

共和时期从公元前 509 年到公元前 27 年，历时 482 年。

共和时期罗马实行民主共和制度，进行军事扩张，国土面积从 100 多平方公里扩展到 400 万平方公里，扩大了 4 万倍，包括西欧、南欧、小亚细亚、中东地区、埃及和非洲北部地区，地中海成为内海，人口约 5000 万。罗马人在没有建立官僚体制和常备军的情况下，把不同民族不同文化不同语言不同宗教不同肤色的人嵌入到一个社会共同体中，这在古代世界是绝无仅有的。

3. 帝国时期

公元前 27 年，内战胜利者屋大维被尊为奥古斯都，也就是至尊者，成为罗马最有权力的独裁者。罗马共和国的民主政体被军阀专制政体所取代，进入了帝国时期。

罗马帝国时期从公元前 27 年到 395 年，历时 422 年。

帝国时期的一件大事是基督教在帝国属地耶路撒冷诞生，并在被残酷迫害 300 多年后，成为罗马国教。这件事对世界文明和西方建筑艺术有着极其重大的影响。

4. 东西罗马帝国共存时期

285 年，为了进行有效统治，罗马帝国皇帝戴克里先将帝国分成东西两个行政区。323 年，罗马帝国皇帝君士坦丁在罗马帝国东部小镇拜占庭建立了新首都——君士坦丁堡。395 年，罗马帝国事实上分裂为两个独立的国家，以君士坦丁堡为首都的东罗马帝国和包括罗马在内的西罗马帝国。

从 395 年到 476 年，是东、西罗马帝国并存的时期，历时 81 年。

公元 476 年，西罗马帝国被日耳曼人所灭。东罗马帝国即拜占庭帝国以罗马帝国的名义继续存在，直到 1453 年被奥斯曼帝国所灭。

10.2　罗马建筑概述 •··

1. 王政时期的建筑

罗马王政时期与希腊古风时期大体上同步。希腊古风时期是希腊古典建筑艺术形成期，而罗马王政时期没有留下建筑遗址。

2. 共和时期的建筑

罗马共和时期与希腊古典时期和希腊化时期大体上同步。这个时期希腊古典建筑风格成熟。罗马人忙着军事扩张，建筑不多，现存建筑遗址包括庞培的巴西利卡会堂、佩鲁贾的埃特鲁里亚维斯塔圆形神庙、古罗马广场遗址等。维特鲁威所著人类历史上第一套建筑理论与技术书籍《建筑十书》就出自这一共和时期的末期。

共和时期，罗马人征服希腊以及希腊在南意大利和西西里岛的城邦时，把希腊的雕塑、浮雕、柱头作为战利品带回了罗马，还把希腊建筑师、雕塑师作为俘虏带回罗马，照搬借鉴希腊建筑艺术。

3. 帝国时期的建筑

帝国时期是罗马大规模建筑时期，罗马成为百万人口城市，是当时世界上最大的城市。罗马帝国在意大利、英格兰、德国、法国、西班牙、中东、埃及和北非都留下了建筑遗迹。

帝国时期是罗马建筑艺术风格的成熟时期。罗马建筑艺术主要用于**宗教建筑**（神庙、教堂）、**政治建筑**（广场、凯旋门、纪念柱、议会会堂、国王陵墓）、**公共建筑**（角斗场、浴室、剧场、高架水渠）和**居住建筑**（别墅与高层建筑）。

罗马建筑的主要艺术元素包括**柱式**、**穹顶**、**拱券**等。另外，混凝土技术、穹顶和拱券建造技术、多层建筑施工技术，是罗马建筑艺术的重要技术支撑。

罗马人在文化方面向希腊全面学习。如拉丁字母借鉴希腊字母，用希腊语的韵律写诗，接受希腊哲学与艺术等。在建筑艺术方面，罗马人也借鉴和继承了希腊建筑艺术。

罗马建筑艺术在吸收了包括古意大利埃特鲁里亚文明、东方亚细亚文明和希腊文明各种元素的基础上，也有着自己的鲜明特色和伟大创造，特别是在穹顶、拱券艺术与技术方面。穹顶和拱券虽然不是罗马人的发明，但被罗马人广泛应用，做到了极致，是罗马建筑艺术风格最具特色的语言。用火山灰作为胶凝材料制作混凝土是罗马人的伟大创造，也是罗马特色建筑艺术风格的重要支撑。

10.3 罗马柱式建筑

（1）**罗马的 5 种柱式**

罗马的 5 种柱式是在希腊 3 种柱式的基础上增加了两种柱式。一种叫作托斯卡纳柱式，发源于罗马北面的托斯卡纳地区；另外一种是混合柱式，就是在科林斯柱头上加爱奥尼克柱头的涡卷（图 10-1）。

罗马柱比希腊柱要细一些，即高度与直径之比大一些。

（2）**罗马长方形柱式神庙**

罗马马尔斯神庙建于帝国初期，是长方形科林斯柱式建筑。从其复原图（图10-2）中可以看出罗马神庙与希腊神庙的不同。

托斯卡纳柱式　　　　　混合柱式

图 10-1　罗马新增加的两种柱式

◇ 高基座。希腊神庙的基座不高，基座四周都有台阶，人们无论从哪个方向都可以走到神庙的基座上。而罗马神庙的基座比较高，只有正面才有台阶。

◇ 深门廊。主立面门廊较深。

高基座和深门廊强调了权威和距离感。

（3）**罗马圆形柱式神庙**

罗马埃特鲁里亚人源于西亚传统的民居是圆形的，罗马的神庙也有圆形。图 10-3是建于公元前 2 世纪的圆形神庙，比希腊德菲尔圆形神庙晚了约 200 年，但不如希腊建造得精致。

图 10-2 罗马马尔斯神庙（复原图）

图 10-3 罗马圆形神庙

（4）装饰功能的附墙柱

图 10-4 罗马角斗场附墙柱

罗马时期，由于拱券技术的应用，拱形墙体取代了柱子的结构功能。一些柱子仅仅承担艺术角色，不像希腊柱那样承担了结构和艺术双重角色。图 10-4 是采用附墙柱的罗马角斗场墙体：拱券两旁矗立装饰柱，顶着柱上楣。首层采用的是源于罗马本地的托斯卡纳柱式，第二层采用的是爱奥尼克柱式；第三层采用的是科林斯柱式；第四层采用的科林斯附墙扁方柱。柱子从底层的托斯卡纳柱到顶层的扁方柱，越来越轻巧，越来越精致，建筑语言的逻辑非常准确。

把圆柱变为装饰性的扁方柱是柱式装饰语言的扩展与变奏。在一个建筑立面上组合不同格调的元素，也是对严谨的希腊建筑风格的突破。

10.4 罗马穹顶

穹顶是罗马建筑艺术的一大亮点。128 年建成的万神庙是罗马最伟大的建筑之一。有人甚至认为它在建筑艺术史的地位超过希腊经典的帕特农神庙。

万神庙主体建筑是在圆筒形墙体上扣了一个直径 43m 的半球形穹顶，内部大厅高度也是 43m。这么大跨度的砌筑穹顶是前所未有的，至今依然是世界上最大的砌筑穹顶。圆筒和半球组合的主体建筑有一个带山花的柱式门廊（图 10-5）。

半球形穹顶底部水平推力很大，要靠墙体自重平衡，因此墙壁最厚处达 6m。这么厚的墙体即使开窗洞采光效果也不好，所以建筑师索性在穹顶的中心开洞采光。

万神庙内壁用两道线脚分成三段。下段是实体墙和凹入墙体的大小神龛虚实交替，大神龛有柱式，小神龛有三角顶套和弧形拱顶套；中段是凹入墙体的假窗洞，用三角顶套做装饰，强调"窗"的存在；上段是穹顶，有 5 层藻井，有秩序地排到顶部天洞边缘。藻井是为了减轻屋顶重量的结构手法，类似于今天的箱形梁，艺术效果自然而然顺理成章，人们仰视穹顶会被深深地吸引（图 10-6）。

内壁的三角顶套是希腊神庙山花的浓缩，弧形拱顶套是从罗马拱券结构演变而来的。

罗马人之前，西亚、埃及和希腊建筑的结构主要是柱梁体系简支结构，建筑空间的跨度取决于梁的抗拉性能。用石材做梁和楼板的房子跨度很小，柱子很密。木材抗拉性能高，自重荷载也小，采用木结构屋顶的建筑跨度可以大很多，但建筑物跨度还是要受到木材长度的限制。

穹顶结构从结构形式上避免了拉力的出现，主要承受压力，砖石是抗压强度很高的材料，所以，穹顶结构可以大大增加建筑物的跨度。但穹顶结构会产生较大的水平方向推力，竖向荷载越大，水平推力越大。所以，需要厚重的墙体平衡穹顶的水平推力。虽然罗马时期还没有材料力学和结构力学，但罗马建筑师对于水平推力是知其然的。

图 10-5 罗马万神庙

图 10-6 万神庙内景

罗马人发现的天然水泥并由此发明的混凝土是穿顶技术的重要支撑。意大利南部是火山地区，有大量火山灰。颗粒很细的火山灰具有活性，遇到水后会水化凝结成强硬材料，罗马人用火山灰和砂石骨料配置"混凝土"，从公元前 3 世纪开始使用，到帝国大搞城市建设时，已经有 300 多年经验了。罗马人利用混凝土可以方便地建造穿顶，也可以实现复杂的造型，如藻井。

10.5　罗马拱券

拱券是结构支撑手段，原理与穿顶一样，可以避免或减少拉应力，大大增加门窗洞口宽度。拱券是罗马乃至西方建筑主要的艺术元素。罗马角斗场、罗马卡拉卡拉浴室和法国尼姆的高架水渠，都由于拱券的应用而具有了艺术的美学价值。

拱券在美索不达米亚和希腊都有应用，如巴比伦城门拱券、奥林匹亚体育场拱券通道等，但应用得最多、跨度最大、最娴熟和艺术效果最佳的还是罗马。

罗马拱券包括墙体拱券（如门窗洞、凯旋门和高架水渠）和屋顶拱券（用于楼层和屋顶的拱券）。屋顶拱券包括半圆筒形拱、半圆筒形交叉拱和带肋的交叉尖拱（图 10-7）。

a）半圆筒形拱　　b）半圆筒形交叉拱　　c）带肋的交叉尖拱

图 10-7　三种屋盖（或楼盖）拱券类型

1. 罗马角斗场

罗马角斗场建成于公元 80 年，是一个宏大的椭圆形建筑（图 10-8），虽然只有 4 层，但高度达 49m。椭圆的长轴长 188m，短轴长 156m，内部场地长轴长 86m，短轴长 54m。角斗场为后来大型运动场的建设提供了经验。

角斗场所体现的罗马建筑艺术风格特征包括：

（1）规模宏大

作为宣扬胜利和张扬帝国精神的罗马建筑，也由于拥有前所未有的财富，还由于建筑材料和建筑技术的进步，罗马建筑的体量远远大于了希腊建筑。

（2）曲线与曲面

角斗场自如地运用拱券结构，使曲线与曲面艺术得以尽情表达，是对希腊建筑直线艺术的重大突破。

（3）拱券与柱式结合

同一建筑立面上，拱券与不同柱式结合，是罗马建筑艺术的一个重要特征。

罗马角斗场受到希腊剧场的启发。希腊剧场的平面是半圆形的，角斗场相当于两个加长的半圆剧场的对接。

2. 卡拉卡拉浴场

罗马帝国皇帝卡拉卡拉在位期间，建设了一个大型公共浴场（图 10-9），以自己的名字命名。这个浴场占地面积有 13 万多平方米，可同时容纳 2000 人洗澡，有如今中国大型洗浴中心的十几倍

图 10-8　罗马角斗场内

大。卡拉卡拉浴室大跨度无柱空间是通过拱券实现的。

图 10-9　卡拉卡拉浴场遗址

3. 尼姆高架水渠

罗马帝国时期一些城市修建高架水渠从山上引水。高架水渠是拱券结构，虽然只是出于结构的考虑，但在美学方面也非常成功。位于法国尼姆的罗马帝国时期的高架水渠保留至今（图 10-10），是当地著名的景致。

图 10-10　法国尼姆的卡尔高架水渠

10.6　罗马多层建筑

大约 3 世纪，罗马人口达到了 100 万。由于城市土地资源稀缺，罗马人建造了一些多层建筑，高达 7 层，个别建筑最高达到 10 层，相当于小高层了。至今罗马老市场还有多层建筑的遗迹（图 10-11）。

图 10-11　罗马老市场多层建筑

罗马多层建筑的底部一两层一般是商铺，上部楼层是住宅。楼层越高，居住者地位越低。那时的罗马设计师还不会进行结构计算，多层建筑倒塌事故时有发生。

多层建筑在美索不达米亚和克里特岛都出现过，但最多是两三层，建到 10 层高度，是罗马人的创举。

10.7　罗马别墅

罗马郊区蒂沃里有哈德良皇帝的别墅遗址，是古罗马最大的别墅。

蒂沃里遗址有沿池塘边布置的环形柱廊，间或凸起的半圆形拱套，还有精美的雕塑（图10-12）。曲线是表现浪漫的语言，它不像直线那么严谨和生硬。蒂沃里庭院是罗马时期庭院建设的代表，也是后来西方庭院设计师们汲取灵感的地方。

图 10-12　哈德良蒂沃里别墅水边的柱廊

10.8　纪念柱与凯旋门

罗马的纪念柱和凯旋门是没有实际功能的纪念性构筑物，宣扬帝国意识与帝王意识。

（1）纪念柱

罗马纪念柱的灵感源于埃及的方尖碑。罗马纪念柱是歌颂皇帝的，有图拉真纪念柱（图10-13）、奥勒留纪念柱等。

图拉真纪念柱直径 3.7m，不算柱顶的图拉真雕像，柱身高 29.55m，用一块大理石雕刻而成，柱身刻满了歌颂图拉真丰功伟绩的浮雕，犹如电影胶片般绕柱盘旋，雕塑带长达 200m，雕刻得精致细腻。

（2）凯旋门

凯旋门是罗马尚武精神的体现，源于神奇门。

神奇门是出征归来的军人入城时必须经过的一道门，以消除杀气，相当于"消

图 10-13　图拉真纪念柱

图 10-14 君士坦丁凯旋门

磁"吧。后来，神奇门演变为炫耀胜利和崇拜英雄或帝王的凯旋门。

最早的凯旋门建于公元前2世纪。图10-14是君士坦丁凯旋门，建于4世纪，三孔式凯旋门。从凯旋门可以看出罗马建筑风格的两大特点，即拱券加柱式。

10.9　罗马陵墓

图 10-15 哈德良墓

罗马共和时期是民主政治，不可能为领导人建造陵墓。帝国时期多数皇帝死于权力争夺，未得善终。只有极少数皇帝建造了陵墓。现存的罗马皇帝的陵墓包括哈德良墓（图10-15）。

哈德良皇帝是罗马帝国五贤帝之一，他废除了主人可以随意杀死奴隶的权力。哈德良热衷于建筑，在位期间建造了英格兰哈德良长城，蒂沃里别墅和自己的陵墓。

哈德良墓比较雄伟，正方形基座有15m高，每边长89m。上部的主体建筑是圆形建筑，直径64m，高21m。皇帝的墓室就是一个放骨灰盒的房间。

哈德良墓是集中式建筑的源头。

10.10　罗马凿岩建筑

在罗马帝国统治的约旦沙漠地带，有一片凿岩建筑群——佩特拉古城，有一些罗马

风格的凿岩建筑，包括宫廷、剧场、陵
墓等。

凿岩建筑始于埃及，佩特拉古城的
凿岩建筑艺术符号更为丰富，也更为精
致（图10-16）。

10.11　罗马建筑风格的特点

罗马建筑的艺术特点包括：

◈　丰富并灵活运用了希腊柱式。

◈　较多运用曲线。

◈　呈现了拱券和穹顶结构的逻辑
　　美学。

◈　建筑体量形成气势。

希腊大型建筑帕特农神庙只有2000
多平方米，而罗马的一个浴场建筑群占

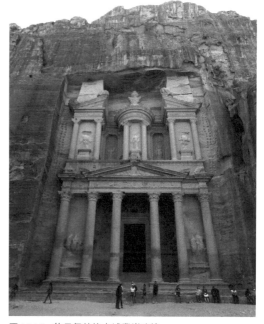

图10-16　约旦佩特拉古城凿岩建筑

地就有13万平方米。希腊建筑的最大跨度不过十几米，而罗马万神庙的跨度超过了
43m。

罗马人的哲学是实用主义哲学，宏大辉煌的标志性建筑是出于政治实用的考虑，规
模巨大的角斗场和浴场是为了维护社会安定，巴西利卡的大空间是司法、行政和商业的
需要，混凝土技术是大规模建设的需要。他们在建筑上的追求被维特鲁威在《建筑十书》
中表述得非常清楚，那就是：坚固，实用，美观。

10.12　罗马建筑艺术的影响 ◦┄┄┄┄┄┄┄┄┄┄┄┄┄┄┄

汇集了希腊建筑艺术并有自己创造的罗马建筑艺术影响广泛且深远，是西方古典建
筑、古典主义的集成甚至是代名词。

罗马建筑艺术首先在罗马帝国（包括拜占庭帝国）范围内传播，而后随着基督教的
传播遍及整个欧洲，并影响了世界。

罗马建筑艺术是地中海谱系的树干，罗马风、文艺复兴、巴洛克、新古典主义是
其发展过程中生长的枝杈；拜占庭和伊斯兰风格也受其影响，哥特式的巴西利卡也源于
罗马。

第11章

巴西利卡与早期基督教建筑

巴西利卡是基督教教堂的主要形式。

11.1 基督教的起源

1 世纪初，基督教起源于罗马帝国统治下的巴勒斯坦。

基督教诞生是人类历史上的重大事件，也是建筑史的重大事件。自那以后，西方古代建筑大多是基督教建筑。

基督教是闪米特人创立的三大一神教——犹太教、基督教和伊斯兰教——之一。一神教与多神教的宗教场所功能有些不同。多神教的神庙，如埃及、希腊、罗马的神庙，仅仅是神的居所，教徒并不在其内部活动。而一神教是结社性宗教，宗教场所不仅是祭祀场所，也是教会组织办公和教徒聚会的场所，还是教徒举行日常仪式——如礼拜、祈祷、洗礼、加冕礼、圣餐、婚礼、丧礼——的场所。犹太教会堂、基督教教堂和伊斯兰教清真寺都是如此。一神教宗教场所需要较大的室内空间。

基督教早期，长达 300 年一直被残酷打压，但基督教强调在上帝面前人人平等、博爱、宽容等教义，对穷人和妇女特别有吸引力，使之在罗马帝国范围内广泛传播。

313 年，罗马帝国皇帝君士坦丁发布《米兰敕令》宣布基督教为合法宗教。395 年，基督教成为罗马帝国的国教。

7 世纪，基督教分裂为天主教和东正教。天主教以罗马主教为领袖，即教皇；东正教则以拜占庭帝国君士坦丁堡的大教长为教会领袖。16 世纪宗教改革后，天主教又分裂出新教。

11.2 早期基督教建筑概述

早期基督教建筑不能算作一种艺术风格，但它是 1700 多年来各种基督教建筑的源头。

有建筑史学者将早期基督教建筑归类于罗马建筑；有人把它列为拜占庭建筑；有人认为早期基督教建筑既是罗马风格，也是拜占庭风格；还有建筑史书籍将其与罗马风混为一谈。

笔者赞同第一种归类，即早期基督教建筑属于罗马建筑。

基督教建筑是 313 年基督教合法化后开始出现的，那时既不存在拜占庭帝国，罗马帝国东西两个行政区也没有形成事实上的独立。虽然君士坦丁在拜占庭建设了罗马帝国新首都君士坦丁堡，但拜占庭帝国和拜占庭建筑风格的历史不能从那时算起。将那时的基督教建筑列入拜占庭建筑风格有些勉强。而且，早期基督教建筑与拜占庭建筑艺术风格也有区别。

拜占庭帝国事实上的始点是 395 年罗马帝国东西两部分事实上独立，名义上的起点是 476 年西罗马帝国灭亡。

有些著名的早期基督教教堂建于 476 年之前，在罗马帝国东部统治区，如中东耶路撒冷的圣墓教堂和伯利恒的圣诞教堂；还有些著名的早期基督教建筑，建于 476 年西罗马帝国灭亡之后，在拜占庭帝国占领的原西罗马帝国地区，如意大利拉韦纳的一些教堂。这些早期基督教建筑应视为罗马建筑的惯性，与拜占庭风格有较大不同，似不应划为拜占庭系列。

在基督教取得合法地位之前，基督教是从事地下活动的宗教，不可能有教堂。教徒多是社会底层人士，也没有经济力量建教堂。当基督教获得合法地位甚至成为国教之后，宗教被权力认可，或者说与权力结合，为权力服务，不仅有了建设教堂的需要，也有了经济条件。313 年以后，大型基督教建筑开始兴建，并长期在欧洲建筑艺术领域占主导地位，被视为精神和政治力量的象征。

早期基督教建筑原样保存到现在的很少。一些建筑虽然还在，但经过了多次修缮或改造，人们从中只能大致了解早期基督教建筑的风貌。早期基督教建筑主要在意大利罗马、米兰、拉韦纳。君士坦丁堡和耶路撒冷也有。

早期基督教建筑主要是教堂，最主要的特点是巴西利卡——长方形平面建筑；也有集中式建筑。无论采用巴西利卡形式还是集中式，都比较简单，没有在装饰上下功夫。建筑艺术语言主要用罗马元素，柱式、拱券、拱顶、穹顶等。

11.3　巴西利卡　•

巴西利卡是长方形大厅的意思，是罗马人的创造，早在罗马共和时期就出现了，庞贝古城就发现了公元前 500 年的巴西利卡建筑遗址。

典型的巴西利卡建筑是三跨，中殿加上两侧带外墙的低一些的柱廊。中殿高处的墙

图 11-1　巴西利卡建筑示意壁画

体开窗采光。巴西利卡建筑不仅可以获得较大的空间，也解决了采光问题，适于法庭、行政、市场等公共建筑。巴西利卡建筑借鉴了希腊建筑的柱廊。图 11-1 是文艺复兴时期考古发现的早期巴西利卡建筑的壁画。

希腊时期的建筑是单跨木屋顶建筑，单跨建筑的最大空间被木屋顶所能实现的尺度限制。多跨柱式建筑可以增加建筑宽度，但不好解决采光问题。巴西利卡建筑则是在多跨建筑中把中间跨提高，设置高侧窗采光，这样问题就解决了。中间跨高度提高和高侧窗采光还形成了突出与强调中间跨的效果，有助于增强政治和宗教聚会所需要的象征性。

更进一步，拱券技术成熟后，巴西利卡建筑的屋顶被远比木结构屋顶跨度大的半圆筒形拱券或者交叉拱券取代，建筑空间得以扩大。

现今发现的罗马最早的巴西利卡建筑是公元前 2 世纪初建的波尔西亚法院。由于巴西利卡建筑有较大的室内空间，适合聚会，极具政治特质，所以各种公共领域的建筑大量采用这种建筑形式，包括综合性政治建筑，也包括卡拉卡拉浴场。巴西利卡建筑之所以受到欢迎，是因为它的空间组织适应使用要求，满足了大众社会的功能要求。

罗马现存的巴西利卡建筑遗址是马森齐奥大会堂，图 11-2 是复原图，图 11-3 是复原图右侧厅遗址。这座建筑的中殿长 80m，宽 25m，高 35m，整个建筑相通的空间近 5000 平方米，于 308 年完工。

图 11-2　马森齐奥大会堂复原图

图 11-3　马森齐奥大会堂右侧厅遗址

罗马巴西利卡建筑屋顶的交叉拱券是个很巧妙的构思，在结构上合理，可以开窗通风采光，视觉效果也很好，这是罗马人的创举。拜占庭、罗马风和哥特式建筑都受其影响。

许多巴西利卡建筑的端部都是一个半圆厅，开始是法官或长官坐的地方，后来成为祭坛。

11.4　早期基督教教堂

早期基督教教堂是巴西利卡形式，屋顶没有用拱券，或露出屋架结构，或木吊顶。以长方形建筑的窄面即山墙面为正立面，大门朝西。

欧洲第一座大型基督教教堂拉特圣约翰教堂是 320 年在罗马修建的，基督教没有自己的建筑文化，直接采用了罗马当时流行的建筑形式，建筑风格是包含着希腊元素的罗马风格。

罗马的圣玛丽亚大教堂也是早期基督教教堂，432 年到 440 年由西斯图斯教皇重建，外立面于 18 世纪重建。教堂内部装修也是后来搞的，但建筑格局还是当年的样子。

圣玛丽亚大教堂的大殿宽敞通透，大殿两侧是 40 个爱奥尼克柱，屋顶是木结构，两个侧殿则采用交叉穹顶（图11-4）。体现了巴西利卡形式营造大空间的优势，特别是高侧窗的采光，使大殿亮亮堂堂。基督教教堂采用巴西

图 11-4　罗马圣玛丽亚大教堂大殿

利卡形式非常成功，符合基督教公众参与的特点。神庙是神的府邸，教堂是教徒的会所。

伯利恒是耶稣诞生地，有一座基督诞生纪念教堂，建于 400 年，巴西利卡风格，高中庭，有高侧窗，木架屋顶（图 11-5）。

早期基督教建筑的外观比较简朴。图 11-6 是比萨的一座早期基督教教堂，清水砖墙，拱券窗，只在檐口做了一道连续的拱券托花，没有其他的装饰。

图 11-5　伯利恒基督诞生纪念教堂　　　　　　图 11-6　比萨早期基督教教堂

11.5　集中式教堂的起源

集中式教堂是拜占庭建筑的主要特征之一，有人以为集中式教堂是拜占庭特有的。其实，集中式建筑源于罗马，最著名的集中式建筑是万神庙、哈德良墓等。拜占庭之前的早期基督教建筑也有集中式建筑。洗礼堂就是集中式建筑，有圆形、六角形、八角形等。370 年，出现了等翼十字教堂，从八角形教堂向四个方向伸出翼缘。

11.6　早期基督教建筑的特点

早期基督教建筑的特点有：

◇　以巴西利卡形式为主，也有集中式布置。
◇　巴西利卡形式用罗马柱式分隔正厅侧厅。
◇　木结构屋顶或露出结构屋架，或吊顶。
◇　出现了集中式教堂。
◇　外墙较少装饰。

11.7　早期基督教建筑的影响

早期基督教建筑的巴西利卡形式被罗马风、哥特式、文艺复兴、巴洛克和新古典主义教堂所继承。

集中式对拜占庭风格、加洛林风格有影响。

简单简朴的特质被罗马风继承。

第12章
拜占庭建筑艺术

架在方形空间上的圆穹顶是拜占庭的独特贡献。

12.1 拜占庭历史概述

历史上没有名叫"拜占庭"的国家。

拜占庭是小亚细亚的一个小镇，开始是希腊人的地盘，后来成为罗马帝国的属地。330 年，罗马帝国皇帝君士坦丁在拜占庭建了新首都，取代了罗马城的政治中心地位，并用自己的名字命名新首都——君士坦丁堡。

君士坦丁皇帝选拜占庭为都，一是因为拜占庭周围是富裕农业地区，首都的物资供应对交通线依赖度低；二是拜占庭临海，比罗马城更容易防守；三是拜占庭是东西方贸易枢纽，经济发达。总而言之，定都拜占庭有利于危机四伏的罗马帝国的统治。还有一点，君士坦丁皇帝是罗马帝国东部的希腊族人，更喜欢毗邻希腊的拜占庭。

迁都君士坦丁堡后，罗马帝国行政区划成东西两部分。395 年开始，东西两部分各自为政，事实上分裂成东罗马帝国和西罗马帝国。东罗马帝国以君士坦丁堡为首都。西罗马帝国先后以拉韦纳和米兰为首都。476 年，西罗马帝国被日耳曼哥特人所灭，东罗马帝国成为罗马帝国的继承者。

许多欧洲人不承认东罗马帝国是罗马帝国继承者，罗马教会更不承认东罗马帝国的东正教是基督教正统。9 世纪初，日耳曼法兰克人查理曼在罗马教皇的支持下建立了神圣罗马帝国，自称是罗马帝国正统的继承者，罗马教会为基督教正统。所以，欧洲人对于没有罗马的东罗马帝国用了一个有历史渊源又不无贬义的替代称呼——拜占庭帝国。

西罗马帝国是拉丁人的罗马帝国，是包含了罗马的罗马帝国。东罗马帝国，也就是拜占庭帝国，是希腊人做皇帝的罗马帝国，是不包括罗马的罗马帝国。

拜占庭帝国统治区域包括希腊、巴尔干地区、小亚细亚、亚美尼亚、中东、埃及和北非，西罗马帝国灭亡后，拜占庭还一度把包括拉韦纳和威尼斯的意大利部分地区纳入版图。

1453 年，拜占庭帝国被突厥奥斯曼帝国所灭，君士坦丁堡变成奥斯曼帝国首都，改名伊斯坦布尔，现在的土耳其首都。自395年算起，拜占庭帝国历时1058年。

拜占庭帝国是君主专制体制，拜占庭的东正教是基督教分支，与罗马教会分庭抗礼，但教会居于拜占庭帝国皇帝之下，不像罗马教会那样独立于欧洲君主，有时候甚至凌驾于君主之上。

12.2　拜占庭建筑概述

拜占庭建筑艺术风格的始点有3种划分法。

第一种是以330年君士坦丁建立君士坦丁堡为始点。把那之后整个罗马帝国（包括西罗马帝国）的建筑都归于拜占庭风格。

第二种是以395年罗马帝国东西两部分各自为政为始点，那之后东罗马帝国范围内的建筑都算作拜占庭风格。

第三种是以476年西罗马帝国灭亡为始点，那之后拜占庭帝国的新建筑所形成的新的艺术风格算作拜占庭风格。

笔者认为第三种划分法较为合理。

拜占庭建筑艺术风格的终点是15世纪。虽然那之后俄罗斯和东欧还有拜占庭艺术元素的延伸，但属于受影响性质。

拜占庭建筑艺术风格是在罗马建筑艺术的基础上融入了西亚的建筑艺术元素，既是对罗马建筑艺术的继承，又有创造性发展，在技术上也有所进步。

拜占庭建筑艺术风格分布范围包括现在的土耳其、希腊、意大利、叙利亚、伊拉克、巴勒斯坦、约旦、埃及、突尼斯、阿尔及利亚、塞浦路斯、俄罗斯、乌克兰、保加利亚、罗马尼亚及已分裂的南斯拉夫所形成的国家和地区等。

拜占庭建筑艺术的亮点是：帆拱穹顶、自由柱式、集中式平面、群穹顶、马赛克应用等。最著名的建筑包括伊斯坦布尔的圣索菲亚大教堂、拉韦纳的圣维塔莱教堂、威尼斯的圣马可教堂、希腊塞萨洛尼亚圣使徒教堂、莫斯科圣巴西尔主教堂等。

12.3　圣索菲亚大教堂及帆拱穹顶

伊斯坦布尔圣索菲亚大教堂是完整保存下来的大型拜占庭建筑，也是拜占庭帝国历史上规模最大的建筑。建筑面积7500平方米，是拜占庭建筑艺术的最高代表。

圣索菲亚大教堂建成于532年。在一场叛乱毁坏了城市之后，拜占庭皇帝查斯丁尼希望通过伟大建筑重铸国家形象与信心。

圣索菲亚大教堂与罗马万神庙一样，有个大穹顶，似乎更好看一些（图12-1）。教堂周围4座细高的伊斯兰宣礼塔是奥斯曼帝国时期加建的，拜占庭时期没有这几个尖塔。

图 12-1　圣索菲亚大教堂

教堂内部大厅长 70m，宽 30 多 m，高达 60m，与其他空间相通，地面、墙面和柱子表面贴着彩色大理石，屋顶帆形拱券和巨大的穹顶有金碧辉煌的镶嵌画，空间宽敞高大，装饰华丽，有震撼力。

大教堂穹顶直径 32.6m，比万神庙穹顶小了 10m。但大厅空间却显得比万神庙大很多，这是设计最精彩的地方。

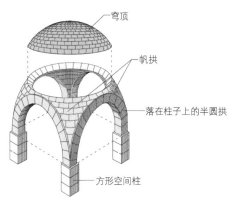

图 12-2　穹顶放在方形空间柱上的示意图

圣索菲亚大教堂的穹顶是放在正方形空间四角柱子上的，由于支撑穹顶的不是实体墙，空间就通透了。把穹顶放在方形空间之上是拜占庭建筑的创举，非常巧妙，也是技术上的难点。设计者在穹顶和方形空间四角的柱子之间加了一个过渡的拱，这个过渡的拱像从柱子上展开的 4 个船帆，组合成下端是方形上端是圆形的构造。过渡的船帆形拱被叫作帆拱（图 12-2）。

圣索菲亚大教堂穹顶底部的水平推力由帆拱支撑，帆拱底部的水平推力靠柱子支撑，柱子在南北方向截面尺寸加大，靠柱子自身重量和刚度平衡水平推力，在东西方向上增加了半圆形屋子，以其半圆顶和墙体支撑柱子，相当于扶壁的作用，既平衡了水平推力，

图 12-3　教堂内部大厅

又外延了大厅空间（图 12-3）。

圣索菲亚大教堂穹顶采光也不像万神庙那样笨拙地留了一个不遮挡雨雪的天洞，而是在穹顶底部设置了 40 个窗户，透进的光线给人以奇妙的感觉。

圣索菲亚大教堂在结构上是有风险的，用柱子支撑穹顶是前所未有的创举，建筑高度也比万神庙高了十几米。大教堂竣工 20 年后，穹顶在地震中坍塌了。我们现在看到的穹顶是 558 年重建的。

土耳其人占领君士坦丁堡后把圣索菲亚大教堂改成了清真寺，由此对它精心呵护，使得我们今天还能够看到它完整的面貌。

12.4　拜占庭柱式

图 12-4　拜占庭花篮式柱头

拜占庭虽然是罗马帝国的继承，皇帝又大多是希腊人，但柱式并没有限于希腊 - 罗马风格，反而受西亚、埃及和波斯传统影响较大，柱头和柱础的造型灵活，式样丰富，雕塑感更强。拜占庭应用最多的是花篮式柱头，其上是拱券（图 12-4）。

拜占庭柱式应用比较灵活，一个原因是拆除当地旧建筑用于新建筑，或拆除异教徒的建筑用于基督教建筑；还有一个原因是用了拜占庭工匠熟悉的样式。

12.5　集中式平面形制

在东西罗马帝国并存时期和拜占庭初期，基督教教堂都是巴西利卡形式，长方形建筑平面。如今可查的于 5 世纪和 6 世纪拜占庭所建的全部 70 座教堂，无一座是集中式的。6 世纪之后，拜占庭发展了集中式平面教堂。

由于当时的基督教教堂是要向东方祭拜的，所以教堂的正立面是西面，教堂端部是祭拜的方向。集中式布置的教堂视觉方向没有朝向东方,而是聚焦于建筑物中心,与基督教的祭拜仪式不符。

为什么会出现集中式布置呢?西里尔·曼戈推测如此设计的灵感来自"世俗的君主被礼拜仪式所包围"[一]。

祭拜上帝时,朝向东方;向皇帝欢呼时,朝向中央。建筑的平面布置起到了强调权力的功能。

集中式平面包括八角形、等翼十字形、三花瓣形、四花瓣形。采用最多的是等翼十字形。

12.6 马赛克与大理石

拜占庭建筑艺术的一个重要特点是彩色玻璃马赛克镶嵌画。

彩色玻璃是公元前 2500 年埃及人发明的,他们在烧制陶瓷时用了含碱的泥,无意中烧成玻璃。最早的彩色玻璃制品是做成串珠的丧葬用品。

拜占庭人烧制彩色玻璃镶嵌成画。著名的圣索菲亚大教堂的查斯丁尼皇帝壁画就是玻璃马赛克拼成的(图 12-5)。彩色玻璃马赛克是一项创造,对欧洲绘画艺术产生了深远的影响。

拜占庭建筑较多采用大理石装饰,圣索菲亚大教堂用的贴面大理石只有几毫米厚,工艺精湛,对伊斯兰建筑装饰有很深的影响。

图 12-5 彩色玻璃马赛克镶嵌画—查斯丁尼皇帝

12.7 威尼斯的拜占庭风格

威尼斯圣马可大教堂是拜占庭风格建筑,与君士坦丁堡的圣索菲亚大教堂一样,是为数不多的保存完好的拜占庭建筑之一,规模要小很多。

大教堂的主体建筑建于 1043—1071 年,有 5 个穹顶,十字形的中心是一个大穹顶,4 个臂各有一个小穹顶,现在看到的穹顶是 13 世纪改建的(图 12-6)。

㊀ 《拜占庭建筑》P50,(美)西里尔·曼戈著,中国建筑工业出版社。

圣马可大教堂是集中式的平面布局，也就是希腊十字形平面；它的穹顶坐落在帆拱上再落在方形空间柱上的，是典型的拜占庭风格。大教堂特别注重装饰，用了大量的金箔马赛克和镶嵌画装饰穹顶、拱门和墙面，装饰镶嵌面积达 4000 多平方米。金碧辉煌的装饰使它被誉为黄金大教堂（图 12-7）。

图 12-6 威尼斯圣马可大教堂

图 12-7 圣马可大教堂内部装饰

12.8 南欧的拜占庭风格

包括希腊、巴尔干半岛等南欧地区属于拜占庭帝国达千年以上，有一些拜占庭风格的建筑，1315 年建成的希腊塞萨洛尼亚圣使徒教堂非常著名，集中式布置，中心凸出塔楼，外立面比较简朴，门窗采用拱券，墙面也有略微凸出的拱券造型（图 12-8）。

图 12-8 希腊塞萨洛尼亚圣使徒教堂

12.9　俄罗斯的拜占庭风格

拜占庭帝国 1453 年灭亡后，信仰东正教的俄罗斯继承了拜占庭帝国的衣钵。俄罗斯建筑艺术有两个系列，一是希腊-罗马-文艺复兴-巴洛克系列；二是拜占庭系列，东正教教堂主要是拜占庭风格，多为拜占庭工匠所建，也受到中亚伊斯兰风格的一定影响。

俄罗斯教堂没有大穹顶，而是一群小穹顶。穹顶造型下部内收，像洋葱头，受伊斯兰马蹄形拱券和穹顶的影响。1560 年建成的莫斯科圣巴西尔主教堂最能代表俄罗斯风格（图 12-9），造型复杂，装饰华丽，色彩丰富而鲜艳。

图 12-9　莫斯科圣巴西尔主教堂

12.10　拜占庭建筑艺术风格的特点

拜占庭建筑艺术风格的特点包括：
- ◈　集中式形制。
- ◈　置于方形空间上的穹顶。
- ◈　花纹和造型丰富的柱头。
- ◈　彩色玻璃镶嵌画。
- ◈　大理石或马赛克装饰贴面。
- ◈　俄罗斯洋葱形穹顶。

12.11　拜占庭建筑艺术的影响

拜占庭建筑艺术传播与影响范围包括：希腊、巴尔干、东欧、俄罗斯、西亚、中亚、北非等。
- ◈　对萨珊的建筑风格有影响，并间接影响了印度建筑。
- ◈　对欧洲查理曼时期加洛林派建筑有影响。
- ◈　对伊斯兰建筑有影响，主要是穹顶的影响。

第13章

古代伊斯兰建筑艺术

"除了诗歌，甚至不存在真正的阿拉伯艺术样式。"

13.1 伊斯兰历史概述

伊斯兰的历史始于7世纪初，到现在已经1400多年了。伊斯兰历史可分为3个时代：阿拉伯时代、突厥时代和现代。其中，阿拉伯时代和突厥时代各历时600多年。

实际上，阿拉伯时代只有400多年，突厥时代是800多年。因为从11世纪中叶起，突厥人成为阿拉伯帝国的"苏丹"，掌握了实际权力，阿拉伯人担任的哈里发只是名义上的宗教领袖。

1. 阿拉伯时代（610年—1258年）

阿拉伯时代分为4个时期：穆罕默德、四大哈里发、伍麦叶王朝和阿巴斯王朝，历时648年。但在第445年时，即1055年，阿拉伯帝国的权力落入了突厥塞尔柱人手中。

（1）穆罕默德时期（610年—632年）

穆罕默德时期是伊斯兰教创立时期，自610年穆罕默德获得真主启示始，到632年穆罕默德逝世止，历时22年。

穆罕默德是阿拉伯半岛麦加的商人。610年，40岁的穆罕默德称自己在冥想中获得唯一神（真主）的启示。3年后，穆罕默德将真主启示传授于人，这些启示后来被结集成《古兰经》。"古兰"是阿拉伯语诵读的意思；"伊斯兰"是"顺从"的意思；"穆斯林"是"追随者"的意思。

622年，在信奉多神教的传统势力打压下，穆罕默德被迫带领信徒离开麦加，到了300公里外的麦地那，建立了以宗教信仰为纽带的非血缘社会共同体——"乌玛"。622年是伊斯兰历的元年。

乌玛是政教合一的社会团体。穆罕默德既是宗教领袖，又是政治和军事领导人。他带领乌玛经历了20多次大小战斗，扩大了统治和影响范围，阿拉伯半岛大部分地区皈依了伊斯兰教。穆罕默德在630年回到麦加，两年后去世。

（2）四大哈里发时期（632年—661年）

穆罕默德去世后，他的4个早期追随者，包括岳父和两个女婿，相继担任哈里发。哈里发是继承人的意思，是乌玛的最高宗教领袖和政治领袖。4个哈里发共执政30年，即"四大哈里发时期"。这个时期阿拉伯伊斯兰帝国形成并迅速扩张：统一了阿拉伯半岛；占领了拜占庭帝国部分地区，灭掉了萨珊帝国。统治区域包括阿拉伯半岛、巴勒斯坦（包括现在的以色列、约旦）、叙利亚、伊拉克，以及伊朗、埃及部分地区。

（3）伍麦叶王朝（660年—750年）

伍麦叶（或译为倭马亚）王朝的创建者穆阿维叶曾担任穆罕默德的文书。660年，四大哈里发最后一任阿里被刺死的前一年，穆阿维叶在耶路撒冷拥兵自立，废弃了哈里发由乌玛选举产生的原则，建立了伊斯兰历史上第一个世袭王朝，定都大马士革。伍麦叶王朝历时90年。

伍麦叶时期帝国大举扩张，占领了北非、伊比利亚半岛、伊拉克、伊朗、中亚等地和印度河流域部分地区，建立了当时世界上最大的帝国：东至印度河，西至大西洋，南至撒哈拉沙漠，北到中亚北部。

750年，伍麦叶王朝被阿巴斯家族推翻，伍麦叶哈里发在逃亡中死于埃及，王室宗亲80余人被杀，只有一位王子逃脱，几乎被灭族。

（4）阿巴斯王朝（750年—1258年）

阿巴斯王朝是穆罕默德的叔父阿巴斯的后人所建，组织反伍麦叶军事联盟夺取政权后，定都巴格达。

阿巴斯王朝时期伊斯兰帝国没有扩展，内部四分五裂，伊比利亚半岛、北非、埃及、伊朗、中亚和印度伊斯兰地区相继脱离帝国，成为独立的伊斯兰国家。

755年，伍麦叶家族的一个王子逃到伊比利亚，建立了独立于阿巴斯王朝的科尔瓦多伊斯兰王国，13世纪中叶被欧洲人所灭，仅剩格拉纳达伊斯兰王国坚持到1492年；9世纪，北非柏柏尔人独立于阿巴斯王朝，占领了意大利西西里岛；10世纪，中亚突厥人建立了伽色尼王朝统治伊朗大部、中亚和印度北部；10世纪，穆罕默德妻子法蒂玛家族的后人建立了法蒂玛王朝，统治北非、埃及和西西里；12世纪初，法蒂玛王朝被库尔德血统军人萨拉丁建立的阿尤布王朝取代，萨拉丁最著名的功绩是击败了十字军，在1188年重新占领耶路撒冷；13世纪中叶，阿尤布王朝被突厥族奴隶军"马木留克"王朝取代；13世纪初，北非柏柏尔人建立了哈夫斯王朝；13世纪初，突厥人建立了印度德里苏丹王朝，直到16世纪被莫卧儿帝国所取代。

945年，什叶派布益人控制了阿拉伯帝国，阿巴斯王朝的哈里发成为傀儡。1055年，突厥族塞尔柱人赶走了布益人，担任"苏丹"，掌握了阿巴斯帝国权力，阿巴斯哈里发只是名义上的宗教领袖。从此，突厥人成为伊斯兰世界的主角。

1258 年，成吉思汗的孙子旭烈兀攻陷巴格达，屠杀了大约 100 万人，阿巴斯王室宗亲和宫廷官员全部被杀，阿拉伯伊斯兰帝国灭亡。

2. 突厥时代（1258 年—20 世纪初）

突厥时代伊斯兰世界的主角是突厥人，包括突厥人的奥斯曼帝国（1299 年—1922年）、印度德里苏丹王国（1206 年—1526 年）、中亚帖木儿帝国（1370 年—1507 年）、印度莫卧儿帝国（1526 年—1857 年）和中亚一些小的突厥王国。

非突厥人的伊斯兰王国包括：蒙古人的伊尔汗王国（1256 年—1335 年）灭掉阿巴斯43 年后成为伊斯兰国家；摩尔人的格拉纳达王国（1250 年—1492 年）；库尔德人的萨法维王国（1501 年—1736 年）和东南亚爪哇、马来人的伊斯兰王国。

突厥时代最大的伊斯兰帝国是奥斯曼帝国。创立于 1299 年，1453 年灭拜占庭帝国，疆域包括土耳其、埃及、叙利亚、伊拉克、阿拉伯半岛、北非、伊朗、中亚、马其顿、波黑、保加利亚、阿尔巴尼亚等。奥斯曼帝国 1922 年解体，主体部分变成了土耳其共和国。

除军事扩张外，伊斯兰教还通过商贸和文化交流的途径传播，宗教影响范围包括中国、印度尼西亚、马来西亚、菲律宾南部、文莱、南俄罗斯、非洲中部等。

伊斯兰教是世界第二大宗教，近 16 亿穆斯林，占世界人口的 23%。

13.2　古代伊斯兰建筑概述

古代伊斯兰建筑艺术主要体现在清真寺、宫殿、陵墓、城堡、官邸等建筑上，也包括一些商业建筑和民居。

阿拉伯人是沙漠游牧民族，没有建筑艺术可言。在帝国扩张之前，"除了诗歌，甚至不存在真正的阿拉伯艺术样式"[一]。

阿拉伯人缺少建筑技术积累，最重要的祭拜场所麦加的"克尔白"（朝觐中心）只是造型简单的方形石头建筑，表皮为白色，盖上黑布。克尔白内壁镶着据说是亚伯拉罕留下的黑石。至今，克尔白形体没有变化，只是体量大了很多（图 13-1）。

图 13-1　位于麦加的克尔白

〇　《伊斯兰世界帝国》P129，（美）罗宾·多克著，商务印书馆。

创教初期，穆罕默德在麦地那露天院子里带领穆斯林向麦加做朝拜仪式。穆罕默德去世后，随着阿拉伯伊斯兰帝国的形成和扩张，伊斯兰建筑也登场了。

伊斯兰世界范围很广，包括西亚、中亚、南亚、东南亚、埃及、北非、西非、东非、欧洲伊比利亚半岛和南斯拉夫时期的一些地区。由于建筑材料、技术、习惯和民族文化不同，伊斯兰建筑艺术风格也不统一，大多沿用当地的建筑传统和艺术元素。伊斯兰建筑艺术受美索不达米亚、埃及、波斯、希腊、罗马、拜占庭和中亚的影响，属于地中海谱系，主要特征包括多柱大厅、柱廊、穹顶、拱券、马赛克或釉面砖装饰等。

由于伊斯兰宗教的统一性和帝国集权性质，伊斯兰建筑特别是清真寺有一些共性的东西，如矩形平面、朝向原则、附带院落、宣礼塔、反对偶像崇拜所限定的雕塑与绘画风格等。

清真寺是礼拜场所，也是社区中心、社交场所、法庭、学校和穆斯林旅行者的栖身之处。

13.3 阿拉伯时代伊斯兰建筑艺术 ......

1. 穆罕默德时期

穆罕默德时期（610年—632年）没有伊斯兰建筑。

在麦地那时，穆罕默德每天带领信徒在自家院子里向麦加方向做礼拜，院子里搭了凉棚。到了做礼拜的时间，"穆安津"，也就是宣礼员，爬上穆罕默德家的屋顶，呼唤穆斯林来做礼拜。[一] 穆罕默德时期形成了伊斯兰建筑非常重要的原则：

◇ 穆斯林定时聚集在有院落礼拜场所（马斯吉德）做礼拜。
◇ 礼拜方向（齐伯拉）朝向麦加的克尔白。
◇ 宣礼员登高呼唤穆斯林做礼拜。

2. 四大哈里发时期伊斯兰建筑

四大哈里发时期（632年—661年）伊斯兰建筑登场。639年，穆斯林在新占领的萨珊帝国库法城（伊拉克）建造了第一座清真寺[二]，有以下特征：

◇ 直线围成院落，边长约100m。
◇ 院落方向朝向麦加。
◇ 距离麦加近的一侧建有多柱大厅。
◇ 柱式是圆柱。

[一] 《伊斯兰世界帝国》P132，（美）罗宾·多克著，商务印书馆。
[二] 《伊斯兰建筑》P8，（美）约翰·D·霍格著，中国建筑工业出版社。

集体朝拜需要较大的空间，为了能容下社区全体男性穆斯林，清真寺大厅面积较大，一般有较大的院落。

常见清真寺平面类型如图 13-2 所示。

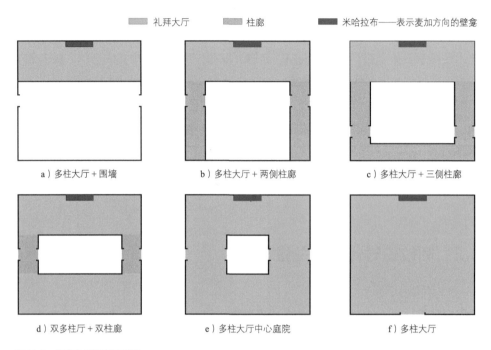

图 13-2　清真寺平面布置类型

3. 伍麦叶王朝伊斯兰建筑

伍麦叶王朝时期（661 年—750 年）开始建造大型清真寺，艺术风格主要借用占领区当地风格——拜占庭帝国或萨珊帝国的风格，也有古老的美素不达米亚元素。伍麦叶王朝最著名的建筑是耶路撒冷古巴特·赛哈拉清真寺和大马士革大清真寺。

（1）耶路撒冷古巴特·赛哈拉清真寺

耶路撒冷古巴特·赛哈拉清真寺建在岩石上，又称作"岩石清真寺"，现在又因为穹顶是金色的，还被叫作"金顶清真寺"（图 13-3），是伊斯兰世界最早的大型清真寺，于 692 年建成。它与其他清真寺不一样，不是穆斯林做礼拜的场所，而是一座圣殿，"扮演着一种祭台华盖角色的中心式布局的伟大建筑"[一]。其主要特点是：

◇ 八角形平面，边长 18m[二]，借鉴了拜占庭集中式教堂的平面布置，这种平面在清真寺中属于例外。

○一　《伊斯兰建筑》P10，（美）约翰·D·霍格著，中国建筑工业出版社。

○二　以色列 QASSEM COMPANY 出版的《朝圣之旅》P19 给出的边长是 18m；《看懂世界第一本书》（江苏凤凰美术出版社）P106 给出边长是 21m。本书按前者取整为 18m。

- 平屋顶，中心为半圆穹顶，罗马-拜占庭样式。穹顶被圆筒形鼓座高举，视觉效果更好，不像罗马万神庙和拜占庭圣索菲亚大教堂的穹顶看上去像扁圆。穹顶直径 24m，总高度 54m，穹顶鼓座下部是拱券。
- 穹顶塔尖有新月标志，清真寺的标志性符号，是后来加上去的。
- 入口有罗马柱支撑的半圆拱券，墙体有附墙柱和半圆拱券。

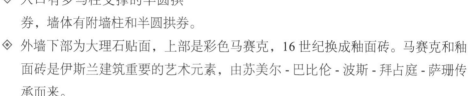
图 13-3　耶路撒冷古巴特·赛哈拉清真寺

- 外墙下部为大理石贴面，上部是彩色马赛克，16 世纪换成釉面砖。马赛克和釉面砖是伊斯兰建筑重要的艺术元素，由苏美尔 - 巴比伦 - 波斯 - 拜占庭 - 萨珊传承而来。
- 建筑表皮和室内装饰色彩艳丽。
- 室内墙面和顶棚用瓷砖、陶器和金属装饰，花草树木图案，富丽堂皇。伊斯兰教反对偶像崇拜，清真寺没有人物塑像。
- 金色穹顶是 20 世纪镀的金。
- 古巴特·赛哈拉清真寺不是穆斯林集体做礼拜的场所，所以没有宣礼塔。宣礼塔也被译成光塔，是宣礼人员在高处呼唤穆斯林做礼拜的地方，是清真寺的重要标志。

古巴特·赛哈拉清真寺是 7 世纪建造的，与耶路撒冷 4 世纪和 5 世纪建造的几座基督教教堂风格接近。早期伊斯兰建筑主要是照搬。

耶路撒冷还有一座伍麦叶时期（705 年）建的著名清真寺——阿克萨清真寺，后来两次被地震所毁，多次重建，现存的是 1035 年法蒂玛王朝期间重建的。

（2）**大马士革大清真寺**

大马士革大清真寺于 715 年建成，是伊斯兰早期最伟大的建筑，也是伊斯兰世界影响最大的清真寺（图 13-4），其特征包括：

- 矩形平面布置，朝向麦加，平屋顶。
- 由双层砖砌拱廊围成的院落。

图 13-4　大马士革大清真寺

◇ 方形高宣礼塔。

◇ 墙体与拱券表面以写实的棕榈树、果树和卷草图案贴马赛克和釉面砖装饰。

◇ 石柱表面有雕刻的图案。

◇ 除窗户外，没有用罗马半圆拱券，"而是在轻巧的尖拱、高架拱和马蹄形拱之间变换"[一]。伍麦叶时期，马蹄形拱在叙利亚及其周边地区开始应用，尖拱也偶尔有应用。

4. 阿巴斯王朝伊斯兰建筑

阿巴斯王朝（750 年—1258 年）在萨珊帝国首都泰西封附近新建了都城巴格达。阿巴斯王朝虽然历时 500 多年，但由于内斗、战乱不断，帝国处于衰败期。巴格达 1258 年被蒙古人摧毁。阿巴斯帝国直接统治区域内残留建筑不多，巴格达萨迈拉大清真寺是阿巴斯王朝最具有代表性的建筑。

萨迈拉大清真寺于 852 年建成，当时为哈里发穆台瓦基勒时期，故又称为穆台瓦基勒大清真寺，目前只残留砖砌围墙和螺旋塔（图 13-5）。

萨迈拉大清真寺外围面积约 3.7 万平方米，是古清真寺中面积最大的。螺旋塔高 53m[二]，骑马可上到塔顶，既是宣礼塔，也具有军事瞭望功能。

世界上最早的螺旋塔建于公元前 7 世纪新巴比伦时期，就是圣经上说的巴别塔，萨珊帝国也建过螺旋塔。从巴别塔到萨迈拉大清真寺螺旋塔，间隔 1400 多年，由此可见伊斯兰建筑的历史情结。

萨迈拉大清真寺遗址还可看到马赛克和釉面砖的痕迹。

5. 埃及伊斯兰建筑

埃及是阿拉伯帝国最早扩张的地区，640 年就成为伊斯兰世界的一部分，直到今天。埃及现存最早的清真寺有 9 世纪建造的伊本·图伦清真寺和 10 世纪建造的爱资哈尔清真寺。

○ 《伊斯兰建筑》P15，（美）约翰·D·霍格著，中国建筑工业出版社。

○ 《伊斯兰世界帝国》P133 的高度是 175ft，即 53.34m；《看懂世界第一本书》（江苏凤凰美术出版社）P120 给出的高度是 55m。本书按前者取整为 53m。

图 13-5 巴格达萨迈拉大清真寺

（1）伊本·图伦清真寺

伊本·图伦清真寺是由阿巴斯王朝的埃及总督伊本·图伦于 879 年建造的，艺术特征包括：

◆ 红砖结构，墙皮抹灰装饰。

◆ 螺旋塔与 20 多年前建成的巴格达萨迈拉大清真寺相似。

◆ 围墙附墙柱也与巴格达萨迈拉大清真寺相似。

◆ 墙垛支撑略带尖形的拱券廊，墙垛阳角处有小柱。

◆ 室内和窗棂装饰为几何形状。

13 世纪末，埃及马木留克王朝时期扩建了坐落在八角形基座上的成抛物线交汇的尖穹顶（图 13-6）。

（2）爱资哈尔清真寺

爱资哈尔清真寺（图 13-7）为法蒂玛王朝所建，于 972 年建成。其主要特点是：

◆ 柱廊尖拱略带直线。

◆ 柱子是拜占庭风格。

◆ 拱券上部墙体为白色，尖拱与圆形图案交错。

◆ 圆形宣礼塔又细又高，不像之前的大马士革大清真寺的方形宣礼塔、萨迈拉清真寺和伊本·图伦清真寺的螺旋宣礼塔那么粗壮。

图 13-6　开罗伊本·图伦清真寺　　　　　　　图 13-7　开罗爱资哈尔清真寺

6. 北非伊斯兰建筑

非洲北部地中海沿岸的突尼斯、阿尔及利亚和摩洛哥被称作"马格里布"，阿拉伯语 "日落之地" 的意思，8 世纪成为伊斯兰世界的一部分，直到今天。最著名的早期伊斯兰建筑有突尼斯的凯鲁万大清真寺和摩洛哥马拉喀什的库图比亚清真寺。

（1）凯鲁万大清真寺

突尼斯的凯鲁万是北非第一座穆斯林城市，836 年建造了大清真寺（图 13-8）。多柱大厅宽 72m，16 跨 7 排柱子，与大马士革大清真寺有相似之处：

◇　用了半圆拱券、尖拱券和不太明显的马蹄形拱券。

◇　宣礼塔是方形的。

图 13-8　突尼斯凯鲁万大清真寺

（2）库图比亚清真寺

摩洛哥马拉喀什的库图比亚清真寺建于 1147 年，清水砖墙的建筑外观和方形宣礼塔与突尼斯凯鲁万大清真寺类似，其最具特色的是砖石结构的叶状拱和马蹄形拱组成的拱廊（图13-9）。

马蹄形拱券是伊斯兰建筑的特色，但它不是阿拉伯人带来的，更不是阿拉伯人发明的。西亚和伊比利亚半岛在阿拉伯占领之前都用过马蹄形拱。

7. 伊比利亚半岛的伊斯兰建筑

西班牙和葡萄牙所在的半岛叫伊比利亚半岛，711年被北非穆斯林（也叫摩尔人）占领并统治约700年。伊比利亚半岛的伊斯兰建筑非常有特色，著名建筑包括科尔多瓦清真寺、阿尔哈菲利亚宫等。格拉纳达阿尔罕布拉宫也非常著名，属于突厥时期的伊斯兰建筑。

图13-9　库图比亚清真寺叶状与马蹄形拱券廊

（1）科尔多瓦清真寺

科尔多瓦是伍麦叶王朝幸存王子阿卜杜勒·拉赫曼创建的伊斯兰王国的首都，科尔多瓦清真寺是伊比利亚第一座也是最具有代表性的伊斯兰建筑。初建于785年，962年前又3次重建和扩建。

科尔多瓦清真寺由原基督教教堂改建而成。外观是罗马风格，坡屋顶，半圆形拱券；表皮类似于罗马风风格，清水砖墙，比较简朴；室内柱头是罗马 - 拜占庭混合型。

科尔多瓦清真寺的特征包括：

◇　宣礼塔用了叶状拱。

◇　室内多柱大厅富丽堂皇，18排柱子犹如柱的森林，既有马蹄形拱券，又有半圆形拱券，还有尖拱。

◇　拱券是双层的，出于美学考虑，因为从结构角度没有必要如此麻烦。

◇　拱券由楔形的白色石头和红砖交替组成（图13-10）。

科尔多瓦清真寺外墙有飞扶壁，这是12世纪欧洲哥特式教堂的典型特征，科尔多瓦清真寺的飞扶壁建于何时未查到资料，如果建于10世纪之前，应是欧洲最早应用飞扶壁的实例。

（2）阿尔哈菲利亚宫

位于西班牙东北部的萨拉哥萨有一座伊斯兰宫殿——阿尔哈菲利亚宫，建于11世纪，其交叉拱廊的叶状拱券和庭院设计非常有特色。叶状拱是雕塑的拱券，华丽无比（图13-11）。

图 13-10　科尔多瓦清真寺大厅　　　　　　　图 13-11　阿尔哈菲利亚宫叶状拱

13.4　突厥时代伊斯兰建筑艺术 ○┄┄┄┄┄┄┄┄┄┄┄┄┄┄┄┄┄┄┄

伊斯兰的突厥时代始于 1258 年阿巴斯王朝灭亡之时。早在 1055 年，突厥塞尔柱人就执掌了阿巴斯帝国的权力。

伊斯兰突厥时代的建筑风格与阿拉伯时代一样，主要是游牧民族受被征服地区文明与传统的影响，并遵循伊斯兰教原则。突厥时代建筑风格受西亚和中亚地域文化影响较大，更注重形式，注重美学表达，形体美丽，装饰华丽，色彩艳丽。

突厥时代著名的伊斯兰建筑包括突厥塞尔柱帝国的迪夫里伊清真寺、伊比利亚半岛格拉纳达奈斯尔王朝的阿尔罕布拉宫、突厥奥斯曼帝国的蓝色清真寺、突厥帖木儿帝国的比比·阿努姆清真寺、萨法维帝国伊斯法罕的沙赫卢特富拉清真寺、印度莫卧儿帝国的泰姬陵等。

1. 塞尔柱帝国的迪夫里伊清真寺

塞尔柱人于 1037 年在土耳其东部建立了伊斯兰塞尔柱帝国。迪夫里伊清真寺 1229 年建成，非常注重外立面装饰，尖拱券，墙面和拱券雕塑华丽繁杂。

突厥时代伊斯兰建筑有一种构造——凹入墙体的拱券，像大型壁龛，叫作"伊旺"，表面或是繁杂的雕塑（图 13-12），或是彩色瓷砖贴面。

2. 格拉纳达阿尔罕布拉宫

从 11 世纪开始，欧洲基督徒逐步夺回伊比利亚半岛。1238 年建立的格拉纳达奈斯尔王朝是穆斯林在伊比利亚最后的王国。格拉纳达阿尔罕布拉宫 1390 年建成，是伊斯兰建筑艺术在伊比利亚半岛的绝唱。

阿尔罕布拉宫有王宫、城堡、清真寺、花园等，还有监狱，类似于欧洲中世纪大型城堡。外观看不出伊斯兰特征，伊斯兰艺术在室内大厅和庭院中有体现，其中狮子院非常著名（图 13-13）。

阿尔罕布拉宫的艺术特色包括：

◇　纤细的柱子，柱头与拜占庭相似。

◇ 用直线尖拱、略有马蹄形的拱券和叶状拱。

◇ 蜂窝式穹顶。

◇ 庭院喷泉。

图13-12 塞尔柱迪夫里伊清真寺的"伊旺"

图13-13 阿尔罕布拉宫狮子院

3. 帖木儿帝国比比·阿努姆清真寺

帖木儿自称成吉思汗的后代，其实是突厥人，他建立的帖木儿帝国14、15世纪统治中亚，还包括西亚、南亚部分地区。帖木儿帝国的首都在现在的乌兹别克斯坦的撒马尔罕，有许多华丽的伊斯兰建筑，建于1500年的比比·阿努姆清真寺具有代表性（图13-14），其艺术特色包括：

◇ 对称的平面和立面。

◇ 正门如城墙入口，尖拱券。

图13-14 撒马尔罕比比·阿努姆清真寺

◇ 下部内收的洋葱形穹顶。

◇ 细高的宣礼塔，表面为彩色图案。

◇ 建筑表皮贴色彩艳丽的马赛克。

4. 萨法维帝国沙赫卢特富拉清真寺

萨法维帝国（1501年—1736年）是库尔德人建立的伊斯兰帝国，首都在伊朗的伊

图 13-15　伊斯法罕沙赫卢特富拉清真寺

图 13-16　钟乳状拱券顶

图 13-17　蓝色清真寺

斯法罕。伊斯法罕有许多突厥时期的伊斯兰建筑，包括塞尔柱人建的清真寺。沙赫卢特富拉清真寺是萨法维帝国的著名建筑，建成于 1600 年。

沙赫卢特富拉清真寺的穹顶和拱券都是抛物线形尖拱，胖胖的。穹顶表皮和正门入口外墙贴着艳丽的马赛克（图13-15）。

沙赫卢特富拉清真寺入口"伊旺"尖拱顶的钟乳状造型非常抢眼，造型复杂，色彩艳丽，有富丽堂皇的效果（图13-16）。

钟乳状、蜂窝状、多叶形拱券在突厥伊斯兰建筑中应用较多，钟乳状拱券顶在中亚特别是伊朗流行。

5. 奥斯曼帝国蓝色清真寺

1453 年拜占庭帝国被奥斯曼帝国所灭，君士坦丁堡改名为伊斯坦布尔。建于 1616 年的蓝色清真寺是苏丹哈迈德所建，也叫苏丹哈迈德清真寺，是奥斯曼帝国伊斯兰建筑的代表作。

蓝色清真寺与圣索菲亚大教堂有些像，也是在方形空间上架立大穹顶。穹顶直径 27.5m，四角有 4 个小穹顶，还有半球形顶和裙楼几十个小穹顶。两侧排列 6 个宣礼塔，43m 高（图 13-17）。

苏丹哈迈德清真寺之所以叫蓝色清真寺，是因为室内墙壁用了蓝色瓷砖。伊斯兰建筑的特点是特别讲究室内装饰，蓝色清真寺的蓝色内墙壁上还镶嵌了祖母绿宝石。

6. 莫卧儿帝国泰姬陵

位于印度阿格拉的泰姬·玛哈尔陵，

是 16 世纪到 19 世纪统治印度北部的莫卧儿帝国的一个国王沙·贾汗为死去的妻子建的陵墓。莫卧儿帝国不是印度人的国家，也不是印度教国家，而是中亚突厥人建立的伊斯兰教国家，泰姬陵也不是印度风格建筑，而是伊斯兰风格建筑，具体说是中亚突厥人的伊斯兰风格建筑（图 13-18）。

泰姬陵于 1648 年建成，其艺术特点包括：

◇ 八角形平面，对称布置。

◇ 白色大理石表皮，优雅而肃穆。

◇ 形体设计非常成功，穹顶下部稍稍内收，不像有的洋葱形穹顶那么夸张。

◇ 比例和谐，恰到好处。

图 13-18　泰姬陵

犹太教、基督教和伊斯兰教都要求死后墓穴从简。伊斯兰突厥时代的一些国王违反了教义，从塞尔柱帝国开始就建设奢华的陵墓，到了沙·贾汗这里登峰造极了。

13.5　古代伊斯兰建筑的艺术特点 ◦┈┈┈┈┈┈┈┈┈┈┈┈┈┈┈┈┈┈┈┈┈

古代伊斯兰建筑的艺术特点：

1. 清真寺平面

◇ 多采用方形或长方形平面布置。

◇ 用围墙或柱廊围出庭院，有多种类型平面布置。

2. 穹顶

◇ 造型　7 世纪时有半圆穹顶，如耶路撒冷岩石清真寺，举起高度比罗马万神庙和拜占庭圣索菲亚大教堂高，视觉效果好很多。8 世纪后穹顶造型丰富，出现了由抛物线组成的略带有尖的穹顶，或 S 形曲线组合的穹顶，或下部内收的穹顶。

◇ 组合　有单个穹顶，也有组合穹顶，或大小穹顶的组合。开罗穆罕默德·阿里清真寺有 1 大 4 中 4 小 9 个穹顶。组合穹顶受拜占庭的影响。

◇ 支撑　穹顶或置于方形空间或置于多边形空间之上，由柱子-拱券或墙墩-拱券支撑。

◇ 装饰　穹顶注重装饰，外表面或镀金，或贴彩色马赛克，还有做出表面凸凹造型的穹顶。穹顶内部或贴马赛克，或有拱肋，形成丰富的视觉效果。

3. 高塔

高塔（宣礼塔）是清真寺重要的标志。有方形塔，与欧洲罗马风建筑的塔楼样式差不多，早一二百年出现；有螺旋塔；有圆塔。后来采用细高的圆宣礼塔，且设置多根。

4. 拱券

开始采用与罗马-拜占庭风格一样的半圆拱券，后来较多采用抛物线组合的尖拱、马蹄形拱券、叶状拱券等。突厥时期中亚出现钟乳状、蜂窝状拱顶。

5. 装饰材料

室内和建筑表皮较多采用大理石、马赛克、釉面砖和抹灰泥造型等，或拼出图案，或组合成变化的色彩。彩色玻璃也有应用。

6. 色彩

较多采用丰富艳丽的色彩。

7. 花纹

伊斯兰教反对偶像崇拜，没有人物雕塑与画像，装饰花纹多采用植物形状或抽象花纹。图案或用马赛克、瓷砖拼成，或在石材上雕刻浮雕，或用灰泥做出。

8. 柱式

多柱大厅和柱廊分别受波斯和希腊建筑影响。柱头的花纹和造型丰富。

13.6　古代伊斯兰建筑艺术的影响 ○···

伊斯兰建筑艺术传播与影响范围主要在伊斯兰国家和地区，此外，对以下建筑艺术风格又产生了或多或少的影响：

◇ 宣礼塔对罗马风塔楼的影响。

◇ 尖拱对哥特式教堂的影响。

◇ 穹顶和拱券对俄罗斯建筑的影响。

◇ 尖拱、表皮装饰对威尼斯建筑进而对文艺复兴建筑风格的影响。

第14章
罗马风建筑艺术

钟楼改变了中世纪欧洲的天际线。

14.1　罗马风产生的时代 ○┄┄┄┄┄┄┄┄┄┄┄┄┄┄┄┄┄┄┄┄

　　11世纪到12世纪，罗马风建筑风格在欧洲流行。在这之前的5个世纪，即中世纪前期，欧洲经历了日耳曼人摧毁西罗马帝国、穆斯林占领伊比利亚半岛、北欧海盗和匈牙利人从北面和东面侵扰欧洲、日耳曼人内部战争等，社会秩序混乱，交通阻隔，贸易中断，城市凋零。曾经百万人口的罗马城一度成为鬼城，只剩下2000余人。

　　8世纪中叶，西罗马帝国灭亡后兴起的法兰克王国的墨洛温王朝被加洛林王朝取代。加洛林王朝第二任国王查理曼东征西讨扩大了疆域，包括今天的德国、法国、荷兰、比利时、意大利、奥地利以及西班牙的一部分；建立了层级效忠、割据统治的封建秩序。9世纪初，查理曼在罗马教会的支持下冠以"神圣罗马帝国"名号，强调其统治欧洲的历史继承性和正当性。

　　中世纪欧洲，基督教的影响、权力和经济实力得到扩张。教会"到处行使的不仅限于宗教的统治，而且行使政治、行政、经济和社会的权力"。[○] 许多日耳曼人包括北欧海盗都皈依了基督教，或从阿利乌派转为罗马教会主流派。从8世纪开始，教会与世俗权力合作，有时教会权力甚至超过世俗权力。由于教会向教徒征收什一税，再加上一些教徒将财产或遗产捐献给教会，教会和修道院财力丰厚。耶稣的名言"富人进天堂比骆驼穿过针眼还难"，使许多富有者临终前将财富献给了上帝。

　　以上因素，再加上贸易恢复，经济好转，社会秩序日渐稳定，欧洲从9世纪开始兴建大型教堂和修道院。

14.2　罗马风建筑概述 ○┄┄┄┄┄┄┄┄┄┄┄┄┄┄┄┄┄┄┄┄┄┄┄

　　罗马风建筑也叫罗马式或罗曼式建筑。

────────

　　○　《中世纪经济社会史》下册P261，（美）汤普逊著，商务印书馆。

罗马风建筑主要是教堂和修道院，遍布欧洲，或位于城镇和乡村的教区中心，或位于朝圣的交通要道上。"今日在欧洲依然存留着数以万计的罗马风建筑"⊖。

8世纪末个别教堂有罗马风特征，但11世纪前具有罗马风特征的建筑还很少，9世纪的主角是加洛林风格，与罗马风不是一回事。8世纪末到10世纪是"前罗马风时期"，罗马风的始点是11世纪初，终点是12世纪末。

"罗马风"的叫法会让人以为这种风格照搬或模仿罗马建筑，实际上并不完全是这样。罗马风建筑在运用一些罗马建筑要素（如巴西利卡、柱式、拱券）的基础上，有独到的创新。

罗马风在欧洲广泛传播，艺术风格与各地建筑材料、文化传统和经济条件有关，地方特色较浓。海盗出身的诺曼人的罗马风质朴；商业城市比萨的罗马风华丽；强势日耳曼国王亨利四世的罗马风有气势。总体而言，罗马风建筑注重实用功能和结构合理性，内外装饰较少，这与那时候还不够富裕有很大关系。

罗马风时期的建筑师大都是教士。一是因为那时候许多教堂是教会或修道院出资建设或负责建设的；二是因为中世纪欧洲文字普遍使用拉丁文，只有教士才识字，能看懂建筑图与设计文件。当然，工匠的作用也非常大。

有人说罗马风是第一种国际主义风格。其实，罗马风的影响范围仅限于欧洲，且主要在西欧。

14.3 前罗马风时期的加洛林风格 ◦┈┈┈┈┈┈┈┈┈┈┈┈┈┈┈

加洛林王朝之前墨洛温王朝期间，即5世纪到8世纪，只有少量小教堂留下了建筑基础的遗迹，其貌不详。

800年，加洛林王朝国王查理曼加冕为神圣罗马帝国皇帝，德国亚琛是其主要的行宫（墨洛温王朝和加洛林王朝都没有首都），现保留了一座宫廷礼拜堂。

亚琛宫廷礼拜堂是集中式建筑，805年建成，借鉴了拜占庭风格。但穹顶不是罗马和拜占庭式的圆顶，而是独创的类似花瓣的尖拱组成的八角形穹顶，穹顶顶部是个小采光亭（图14-1）。穹顶坐落在八边形的8个角柱上，墙柱之间是拱券（图14-2）。柱子之外是一圈回廊。

采光亭的实用功能是采光和通气，解决了罗马万神庙在屋顶开天洞采光无法防止雨雪的问题，也使厚重的穹顶上有了轻巧精美的点缀。加洛林之后的穹顶建筑如佛罗伦萨大教堂、梵蒂冈圣彼得大教堂和美国国会大厦都有采光亭。

⊖　《罗马风建筑》P5，（德）汉斯·埃里希·库巴赫著，中国建筑工业出版社。

图 14-1　亚琛礼拜堂

图 14-2　亚琛礼拜堂内部

亚琛礼拜堂所呈现的加洛林风格的特征有：

◈　集中式建筑。

◈　八角形尖拱穹顶。

◈　穹顶上的采光亭。

◈　墙体的半圆拱券。

◈　华丽的室内装饰。

亚琛礼拜堂规模不大，但具有标志性意义，是神圣罗马帝国继承罗马帝国的象征性表达，更有着与拜占庭帝国分庭抗礼的象征意义。亚琛位于德国东北，礼拜堂内外装饰所用的石材取自意大利拉韦纳，翻越阿尔卑斯山运输石材在当时是非常不易的。

14.4　罗马风序曲 ○

前罗马风时期有些教堂具备了罗马风风格的基本特征，包括 9 世纪末建成的德国科维教堂，11 世纪初竣工的科隆圣潘泰来昂教堂（图14-3）。科维教堂正立面（即西立面）有两座塔楼。高高的塔楼是罗马风最主要的特点。最早的塔楼是 8 世纪出现的，如 8 世纪伊斯兰清真寺的宣礼塔。

a）正立面

b）中厅

图 14-3　科隆圣潘泰来昂教堂

科隆圣潘泰来昂教堂是前罗马风时期的经典之作。其主要特点是：

◇ 带耳房的巴西利卡，即拉丁十字平面。

◇ 正立面两侧有圆形塔楼，高大挺拔。

◇ 大门和窗户用了拱券。

◇ 正立面除分层处和山花边缘的托花线脚外，没有其他装饰。

◇ 中厅木结构吊顶，与后来的罗马风时期建筑多采用拱顶不同。

◇ 中厅与侧厅之间的隔墙为方墙垛支撑拱券，方墙垛顶部为线脚。

14.5 罗马风建筑

法国、英格兰、德国和意大利的罗马风建筑有所不同，我们看看这些地区罗马风建筑的代表作。

（1）**法国卡昂圣三一教堂**

法国诺曼地区首府卡昂的圣三一教堂建于 11 世纪，是罗马风建筑（图 14-4），其主要特征包括：

◇ 教堂正立面有双塔，厚重敦实，有气势。

◇ 用线脚围成拱券门窗和造型。

◇ 下层拱券宽，上层拱券窄。

◇ 大门拱券边缘为多级凹入式线脚，增加了立面雕塑感。

◇ 表皮质感比较质朴，色彩单一。

罗马风风格的卡昂圣三一教堂与哥特式风格的巴黎圣母院有些像。前者早于后者约 300 年。两者的区别也是罗马风和哥特式的区别：

◇ 罗马风的拱券是半圆拱，哥特式的拱券是尖拱。

◇ 罗马风的雕塑感弱，哥特式的雕塑感强。

◇ 罗马风的屋顶坡度不如哥特式陡。

图 14-4　卡昂圣三一教堂

（2）**英格兰达勒姆大教堂**

英国达勒姆大教堂建于 11 世纪，主要艺术特征为：

◇ 正厅屋顶采用肋拱，这是罗马风建筑的主要特点。

◇ 正厅与侧厅之间的隔墙是圆柱和墙垛交替支撑的拱券（图 14-5）。

◇ 圆柱直径较大，柱表面有菱形装饰花纹，柱头为六角形弧台。

◇ 墙垛有附墙束柱，束柱是哥特式最常用的，在罗马风时期已经出现。

◇ 有 3 个塔楼，正立面两个，中部一个，看上去很宏伟（图 14-6）。

◇ 外立面装饰线条较多。

图 14-5　达勒姆大教堂内厅

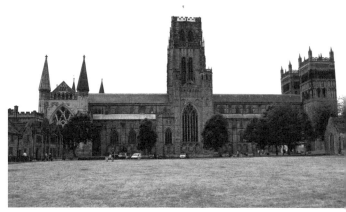

图 14-6　达勒姆大教堂

（3）德国施派尔大教堂

德国施派尔大教堂是非常著名的罗马风建筑，11 世纪后期建成。图 14-7 是其东立面，即后立面，可见半圆形后殿。

施派尔大教堂艺术特征包括：

◈ 平面布置为巴西利卡形式，前后都有耳房。

◈ 耳房与中厅交叉部位为穹顶，有两个穹顶。

◈ 前后两个立面都是双塔楼，共 4 座塔楼，高大宏伟。

◈ 表面较少装饰。

◈ 色彩和质感古朴。

带 4 塔楼双穹顶的罗马风教堂还有美茵茨主教堂、埃菲尔的玛丽拉赫修道院等。

图 14-7　德国施派尔大教堂

（4）美茵茨主教堂

德国美茵茨主教堂于 10 世纪末开始建设，11 世纪建成，被誉为古典美和成熟美的经典（图 14-8）。美茵茨主教堂与施派尔大教堂一样，也是前后都有耳房的巴西利卡平面，双穹顶 4 塔楼，较少装饰，色彩和质感古朴。其他艺术特点为：

a）东立面 b）教堂大厅

图 14-8 德国美茵茨主教堂

◇ 墙垛上有附墙装饰柱。

◇ 外立面有圆拱窗和圆拱造型。

◇ 正厅与侧厅的隔墙为三段式，下部为拱券，上部开窗，中部为墙体，这是许多罗马风教堂的做法。

（5）比萨大教堂

意大利比萨是自由城市，因贸易而实力强大，其建筑有着资本主义初登历史舞台的强烈表现欲。比萨大教堂包括主教堂、洗礼堂、钟楼和墓园，始建于 1062 年，全部完工用了近 300 年时间。

比萨大教堂是阿尔卑斯山以南罗马风的代表作，除拉丁十字平面布置、正厅后殿为半圆形、十字中心上方为穹顶和运用拱券外，比阿尔卑斯山以北简朴的罗马风建筑装饰华丽，更多地运用了罗马柱式：

◇ 色彩亮丽，质感高贵，建筑群用白色和彩色大理石镶贴（图 14-9）。

◇ 室外用罗马柱式做附墙柱。

◇ 正面首层之上四层墙身后退，由短柱支撑连续拱廊，使高大厚重的墙体显得轻盈。

◇ 教堂大铜门浮雕借鉴了拜占庭艺术。

◇ 室内用科林斯柱支撑拱券分隔正厅与侧厅（图 14-10），而不是墙垛或柱子与墙垛交替。

◇ 钟楼在主体建筑之外单独建立（即著名的比萨斜塔）。而阿尔卑斯山以北，较多应用双塔楼。

（6）挪威木板教堂

罗马风时期，北欧挪威的教堂大都是木板建筑，至今还保留了 30 多座。把挪威木板教堂列入罗马风系列，一是因为建于罗马风时期；二是因为平面形制与罗马风接近；三是因为艺术语言与罗马风神似。

最著名的木板教堂是挪威乌尔内斯木板教堂（图 14-11），建于 1150 年。与罗马风一样，立面分层，举起塔楼。

14.6　罗马风建筑艺术特点

罗马风建筑艺术特点包括：

（1）拉丁十字平面

罗马风时期的巴西利卡增加了耳房，形成了拉丁十字平面。以其象征性而言，拉丁十字象征着十字架；从其使用功能而言，增加了祭坛面积。

罗马风的拉丁十字与加洛林风格的集中式平面不同，与拜占庭的希腊十字等翼平面也不同。拉丁十字教堂与拜占庭分道扬镳，文艺复兴时期曾引起激烈争论。

（2）拉丁十字交叉处的穹顶

拉丁十字交叉部位的空间更高一些，多为穹顶结构。

（3）塔楼

罗马风建筑最主要的象征性艺术语言是高高矗立的塔楼。罗马风教堂的塔楼改变了中世纪欧洲的天际线，使城市和村庄远远看去富有韵律和情调。塔楼是中世纪城镇美妙景致的灵魂，具有很强的标志性和感召力。

塔楼有一体式和分离式之分。

图 14-9　比萨大教堂正立面

图 14-10　比萨大教堂内部

图 14-11　挪威乌尔内斯木板教堂

◇ **一体式塔楼**。塔楼与教堂主体建筑是一体的，有单塔、双塔、4 塔共 3 种类型，其中西立面（正立面）双塔型最为多见。美茵茨主教堂的塔楼是与建筑主体融合在一起的。

◇ **分离式塔楼**。塔楼在教堂主体建筑之外，是独立建筑。意大利应用较多，如比萨大教堂的斜塔等。

塔楼最早是出于军事上瞭望和城市消防观察的需要而出现的，中世纪也有城市有钱人斗富，攀比塔楼高度。

塔楼的断面形状有方形、圆形及六边形等。

（4）拱顶

罗马风教堂的内厅既有木结构平顶，也有砖石拱顶结构。木结构屋顶与基督教早期建筑一样。拱顶结构是罗马拱顶的应用与发展。

砖石拱顶不仅解决了木材稀缺地区的材料难题，也增加了空间跨度和高度，丰富了空间艺术效果。

砖石拱顶有半圆交叉拱、肋拱，其运用比罗马拱券要灵活自如。

（5）拱券

罗马风拱券比罗马拱券更灵活，与承重柱墩或柱子巧妙结合；中厅与侧厅间隔墙拱券，大门拱券多级内收。

（6）柱式

罗马风建筑的柱式既有希腊柱式（如意大利），也有与希腊、罗马和拜占庭不同的柱式，开始使用束柱。

（7）分段式内隔墙

中厅与侧厅的分隔由下至上，一般为 3 层，采用不同艺术语言，厚度自下至上逐步变薄。

（8）厚墙少窗

墙体较厚重，窗户较少，窗洞较窄。

罗马风风格总体而言比较简约，比哥特式、文艺复兴和巴洛克风格都相对简约一些。

14.7　罗马风建筑艺术的影响

罗马风风格在欧洲流行了约 200 年，但影响持久。其中拉丁十字、塔楼、拱顶和肋拱等对哥特式建筑、文艺复兴和巴洛克风格有重要影响。

第 15 章

欧洲中世纪城堡

城堡是纯功能性建筑，却有着天然的艺术魅力。

15.1 欧洲中世纪封建社会概述

欧洲中世纪是指公元 5 世纪西罗马帝国灭亡到 15 世纪文艺复兴运动兴起之间的时期。

5 世纪日耳曼人摧毁了西罗马帝国并使大多数城市变成废墟。欧洲长达 4 个多世纪处于动荡、战乱和分裂状态。9 世纪开始，逐步形成了封建秩序。

封建社会是层级结构，最基本的特征是层层分封土地，授权统治。封建制度下，国王与依附于自己的贵族、贵族与依附于自己的骑士之间的关系是交换关系：依附者向自己所依附的领主效忠，交几项费用，并自带武器装备与马匹为领主服兵役。领主则分封给依附者土地，授予其在这块土地上的统治权。如此，各级依附者不仅获得土地收益，还是受封土地上的统治者。

中世纪欧洲各国没有常备军，军事力量靠封建制度下的兵役义务，即各级依附者须对自己的领主每年服不少于 40 天的兵役。

封建制度分割了欧洲。以德国为例，中世纪多达 300 多个邦国，1400 多个骑士领地。这些邦国和领地是由住在城堡里的国王、贵族（公爵、伯爵、男爵）和骑士统治的。欧洲中世纪许多城堡既是军事设施，也是统治中心。

15.2 欧洲中世纪城堡概述

欧洲城堡最初出现在 9 世纪，因战乱和封建割据，"每个地方都布满了堡垒"〇。十字军东征期间基督徒在巴勒斯坦和叙利亚也建了一些城堡。

〇 《中世纪的城市》P46，（比利时）亨利·皮雷纳著，商务印书馆。

14 世纪，可用于军事用途的黄火药发明后，进入了热兵器时代和野战时代，城堡失去了军事价值。16 世纪民族国家逐步形成，王宫成为统治中心，城堡又失去了政治价值，或改作他用，或弃用。欧洲现有上千个中世纪城堡遗址。

城堡有不同的类型。

1. 按功能分类

按功能分类，城堡有军事型、综合型和附带防御功能的建筑。

（1）军事型

军事型城堡就是军营和堡垒，早期城堡主要是军事防御建筑。

（2）综合型

综合型城堡是封建领主的城堡，是军事、政治、宗教、司法、后勤服务设施综合体。既是堡垒和军营，又是封建领主的办公场所，也是领地法庭和监狱所在地，城堡地下室还有关押犯人的地牢。城堡也是封建领主的家，有主人宅邸、仆人住所，伙房和可储存大量物品的仓库等。有的城堡里还有小教堂。中世纪欧洲国家没有王宫，国王也住在城堡里，如英格兰王室的伦敦堡、温莎堡，12 世纪时法国国王居住的城堡卢浮宫。

（3）附带防御功能的建筑

一些非军事功能建筑，如修道院、贵族宅邸等，为了安全，建造时设置了防御功能，如高大围墙，转角处设置角楼等。

2. 按材料分类

按材料分类，城堡有木结构、木结构＋黏土结构和砖石结构。

最初的城堡是用木头搭建的塔楼和栅栏；或用木材与黏土建造。由于木建筑容易被火攻烧毁，黏土建筑不坚固，后来城堡大都用砖石砌筑。

3. 按场地分类

按城堡所在的场地分类，有山上城堡、平原城堡、海岸城堡和海岛城堡。

在山区或丘陵地带，城堡建在山上，易守难攻。在平原地带，"则建造在一个人为的土墩上"⊖，土墩多是用挖护城河的土堆起来的。

15.3 城堡的构成与构造 ○·····

城堡是由房屋和构筑物组成的建筑群，一般包括：护城河、城墙、塔楼、棱堡、角楼、门楼及吊楼等（图 15-1）。

塔楼也叫"核心堡"或"核堡"，是城堡主建筑，既是瞭望塔、指挥塔，也是领主的住所。

⊖ 《中世纪经济社会史》下册 P249，（美）汤普逊著，商务印书馆。

棱堡是凸出城墙的塔楼，以便从侧面射击攀登城墙的进攻者。

角楼是城墙转角处的棱堡。

门楼是城堡入口两侧的棱堡。

吊楼是未落到地面的悬挑棱堡。

城堡主要的细部构造包括雉堞、突堞和角塔（图15-2）。

雉堞是墙体和塔楼顶部带有射击口的女儿墙构造，堞是凸起的墙垛，垛与垛之间的凹口用于观察、射箭或投石。

突堞是凸出墙体的悬挑雉堞，支撑突堞的"牛腿"叫"支托"或"梁托""托花"，也可直接叫"牛腿"。

角塔是墙体转角处悬挑出的瞭望小塔。

图 15-1　城堡主要建筑

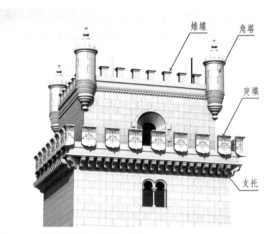

图 15-2　城堡的雉堞、突堞与角塔

15.4　经典的城堡

（1）德尔蒙特城堡

德尔蒙特城堡位于意大利，建于 13 世纪，是纯军事功能的城堡。

城堡平面是八角形，每个角又有个八角形的角楼。简单的几何形体组合和质朴的质感，呈现出极简主义之美（图15-3）。

（2）圣马力诺城堡

圣马力诺是个袖珍小国，只有 2.4 万人。整个国家就是一座山和山周围的土地，面积只有 65 平方公里。圣马力诺被意大利国土包围，中世纪是封建领地，城堡建在险峻的悬崖峭壁上，易守难攻。圣马力诺城堡属于军事、政治、司法及居住综合体。

圣马力诺城堡简朴自然，与陡峭山势融为一体，昂首挺立，雄伟壮观（图15-4）。

图 15-3　德尔蒙特城堡　　　　　　　　　　　　图 15-4　圣马力诺城堡

（3）伊夫城堡

法国马赛的伊夫城堡建在海岛上（图 15-5），16 世纪作为军事要塞而建，建成之后由于冷兵器时代结束而失去军事意义，成为关押犯人的监狱。法国著名作家大仲马的小说《基督山伯爵》就是以此城堡为背景的。

（4）卡兹城堡

卡兹城堡位于德国莱茵河谷旁边的山上，居高临下俯瞰着莱茵河，建于 14 世纪，19 世纪初被拿破仑炸毁，20 世纪晚期部分修复。

卡兹城堡简洁质朴，清水砖外墙，但在青山绿水中很抢眼，是莱茵河谷的一道美丽风景（图 15-6）。

图 15-5　马赛伊夫城堡　　　　　　　　　　　图 15-6　莱茵河谷的卡兹城堡

（5）伦敦堡

伦敦堡（图 15-7）始建于 11 世纪，英国王室城堡，相当于王宫。伦敦堡内有几座塔楼，其中以白塔最为著名。白塔不是塔，而是一座 3 层楼房，只有 27m 高，表皮为白色石材。

伦敦堡的建筑与构筑物包括壕沟、围墙、塔楼、宫殿、议事厅、教堂、天文台、博物馆、武器展览馆及监狱等，还有纸币厂。

伦敦堡厚重坚实，质朴简洁，但内部富丽堂皇。

图 15-7　伦敦堡

图 15-8　法国阿赛勒李杜城堡

（6）阿赛勒李杜城堡

阿赛勒李杜城堡是旧城堡改造的贵族宅邸，位于法国莱热。改建于 1527 年，有城堡角楼、尖塔和突堞符号，立面比较简洁，但有了窗户。护城河成了城堡的水景（图 15-8）。

阿赛勒李杜城堡是将城堡元素作为艺术语言运用的重要建筑。

15.5　城堡建筑的艺术特征

城堡是功能性建筑，按实际使用功能设计建造，室外不进行装修，不抹灰或贴砖，不刻意表现艺术。但城堡的布置、形体、结构、材料以及周边环境的烘托，辐射出了艺术魅力。许多古老城堡尽管已经破旧或损坏，但看上去很美，是游览的别样景致。很多时候，艺术是不经意间形成的。

城堡的艺术特征包括：

◈ 简单的几何形体组合，如圆形、矩形、三角形、八角形形体的组合，直线与圆弧曲线的组合，具有形体美。

◈ 比例和谐。比例是中世纪美学观念的三大要素之一。托马斯·阿奎那认为比例和谐是美学的第二个要素[⊖]。

◈ 外墙清水质感的自然与质朴。

⊖《中世纪的秋天》P293，（荷兰）约翰·赫伊津哈著，广西师范大学出版社。

◇ 角塔、雉堞、突墩、支托等细部构造的点缀。

◇ 场地自然环境与古朴城堡的融合与互衬。

15.6　城堡建筑艺术的影响

城堡建筑艺术是"无意"中形成的，是功能、结构和环境本身所蕴含的美学元素的释放，对后来的建筑产生了积极的影响，对现代建筑注重功能和结构理念的形成也有启发。

具体说，城堡建筑艺术的影响包括：

（1）对哥特式风格的影响

雉堞作为艺术元素广泛应用于哥特式建筑中（图15-9）。

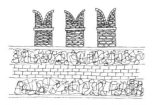

图15-9　用于艺术表达的变形雉堞

例如，哥特式建筑威尼斯总督府就采用了变形雉堞，见第16章。

（2）对文艺复兴风格的影响

文艺复兴时期最著名的佛罗伦萨大教堂和乔托设计的钟楼，就采用了突雉符号；西班牙王宫埃斯库里阿尔宫，借鉴了中世纪城堡布局和城墙构造；佛罗伦萨市政厅也采用了突墩符号。

（3）对新古典主义风格的影响

新古典主义时期，著名的德国巴伐利亚天鹅堡是将城堡建筑艺术化的典范。

一些乡间庄园宅邸采用了城堡建筑的艺术风格和元素，如质朴简洁的建筑表皮、设置角楼等。

一些酒店采用了城堡造型或艺术语言，如加拿大班芙、魁北克和维多利亚市的城堡酒店。

（4）对现代主义风格的影响

城堡建筑的功能、结构和环境所蕴含的美学价值对强调功能和结构的现代主义建筑理念的形成有启发。

（5）对后现代主义风格的影响

一些后现代主义风格的娱乐建筑或酒店，采用了城堡艺术语言，如迪士尼乐园和现代城堡酒店等。

第16章

哥特式建筑艺术

哥特式建筑流行时，既没有哥特王国，

也不存在哥特民族。

16.1 哥特式建筑时代背景

哥特式建筑 12 世纪到 15 世纪在欧洲流行，那时既没有哥特王国，也不存在哥特民族。"哥特式"是 16 世纪文艺复兴时期意大利建筑师瓦萨里对中世纪晚期流行的脱离了希腊-罗马艺术框架的建筑风格的贬称，意指这种建筑艺术是没有文明积淀和品位的蛮族艺术。

哥特人是日耳曼人的一支，人口只有 30 多万。5 世纪，他们摧毁了西罗马帝国，建立了东哥特王国（在意大利）和西哥特王国（在西班牙）。东哥特王国 6 世纪被拜占庭帝国所灭，西哥特王国 8 世纪被阿拉伯人所灭。人数很少的哥特人被当地人同化了，不再有哥特族存在。

哥特式建筑流行时的欧洲是基督教鼎盛时期；封建秩序成熟，经济发展；罗马教会发动十字军东征，但最终失败；基督教王国从穆斯林手中夺回了伊比利亚半岛；法兰西、英格兰、奥地利和德意志的一些王国日益强大，争夺和竞争激烈，发生了英法百年战争；手工业和商业发展，出现了一些自治城市和城市共和国；黑死病流行死了很多人。基于人们对上帝的无限信仰和所能动员的经济资源，宗教建筑更富于仪式感和象征性。

16.2 哥特式建筑概述

哥特式在罗马风之后、文艺复兴之前流行，可以说是这两个相对理性的艺术风格之间的抒情与夸张，是城市兴起的标志。罗马风属于修道院时代；哥特式属于大教堂时代。

哥特式建筑始于 12 世纪中叶，15 世纪中叶式微，历时约 300 年。但德国科隆大教堂 1248 年开工，1880 年竣工；德国乌尔姆大教堂 1380 年开工，1890 年竣工。这两座建筑把哥特式的余音拉长到 19 世纪。

哥特式建筑最先在巴黎出现，随后在法国流行，然后传到英格兰、德意志、西班牙、意大利北部和东欧。哥特式建筑在意大利中部和南部没有流行起来。

哥特式建筑主要是教堂，后来也有宫廷、宅邸、市政厅和商业建筑等世俗建筑。

哥特式教堂平面与罗马风教堂一样，或拉丁十字或矩形平面的巴西利卡；形体相近，高宽比更大一些，或者说形体窄高；大都有塔楼，但布置比罗马风更灵活。

第一座哥特式建筑是巴黎近郊的圣丹尼修道院（图 16-1），建于 1140 年—1144 年，修道院院长苏杰主持建设。

圣丹尼修道院不算地道的哥特式，是罗马风向哥特式的过渡版。其塔楼、外立面半圆拱券和室内罗马柱以及简朴的气质，是罗马风特征。入口处多级线脚与雕塑、室内墙垛的小圆柱、屋顶带肋的尖拱券、花窗和彩色玻璃等，属于哥特式元素，尽管这些元素不是哥特式首创，罗马风和其他风格建筑也用过，但集中组合应用则是首次，给人以强烈的新鲜感。

a）外观

b）内厅

图 16-1　法国圣丹尼修道院

圣丹尼修道院之后，法国桑斯大教堂、努瓦永大教堂和夏特尔大教堂等，采用并丰富了哥特式艺术元素与技术手段，形成了哥特式建筑风格。

哥特式建筑风格是欧洲古代建筑各风格中唯一脱离希腊 - 罗马柱式建筑及其美学框架的风格，其外观、空间和装饰效果与后者不同。

兰斯大教堂（图16-2）是法国非常著名的教堂，是法国国王举行仪式的场所，包括继位的加冕仪式。兰斯大教堂的艺术效果包括：

◇ 高宽比大形成窄高形体，有高耸的蓬勃向上的外观形象。

◇ 大厅的尖拱屋顶、外墙的尖拱券打破了以往罗马半圆拱的封闭循环，强调向上的聚拢。

◇ 竖向线条强化了向上的动感。

◇ 窗户大，光线明亮，花格窗和彩色玻璃产生了美轮美奂的效果。

◇ 丰富的雕塑和建筑表皮的凸凹造型华丽且富有神秘感。

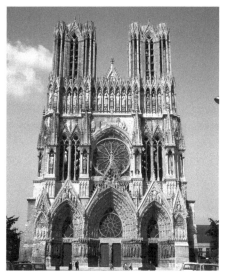

a）外观

b）内厅

图16-2　兰斯大教堂

"向上"是哥特式最清晰的象征性表达，喻示着向天国向上帝之城的精神取向。

相对于简朴的罗马风建筑，哥特式很华丽。罗马风追求的是严谨、简洁、得体；哥特式则丰富夸张，装饰性强，运用各种建筑艺术语言刺激人的感觉。因结构技术进步和艺术元素丰富，哥特式建筑比之前欧洲各种建筑风格更大胆，更富有激情，具有震撼效果。

中世纪之后，哥特式不受欢迎了。"哥特式"的贬义称呼和文艺复兴时期对哥特式风格的抛弃说明了这一点。法国著名作家莫里哀曾经在一首诗里写道："哥特装饰无聊的趣味，一个无知时代的令人作呕的畸形怪物，由野蛮的狂潮造成。"⊖

哥特式建筑大致分成早期哥特式、盛期哥特式和晚期哥特式。早期哥特式拘谨一些，

――――――――――

⊖　《哥特建筑》P5，（法）路易斯·格罗德茨基著，中国建筑工业出版社。

哥特式特征还不丰富和鲜明，如飞扶壁未普遍应用；盛期哥特式艺术风格成熟，热烈甚至夸张；晚期哥特式由于在欧洲各国普遍流行，有了地域性特征。

哥特式建筑按地域分有法国式、英国式、德意志式、西班牙式、意大利式，特征和界限不是很严格。按拱券窗棂图案分有法国的桃尖拱式、辐射式、火焰式；英国的早期英国式、装饰式、垂直式。

16.3 哥特式经典建筑

（1）法国巴黎圣母院

法国是哥特式建筑发源地，有一些著名的哥特式建筑，其中巴黎圣母院（图16-3）最为人们熟悉。

巴黎圣母院1163年兴建，1345年完工，建设工期用了182年。属于法国盛期哥特式建筑。

a）外观　　　　　　　　　　　　　　　　　　b）内厅

图16-3　巴黎圣母院

巴黎圣母院运用了尖拱券门窗、带肋的尖拱屋顶、飞扶壁、花格窗、彩色玻璃和雕塑等哥特式艺术元素。柱子则采用罗马柱，没有用像哥特式建筑那样应用较多的束柱。

巴黎圣母院正立面是对称的双塔，雄伟庄严。立面布置严谨，纵向分做三条，横向分成四段。正门上方有一个直径10m的玫瑰窗。

巴黎圣母院宽敞的大厅长130m，宽50m，高35m。

（2）英国索尔兹伯里教堂

英国哥特式建筑比法国晚了半个多世纪，有一些自己的特点。

索尔兹伯里教堂是英国早期哥特式建筑（图16-4），运用了尖拱券门窗、带肋的尖拱屋顶、束柱等哥特式艺术元素，外表质朴简洁。索尔兹伯里教堂最抢眼的是拉丁十字平面中心区上的塔楼，高123m，是英国最高塔楼。13世纪就能建造这么高的塔楼，非常有震撼力。索尔兹伯里是先有教堂后有城市的。

图16-4　英国索尔兹伯里教堂

把塔楼设在拉丁十字平面交叉部位上是英国和德国哥特式的做法。法国很少见。

索尔兹伯里教堂没有飞扶壁，靠扶壁柱支撑屋顶拱的水平推力。

（3）德国科隆大教堂

科隆大教堂属于晚期哥特式建筑（图16-5），是德国最大的教堂，也是世界最高的教堂，塔尖高度157m。

科隆大教堂的平面采用五跨巴西利卡形式，大厅长145m，高43m，总宽45m。中厅不是很宽，形成了窄高空间。

科隆大教堂运用了尖拱券门窗、带肋的尖拱屋顶、束柱、飞扶壁、尖塔、花格窗、彩色玻璃和雕塑等哥特式艺术元素。表皮雕塑和立体造型非常丰富。

a）外观　　　　　　　　　　b）内厅

图16-5　德国科隆大教堂

（4）西班牙帕尔马大教堂

13世纪中叶始，被伊斯兰统治5个多世纪的伊比利亚半岛被几个基督教王国夺回，或将清真寺改为基督教教堂，或新建基督教教堂。新建教堂多采用哥特式。有的哥特式建筑受伊斯兰风格影响，用了洋葱形拱；有的哥特式建筑比较质朴。

地中海马略卡岛的帕尔马大教堂建于15世纪20年代哥特式晚期，风格质朴（图16-6），运用了尖拱券门窗、带肋的尖拱屋顶、飞扶壁、束柱、花格窗、彩色玻璃等哥特式艺术元素。其飞扶壁的扶壁墙比较宽，非常有特色。帕尔马大教堂另一个特色是平屋顶，因为在气候温暖的地中海没有排积雪的功能要求。平屋顶哥特式建筑非常少。哥特式建筑形体一般又窄又高，较陡的坡屋顶是合乎逻辑的收口，也是"向上"的象征性表达。

图 16-6　西班牙帕尔马大教堂

（5）威尼斯总督府

威尼斯在中世纪城市共和国时期，以航海贸易为主，其建筑受拜占庭、伊斯兰影响较大，一些有尖拱门窗和柱廊的建筑，或类似伊斯兰风格，或归类于哥特式风格。

威尼斯总督府也叫道奇宫（图 16-7），建于 1309 年—1424 年，是一座二层行政办公建筑，被誉为中世纪最华丽的建筑[⊖]，一层尖拱柱廊和二层尖拱窗属于哥特式艺术元素。

图 16-7　道奇宫

⊖　《西方建筑》P96，（英）比尔·里斯贝罗著，江苏人民出版社。

一层外立面有两道尖拱柱廊，下面一道是跨度大的桃尖形尖拱，上面一道是跨度小的被称作"威尼斯拱"的洋葱形拱，拱肩有圆环。总督府柱廊体现了商业城市政治的公共性和开放性。

总督府表皮采用了精致的装饰面砖，受拜占庭或伊斯兰风格影响。顶部采用了伊斯兰风格的花饰。

总督府下虚上实，下层是透空的，上层是实体墙，似乎有些虚实颠倒，但符合威尼斯这样一座建在水上的城市的建筑逻辑。

（6）比利时鲁汶市政厅

比利时哥特式教堂的风格与法国差不多，有的行政和商业建筑采用哥特式元素，比较有特色。

鲁汶市政厅建于 1448 年—1463 年，哥特式艺术元素包括尖拱券、窄高形体、丰富的雕塑，建筑表皮华丽繁杂（图 16-8）。由于没有巴西利卡侧厅，窄高形体比例显得不太协调。

图 16-8　比利时鲁汶市政厅

16.4　哥特式建筑主要艺术元素 ○......

哥特式艺术元素大都取自之前的建筑风格，系统地应用这些元素并形成独特的艺术效果，是哥特式的创新之处。

哥特式常用元素包括尖拱券、肋拱、束柱、飞扶壁、尖塔、塔楼、花格窗、彩色玻璃、雕塑等。其中尖拱券、肋拱、飞扶壁被认为是哥特式风格的三大件。

哥特式建筑在结构方面有很大进步，飞扶壁使墙体变薄，可开大窗，对建筑采光和立面效果产生了重大影响。

下面分别讨论哥特式建筑的主要元素。

1. 尖拱券

尖拱券是哥特式建筑最鲜明的特征。前面介绍的几个哥特式建筑除圣丹尼教堂外都有尖拱券。

哥特式建筑与罗马风建筑正立面相近，最简单的识别办法有两个。一是看拱券：尖拱券是哥特式；半圆拱券是罗马风。二是看装饰：繁杂的是哥特风；简单的是罗马风。

尖拱券在采集 - 狩猎社会就有应用，美洲印第安人、太平洋岛居民和北欧采集 - 狩猎者的营地都有用两根弯曲的树枝相对而成的尖拱，比人字形可以获得更有效的室内空间。砖石尖拱券最早出现在美索不达米亚，8 世纪伊斯兰建筑应用了尖拱，式样丰富，以 S 形拱券（洋葱形拱）居多。哥特式拱券为双圆心拱券。

2. 肋拱

哥特式的肋拱是带肋的屋顶尖拱，比罗马建筑的交叉圆拱力学性能更合理，由于有肋，拱板（也叫拱蹼）厚度减小，降低了拱的重量。尖拱比圆拱起拱高，会减小拱趾对墙体的水平推力。尖拱还有一个好处是平面尺度灵活，正方形和矩形都行，可以保持不同尺度的拱顶高度一致。而交叉圆拱必须要求每个拱的尺寸都一样才能保证拱顶标高一致。交叉圆拱必须要求柱距与跨距相等，限制了平面布置的灵活性。尖拱没有这样的限制。

肋拱种类很多，有 4 分拱、5 分拱、6 分拱、主肋 - 副肋拱和伞形拱等。4 分拱的 4 是指一个跨度内拱片的数量。肋拱类型如图 16-9 所示。

a）4 分拱　　　　　　　　b）5 分拱　　　　　　　　c）6 分拱

d）主肋 - 副肋拱　　　　　　　　e）伞形拱

图 16-9　肋拱类型

3. 束柱

哥特式教堂采用束柱。束柱不是多根细柱组合成一束，而是一根柱子（或墙垛）外边做成细柱环绕形（图 16-10a），细柱向上伸展，分别与拱顶的肋和拱边缘轮廓线对应，或交集在拱尖，或汇合在拱边缘，把墙柱与屋顶顺畅地连接起来（图 16-10b）。

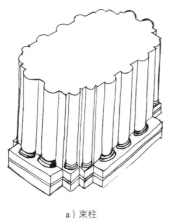 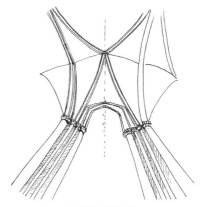

a）束柱 　　　　　　　　　　　　　　　　b）束柱与拱肋对应

图 16-10　束柱及其与屋顶拱肋关系

4. 飞扶壁

哥特式建筑屋顶拱的水平推力不是靠厚重的墙支撑，而是由带有扶壁柱或飞扶壁的柱（或墙垛）支撑。由此，柱间墙没有了结构承重功能，可以减薄或取消，开大窗户，这是古代结构技术的重大进步。

增加柱平面外的断面尺寸，就是扶壁柱（图 16-11a）。

在柱之外再砌筑一个墙垛，即扶壁垛，通过飞券把柱和扶壁垛连接起来，就是飞扶壁（图 16-11b、c）。飞扶壁结构，屋顶拱的水平推力通过飞券传递到扶壁垛上，再传到地基。扶壁垛相当于一个大力士，飞券相当于大力士伸出的臂膀，扶住了支撑屋顶拱的柱。

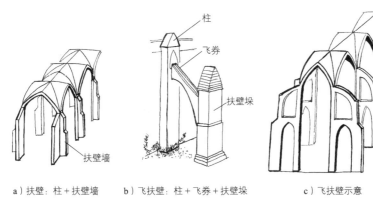

a）扶壁：柱＋扶壁墙　　b）飞扶壁：柱＋飞券＋扶壁垛　　c）飞扶壁示意

图 16-11　扶壁与飞扶壁

5. 尖塔

尖塔是墙垛和扶壁垛顶端的塔状雕塑。

墙垛和扶壁垛要靠自身重量支撑水平推力，为了增加重量也为了美观，就在顶端建漂亮小尖塔。一个个环绕建筑外墙的墙垛和扶壁垛上的尖塔呼应了哥特式教堂整体向上的动势，也使得哥特式建筑外观有一种眼花缭乱神秘莫测的效果，如图 16-11c 所示。

6. 塔楼

哥特式教堂的塔楼都是方塔楼，没有罗马风时期的圆塔楼。哥特式塔楼布置灵活，有主立面对称的双塔楼、位置对称但高低不同的双塔楼、主立面偏位单塔楼、教堂侧边单塔楼、教堂拉丁十字交叉部位上的单塔楼等。塔楼顶有平顶和尖顶两种。哥特式塔楼注重装饰、雕塑和竖线条，向上的动感强烈。

7. 花格窗

用大理石或金属做窗棂的花格窗是哥特式建筑的一个特点。包括圆形花格窗和尖拱券花格窗，图 16-12 给出了几种花格窗式样。

圆形花格窗主要是玫瑰窗。

a）玫瑰花窗

b）火焰式（法国）

c）英国早期式样

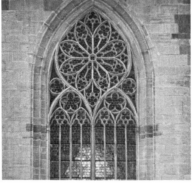
d）装饰式（英国）

e）垂直式（英国）

图 16-12　花格窗

尖拱券花格窗的类型包括：

法国：桃尖拱式（12世纪）；辐射式（13世纪）；热烈奔放的火焰式（14世纪）。

英国：早期式样（12—14世纪），简洁优雅；装饰式（14—15世纪），动感曲线，自然流畅；垂直式（15—16世纪），线条精炼，富有几何美感。

8. 彩色玻璃

哥特式建筑窗户大并使用彩色玻璃，是之前所有建筑未曾有过的。彩色玻璃源于埃及，拜占庭建筑较多使用彩色玻璃，主要用玻璃马赛克在墙上做镶嵌画或者做墙面装饰，而不是用于窗户。

哥特式教堂彩色玻璃图案主要讲述上帝与圣徒的故事，渲染天国的神奇和上帝之光，其光影变幻造成了神奇效果，走进教堂的人会被透过彩色玻璃窗的绚烂光彩所迷醉，五彩缤纷的天堂幻象被显现出来。哥特式建筑在营造神秘与幻境方面超越了以往任何教堂。

9. 雕塑

哥特式建筑雕塑丰富，有历史人物、天使、恶魔、叶形纹饰、叶尖饰等，雕塑是写实风格。巴黎圣母院尖拱券门洞之上有一排人像雕塑，是旧约里提到的以色列和犹太国的28个国王。门洞拱券多级线脚边都是雕塑（图16-13），讲述基督、末日审判、天堂与地狱的故事等。在栏杆和墙角处还雕刻着小精灵，活灵活现地窥视着来朝圣的善男信女。

图16-13 巴黎圣母院入口大门的线脚与雕塑

哥特式建筑局部的雕塑密集程度有些像印度教寺庙。

10. 其他

◇ 平面布置为巴西利卡，或拉丁十字，或矩形。

◇ 哥特式建筑从室内看屋顶是尖拱，从室外看是铺瓦的斜屋顶，尖拱券与斜屋顶之间是木结构三角屋架。

16.5 哥特式建筑艺术的影响 ○┄┄┄┄┄┄┄┄┄┄┄┄┄┄┄

哥特式建筑15世纪时传播与影响范围为整个欧洲。16世纪之后传播到拉丁美洲和大洋洲，但不是主流风格。

1. 哥特式对其他建筑艺术风格的影响

（1）文艺复兴风格

佛罗伦萨穹顶借鉴了哥特式屋顶的尖拱技术，穹顶高，艺术效果好，水平推力小。影响了以后的穹顶建设。

（2）巴洛克与洛可可风格

巴洛克、洛可可建筑表面的繁杂雕塑与哥特式有相近之处，洛可可室内装饰与晚期哥特式的繁杂肋拱相似。

（3）新哥特主义

19世纪与新古典主义同期的新哥特主义（也叫浪漫主义）是哥特式风格的复兴和世俗化。欧洲和其他地区都有著名建筑，特别是英国国会大厦。

（4）新艺术运动的高迪

19世纪末西班牙建筑师高迪设计的天使大教堂是哥特式风格的变种。

（5）现代建筑

◇ 纽约20世纪早期一些高层建筑采用了哥特式的符号和竖向线条，如著名的沃尔伍斯大厦。

◇ 山崎实的典雅主义融入了哥特式的理念，如西雅图国际博览会的美国馆和纽约世贸中心。

◇ 有的后现代主义建筑选用哥特式的艺术语言，如约翰逊设计的玻璃大厦。

◇ 一些高层和超高层建筑强调竖向线条，有哥特式神韵。

2. 哥特式建筑艺术对其他艺术的影响

哥特式建筑艺术对装饰、雕塑和绘画艺术产生了巨大的影响。"欧洲艺术找到了某些共性，其特点是豪华的堆积和离奇的形状"[一]。

㊀ 《西方艺术史》P133，（法）雅克·德比奇等著，海南出版社。

第17章
文艺复兴建筑艺术

文艺复兴建筑并没有刻意表达文艺复兴的

主题"人文主义"。

17.1　文艺复兴运动概述

欧洲 14 世纪到 16 世纪发生的文艺复兴运动是人类文明发展的重要里程碑，是现代文明和现代科学的源头。

文艺复兴运动告别了"反智主义"和"以神为本"，举起了"以人为本"的旗帜，形成了人文主义价值观。

文艺复兴运动是从复兴古罗马文化开始的，实质上是一种精神上的回归，回归到古典时期的精神状态，注重人的精神而不是神的旨意，使得人的欲望与兴趣从压抑中得到释放。人文主义研究人与人类，而不是把全部精力用在神学上，由此解放了思想，掀起了追求知识与真理的热潮。

文艺复兴运动以文学、历史学、政治学、绘画、雕塑、音乐、戏剧和建筑等形式展开，建筑居于重要位置。建筑艺术对人们的影响在所有艺术形式中是最大的。

文艺复兴运动是新兴资产阶级登上历史舞台的意识表达，发源于商业和金融业发达的城市共和国佛罗伦萨。文艺复兴运动的巨匠但丁、彼得拉克、薄伽丘、米开朗琪罗、达·芬奇、拉斐尔和马基亚维里等都在佛罗伦萨生活过。从佛罗伦萨开始，文艺复兴运动扩展到整个欧洲。

17.2　文艺复兴建筑概述

文艺复兴时期的建筑并没有刻意表达文艺复兴的主题"人文主义"，这个时期最伟大的建筑如佛罗伦萨大教堂和圣彼得大教堂，是在强化宗教的影响和权威，而不像文学、政治、绘画、雕塑作品那样鲜明地彰显人性。文艺复兴运动时的画家虽然也为神作画，但他们是以神的名义画人，表达人性。文艺复兴之后，进一步发展为人而画，表达人的情感，反映人的生活。

文艺复兴建筑作为文艺复兴运动的重要角色究竟做出了怎样的贡献呢？

◇ 文艺复兴建筑不像哥特式建筑那样强调神秘感，而是理性逻辑清晰的表达，是对神秘主义哥特式建筑的否定。

◇ 运用罗马建筑风格艺术元素，如穹顶、柱式、山花、拱券等，复兴罗马时代的精神。

◇ "重新发现古代的比例与权衡，并将之应用于圆形的柱子，扁平的壁柱，细心区分了各种柱式。"注重"古典的规则与秩序，以及正确的建筑比例"[一]。

◇ 与罗马时期一样注重建筑理论的总结，强调人是万物的尺度。第一次采用透视原理绘制建筑图。

◇ 结构技术取得重大进步。

文艺复兴建筑分为早期、盛期和晚期三个阶段。从佛罗伦萨开始，传播到罗马、威尼斯等意大利城市。意大利之外法国第一个响应，然后扩展到英国、西班牙、德国及欧洲各地。

文艺复兴时期的"手法主义"也被译成"风格主义""样式主义"或"矫饰主义"，其理念与设计手法属于文艺复兴建筑风格的范畴，只是建筑师比较注重个性，刻意用一些与众不同的建筑艺术语言和构造做法。"文艺复兴和样式主义都根植于知识阶层，诞生于人文主义者之中的运动属于阳春白雪，而非下里巴人。"[二]

17.3 文艺复兴风格经典建筑

文艺复兴时期的经典建筑包括教堂、府邸、别墅、育婴堂、图书馆、市场等。

（1）佛罗伦萨大教堂

佛罗伦萨大教堂是文艺复兴建筑风格的起点、经典和楷模，1434 年建成，主设计师是布鲁内莱斯基。

佛罗伦萨大教堂既有罗马元素，如门窗用了罗马半圆拱券；又有拜占庭和伊斯兰建筑的影子，如建筑表皮贴装饰面砖；还有中世纪城堡建筑的符号，如檐口装饰用了突堞造型；红色屋顶则是当地——托斯卡纳的元素；最重要的符号是它的大穹顶（图 17-1）。

由于场地和施工条件的限制，佛罗伦萨大教堂无法像万神庙那样建造厚墙体抵抗大

[一] 《文艺复兴建筑》P5，（英）彼得·默里著，中国建筑工业出版社。
[二] 《西方艺术史》P230，（法）雅克·德比奇等著，海南出版社。

穹顶的水平推力，也没有空间像哥特式建筑那样设置飞扶壁支承柱水平推力。布鲁内莱斯基设计的穹顶是一个双层壳穹顶。内层穹顶是受力结构，借鉴了哥特式水平推力小的尖肋拱；外层穹顶是曲线弧度圆润的壳（图 17-2），主要起造型和围护功能。双壳穹顶降低了水平推力，减薄了支承墙体的厚度，形体也比万神庙好看。穹顶顶部设计了加洛林亚琛礼拜堂那样的采光亭。既采光，又遮风挡雨，还使穹顶更加美观。

佛罗伦萨大教堂总高度 118m，这是前所未有的创举。以前的穹顶建筑如万神庙和圣索菲亚大教堂，穹顶都没有被举起来，要么显得平庸平淡，要么被周围的附属建筑遮挡着，显得凌乱，没有气势，只能靠内部的巨大空间和华丽装饰吸引人。而佛罗伦萨大教堂高耸的红色穹顶从外表看就雄伟壮观，气势非凡。它对文艺复兴及其以后的建筑产生了深远的影响。

（2）圣彼得大教堂

梵蒂冈圣彼得大教堂是文艺复兴时期最经典的建筑（图 17-3），被誉为文艺复兴建筑的里程碑。其鲜明特点包括：恰到好处地运用古典建筑语言，如穹顶、柱式、筒式拱顶、拱券和山花等，又不是简单地模仿照搬，而是创造性地组合。

罗马教会对圣彼得大教堂的设计要求是：建世界上最伟大的教堂，超越所有的教堂。大教堂建设了 160 年，先后有 12 位建筑师主持工程建设，包括文艺复兴巨匠米开朗琪罗和拉斐尔，建筑大师布拉曼特，雕塑大师贝尔尼尼等，贡献最大的是米开朗琪罗。

图 17-1 佛罗伦萨大教堂

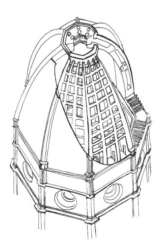

图 17-2 佛罗伦萨大教堂穹顶结构

图 17-3 梵蒂冈圣彼得大教堂

圣彼得大教堂设计建造过程中，采用什么平面出现了多次反复。设计师喜欢希腊十字平面，在正面不远的地方就可以看到大穹顶全貌，各个方向看都显得很宏伟。但教会坚持拉丁十字平面，一是基督徒要向东方祭拜，拉丁十字大厅狭长，方向感明确，可容纳的人数多；二是要与东正教集中式教堂有区别。但拉丁十字穹顶前的建筑太长，从正面近处看

图17-4 圣彼得大教堂大厅

穿顶，会被前厅挡住视线；远处看建筑物全貌又显得小了很多，削弱了气势宏伟的感觉。

包括米开朗琪罗在内的几任设计师都设计了希腊十字平面，但米开朗琪罗去世后，罗马教会下令将大教堂改为拉丁十字平面，大厅被加长为纵向大厅，并在门口处加了前厅。使用功能合理了，但拉长的大厅和前厅挡住了近处看大穿顶的视线，影响了建筑外观效果。艺术表达与实用功能的矛盾历来是建筑设计的难点。

圣彼得大教堂穿顶直径是42m，与万神庙和佛罗伦萨大教堂穿顶的直径差不多，但它的高度很高，最高点137.7m，是万神庙的3倍，比佛罗伦萨大教堂也高出近20m，实现了超越的目的。

圣彼得大教堂穿顶从结构原理上与佛罗伦萨大教堂穿顶差不多，都是双层壳穿顶。外形曲线更饱满；内穿顶肋设置在背面，在穿顶下看到的是完整的曲面。大厅壮丽辉煌（图17-4），能容纳5万人。

（3）鲁采莱府邸

佛罗伦萨鲁采莱府邸的设计者是文艺复兴时期著名建筑理论家兼设计师阿尔伯蒂，是他的和谐建筑理论的实践版，建成于1457年。

鲁采莱府邸用块石砌筑，像罗马角斗场外墙那样拱券与附墙柱搭配。柱子是扁方柱，科林斯柱头。还运用了挑檐、梁托、窗棂柱等艺术语言（图17-5）。鲁采莱府邸被佛罗伦萨许多建筑效仿。

（4）卡普拉别墅

意大利维琴察卡普拉别墅建于1454年，是文艺复兴建筑理论家帕拉迪奥的著名作品，他把古罗马时期神庙建筑风格用于住宅，用了穿顶、柱式、山花等元素，特别注重

图 17-5　佛罗伦萨鲁采莱府邸

图 17-6　维琴察卡普拉别墅

比例和对称（图 17-6）。

卡普拉别墅对美国新古典主义有重大影响，杰斐逊总统仿照卡普拉别墅设计了自己的庄园和弗吉尼亚大学校园。

（5）佛罗伦萨育婴堂

佛罗伦萨育婴堂是欧洲第一座孤儿院，建于 1444 年，是以人为本理念的实践。

育婴堂运用的艺术元素包括罗马拱券柱廊、窗户上的山花装饰。注重匀称的比例，拱肩处有徽章装饰等（图 17-7）。

图 17-7　佛罗伦萨育婴堂

（6）佛罗伦萨圣玛丽亚教堂

佛罗伦萨圣玛丽亚教堂是旧建筑改造项目，设计者是文艺复兴著名建筑理论家阿尔伯蒂。

阿尔伯蒂在教堂正立面表面贴上带图案的比例匀称的大理石；中间顶部加了一个山花；高低跨转角处加了两个涡卷形状挡墙。整个立面丰富而得体，优美而协调。巧妙运用了古典建筑语言（图 17-8）。

（7）安特卫普格罗特市场行会

比利时安特卫普格罗特市场行会（图 17-9）是建于 17 世纪的文艺复兴建筑。

图 17-8　佛罗伦萨圣玛丽亚教堂

低地国家（荷兰、比利时）临街商业建筑门脸比较窄，因为税务部门根据店铺门脸宽度确定纳税额，用经济手段配置稀缺性门头房资源。为了少交税，商人们尽可能把建筑门脸变窄，纵深方向加长。这是税收政策主导的建筑风格。

安特卫普格罗特市场行会所用艺术元素包括拱券、山花等。房顶坡度比较陡，避免了积雪，因此山花形状瘦高。为了阁楼采光，山花里开了窗户。

（8）"手法主义"的楼梯

米开朗琪罗为佛罗伦萨美第奇家族设计的劳伦齐阿纳图书馆中的楼梯是手法主义作品，在当时是一种创新（图17-10）。文艺复兴以前，楼梯大都躲在墙角旮旯或背面，米开朗琪罗把楼梯放在主要位置上，变成艺术品。艺术家总是要追求个性，在细节上下功夫，大手笔往往表现在细微之处。米开朗琪罗是搞雕塑艺术的，有追求与众不同的艺术效果的冲动。

图17-9　安特卫普格罗特市场行会

图17-10　米开朗琪罗设计的手法主义楼梯

（9）威尼斯圣马可图书馆

威尼斯圣马可图书馆也是手法主义建筑（图17-11），建于1536年。

文艺复兴时期著名建筑理论家帕拉迪奥称赞这座建筑"史无前例的富丽"，还有人赞美它"超越了嫉妒"。圣索维诺是雕塑师出身，曾任威尼斯首席建筑师。他设计的图书馆立面很丰富，首层用坚实的多立克柱式，二层用优美的爱奥尼克柱式，墙垛处用大柱子，拱券下用小柱子，柱上楣有雕塑花饰，符合既富裕又见多识广的威尼斯人的审美情趣。

（10）埃斯库里阿尔宫

西班牙首都马德里附近的埃斯库里阿尔宫（图17-12）是西班牙文艺复兴建筑，也是手法主义作品，1584年建成。

埃斯库里阿尔宫建在山坡上，是一个封闭的矩形建筑群，长204m，宽161m，占地3万多平方米。它不单单是一座王宫，里面有教堂、修道院、17个院落，还有安葬历代

图 17-11　威尼斯圣马可图书馆

图 17-12　西班牙埃斯库里阿尔宫

西班牙国王的陵墓。四角有塔楼，内院有一个大穹顶和两个小穹顶，这些塔楼和穹顶使得宫殿看上去很有气势，像是一座大城堡。埃斯库里阿尔宫运用了拱券、柱式等罗马建筑艺术语言。

设计师埃雷拉在意大利从事建筑工作多年，曾担任过米开朗琪罗的助手，深受文艺复兴的影响。但埃斯库里阿尔宫有些沉闷，有些冷冰冰的威严感，不像文艺复兴建筑那样富有热情。有建筑书籍将其归类为巴洛克建筑，非常勉强。埃斯库里阿尔宫没有巴洛克的基本特征，更没有巴洛克的效果。

17.4　文艺复兴建筑理论与设计

1. 建筑理论

古罗马时期出现了系统的建筑理论，代表作是维特鲁威的《建筑十书》。文艺复兴时期，在维特鲁威的基础上，建筑理论得到了发展。阿尔伯蒂被誉为西方建筑理论之父，他写了《论建筑》一书，全面系统地阐述了建筑理论。另一位著名的建筑理论家是安德里亚·帕拉迪奥，石匠出身，有许多建筑设计实践，受维特鲁威影响较深，著有《建筑四书》。莱昂纳多·达·芬奇写的建筑理论《维特鲁威人》，阐述了建筑理论。

文艺复兴时期建筑理论的主要内容有：

◇ 追求合适的比例。

◇ 以数字和谐为基础的恰到好处的美学。美就是和谐，是那种稍微增减都会破坏平衡的恰到好处的和谐。

◇ 整理了柱式的分类、尺度比例。

◇ 阐明了直线透视法则。

◇ 讲究秩序、对称等。

阿尔伯蒂的《论建筑》一书是第一部用古登堡印刷术印刷发行的建筑专著，这意味着建筑知识口口相传的历史结束了，建筑艺术和知识可以迅速而广泛地传播。帕拉迪奥的《建筑四书》有版画插图。

2. 设计与施工分离

文艺复兴时期实现了建筑设计与施工管理的分离。

文艺复兴之前，建筑师既是设计师又是工匠，脑力劳动和体力劳动不分，就像现在搞家庭装修的小包工头一样，在施工现场什么都管，什么都干，不仅要拿出设计方案来，还要做工程师、预算师、工头和质检员，一项工程事无巨细都要亲力亲为。所以，建筑师的工作是非常杂乱和辛苦的，工作效率非常低。

建筑理论家阿尔伯蒂改变了这种状况。阿尔伯蒂（1404—1472）是布鲁内莱斯基去世之后佛罗伦萨建筑界的领军人物，既是建筑师和建筑理论家，又是画家，还是诗人，在数学、音乐和其他科学领域里的造诣也很深。由于他要做的事情太多了，根本没有时间和精力泡在工地上，所以他在完成设计之后都交给助手去实施，由此实现了建筑设计与工程管理的分工，把建筑师从现场繁杂事务中解放出来，专心从事设计，也提高了设计师和现场工程师的专业技能，大大提高了效率。阿尔伯蒂被视为现代建筑师的鼻祖。

文艺复兴时期建筑设计有 3 个特点：

◈ 在建筑理论的指导或影响下进行设计。

◈ 由艺术家（如画家、雕塑师和工艺师）担纲建筑设计。

◈ 在建筑史上第一次运用透视原理画图。透视图有逼真的立体效果，有助于预先检验艺术效果。透视原理也推动了绘画艺术的发展。

3. 建筑师

文艺复兴之前尽管有很多伟大的建筑，但设计者得以留名的非常少。历史记载或在建筑物上刻有名字的建筑师有设计埃及第一座金字塔、希腊帕特农神庙和拜占庭圣索菲亚大教堂的建筑师。大多数伟大建筑的设计师未能青史留名。

文艺复兴时期由于实现了设计与施工管理的分工，建筑设计由建筑师或艺术大师担纲，专业水平和艺术水平提高，获得了社会尊重，有些建筑刻有设计师铭牌。活字印刷使建筑书籍传播和保存，一些建筑师被载入史册。文艺复兴时期著名的设计师包括布鲁内莱斯基、乔托、米开朗琪罗、拉斐尔、阿尔伯蒂、帕拉迪奥等。达·芬奇画过不少建筑效果图，还是世界上第一个画建筑鸟瞰图的人，但没有建成的项目。

17.5 文艺复兴建筑艺术特点 ⊶···

罗马风是乡村艺术，哥特式是经院艺术，文艺复兴是商业艺术。文艺复兴建筑的艺术特点包括：

◇ 罗马建筑元素如半圆拱、柱式、山花的应用与创新。

◇ 基于哥特式结构技术的尖拱形穹顶，双壳穹顶。

◇ 讲究比例、对称和匀称的理性主义表达。

17.6 文艺复兴建筑艺术的影响 ◦···

文艺复兴建筑风格对巴洛克和新古典主义有直接影响，其建筑理念对现代建筑有影响。

（1）巴洛克风格

巴洛克建筑是基于文艺复兴风格形成的，其基本元素如穹顶、柱式、山花等都直接取自文艺复兴建筑元素，只是有了变形和异化，或组合方式不同，曲线用得较多。

（2）法国古典主义

与巴洛克同时期以法国为主的古典主义受文艺复兴影响，实际上是文艺复兴的继续，做派更严谨一些。

（3）新古典主义

新古典主义是与文艺复兴较为接近的风格，或直接照搬，如杰斐逊宅邸；或借鉴，如美国国会大厦和一些州的议会大厦；或比文艺复兴更"复兴"，直接照搬新考古发现的希腊建筑和罗马庞贝遗址的建筑风格。

（4）现代建筑

文艺复兴对现代建筑的影响主要是比例、理性及匀称的理念。

第18章

巴洛克与洛可可建筑艺术

"巴洛克的艺术专注于生动的图像"。

18.1 巴洛克时代背景

巴洛克建筑风格出现于 16 世纪晚期的意大利，17、18 世纪在欧洲流行，19 世纪前期尚有余音。

16 世纪，因筹集圣彼得大教堂建设资金发行赎罪券而引发的宗教改革导致基督教分裂，派生出了新教。罗马天主教会的权力被解构和削弱。为了在竞争中吸引信徒，"巴洛克作为艺术现象，在天主教反攻最强之时，出现在教廷所在地罗马。"[一] 1540 年，天主教内坚决反对宗教改革与新教的保守派组织耶稣会成立，耶稣会教堂是最早的巴洛克风格建筑。

随着封建社会瓦解，民族国家开始形成，君主权力扩大，汲取财富的能力增强，巴洛克奢华的风格为帝王所喜欢，一些宫廷建筑采用巴洛克风格，特别是统治奥地利和西班牙的哈布斯堡王朝。

1492 年哥伦布发现美洲大陆后，到 16 世纪上半叶，西班牙和葡萄牙在拉丁美洲建立了统治秩序，拉丁美洲早期传教主要是由耶稣会组织的，拉丁美洲特别是西班牙殖民地的教堂和行政建筑大都是巴洛克风格。

18.2 巴洛克建筑艺术概述

巴洛克不仅仅是指建筑艺术风格，也包括雕塑、音乐和绘画艺术。

巴洛克（Baroque）一词源于葡萄牙语，是珠宝业的行话，指未经加工的不规则的珠宝。艺术批评家借用这个词轻蔑地调侃他们认为不合规则、奇异怪诞、随意性强的艺术作品。巴洛克与哥特式一样，一开始都是贬义。

[一] 《西方艺术史》P229，（法）雅克·德比奇等著，海南出版社。

巴洛克建筑风格所运用的建筑语言与文艺复兴风格一样，也大量使用古典建筑符号，如穹顶、拱形套、三角形套、壁柱和半圆柱等，但它的组合与运用比较随意，富于变化和动感。巴洛克风格与文艺复兴风格的差别在于，文艺复兴风格注意规则，而巴洛克风格常常突破规则。巴洛克建筑风格的基调是富丽堂皇而又新奇欢畅，具有强烈的世俗味道。

例如把扁方柱与半圆柱交替布置，拱形顶套与三角顶套叠加以及故意将顶套断开等；墙面里出外进，凸凹交替，层次丰富，形成了光影，建筑立面的立体感、韵律感强了；运用弧线和椭圆形曲线做平面布置，形成弧面墙体或柱廊；较多地应用雕塑和花饰。

总而言之，巴洛克风格是古典建筑语言突破常规的运用，有些随意、大胆和浪漫。"巴洛克的艺术专注于生动的图像，包括现实的和超现实的图像，而非专注于'历史'与绝对形式。"⊖

巴洛克建筑艺术具有更强的宗教意义，有召唤性，与哥特式建筑一样，旨在唤起信徒的喜爱和敬仰。

罗马是巴洛克的发源地，维也纳是巴洛克之都，南美洲的基多是巴洛克建筑最多的城市。巴洛克建筑艺术是国际主义风格，世界各地都有其踪迹。

巴洛克建筑包括教堂、宫殿、市政厅等，或出于宗教目的，或基于权力炫耀。

18.3　欧洲巴洛克经典建筑 ○⋯⋯⋯⋯

1. 罗马耶稣会教堂

罗马耶稣会教堂是第一座巴洛克建筑（图18-1），1577年建成。建筑师是乔柯莫·德拉波塔和建筑理论家维尼奥尔。耶稣会教堂当时背负着重新振兴天主教的使命。

罗马耶稣会教堂外表看上去与文艺复兴建筑有些像，但有如下区别：

◇　双柱并列。

◇　立面凸凹感强。

◇　一层檐线上的弧形山花内嵌着三角形山花，不符合结构逻辑。

◇　内部装饰华丽，有丰富的雕塑和绘画。

图 18-1　罗马耶稣会教堂

⊖　《巴洛克建筑》P8，（挪）克里斯蒂安·诺伯特 - 舒尔茨著，中国建筑工业出版社。

巴洛克是抒情的，而不是理性的，是不讲逻辑的形式主义。

2. 圣彼得大教堂广场与前厅

圣彼得大教堂是文艺复兴建筑的代表作，但前厅门廊和广场是巴洛克风格。

设计前厅门廊的建筑师是巴洛克风格建筑师马代尔诺，他是圣彼得大教堂12位设

图18-2　圣彼得大教堂广场与门廊

计师中的最后一位。他设计的圣彼得大教堂的外立面门窗洞退缩，窗间墙凸出，双柱并列，增强了建筑立面的立体感，如图17-3所示。

圣彼得大教堂的广场是雕塑大师贝尔尼尼设计的，用4排柱子宽17m的环形柱廊圈起了椭圆形广场，使广场有了很壮观的边界，形成了很强的向心力，犹如在展开臂膀拥抱来朝拜的信徒。柱廊顶部有96座圣徒雕像

在亲切地注视着广场（图18-2）。

3. 四喷泉圣卡罗教堂

罗马四喷泉圣卡罗教堂于1682年建成。建筑师是雕塑石匠出身的巴洛克设计大师弗朗西斯科·波洛米尼。这座教堂很小，但工艺性很强，富于戏剧性，巴洛克风格特征非常鲜明（图18-3）。

波浪形的立面，雕塑丰富，造型随意，犹如不规则的珍珠。夸张的美学取代了宗教建筑的庄严性。

4. 罗马巴洛克风格的小教堂

罗马的一座小教堂（图18-4）巴洛克风格鲜明而丰富：

◇ 门上弧形山花和屋顶三角形山花的顶部凹入。

◇ 繁杂的雕塑。

◇ 前后错位的双柱。

◇ 立面转角处的窝卷花饰。

◇ 强烈的凸凹感等。

5. 英国伦敦圣保罗大教堂

伦敦圣保罗大教堂建于1710年。英国建筑大师克里斯托弗·雷恩设计，艺术风格

是文艺复兴、古典主义和巴洛克的混合，归类于巴洛克似乎有些勉强（图18-5）。穹顶是文艺复兴风格；正立面中间部位是法国古典主义风格，规矩的双柱与法国卢浮宫东立面类似；两个塔楼是巴洛克风格的，造型复杂，有凹弧面；整个建筑曲线较少，缺少动感。

图18-3　四喷泉圣卡罗教堂

图18-4　罗马巴洛克风格小教堂

圣保罗大教堂是英国为数不多的圆顶教堂，雷恩设计的穹顶与众不同，有3层壳。我们知道，罗马风格的万神庙和拜占庭风格的圣索菲亚大教堂的穹顶是单层壳；文艺复兴风格的佛罗伦萨大教堂和梵蒂冈圣彼得大教堂的穹顶是双层壳，尖肋拱外面有一层曲线圆润的外壳；雷恩设计的伦敦圣保罗大教堂增加了一层内壳，

图18-5　圣保罗大教堂

从室内仰视也是圆润的曲线穹顶。

6. 维也纳米开莱宫

哈布斯堡家族长达300多年担任神圣罗马帝国皇帝，维也纳一直是其帝国的首都。神圣罗马帝国19世纪初解体后，奥地利又与匈牙利建立了奥匈帝国，维也纳依旧保持帝国都城的派头。维也纳是巴洛克之都，巴洛克风格建筑比较多，还有一个巴洛克艺术博物馆。

维也纳米开莱宫是典型的有着皇家气派的巴洛克建筑，弧形平面，丰富的立面，繁杂的雕塑，并立的双柱，凸凹感强烈的正门等（图18-6）。

7. 奥地利梅尔克修道院

多瑙河畔的奥地利梅尔克修道院1738年建成，建筑师是雅各布·普兰德陶尔。

这座依山傍水的修道院根据地势布置平面；造型丰富的塔楼像工艺品；拱形窗顶套富有雕塑感；建筑表皮色彩新鲜（图18-7）。

图 18-6　维也纳米开莱宫

图 18-7　奥地利梅尔克修道院

8. 斯莫尔尼修道院

俄罗斯圣彼得堡的斯莫尔尼修道院建成于 1754 年。建筑师是巴托洛米奥·拉斯特利。

斯莫尔尼修道院采用拉丁十字平面，有 5 个洋葱形穹顶，是基于拜占庭 - 俄罗斯风格的巴洛克建筑（图 18-8），巴洛克艺术元素体现在：

图 18-8　俄罗斯斯莫尔尼修道院

◇ 塔楼凹弧面。

◇ 并列的双柱。

◇ 不规则的弧形门套。

◇ 鲜亮的色彩。

18.4　拉丁美洲巴洛克经典建筑

1. 墨西哥大教堂

墨西哥城的大教堂建设工期长达 250 年，16 世纪下半叶开工建设，19 世纪初才竣工。

墨西哥大教堂的建筑风格是欧洲古典建筑风格的拼盘：塔楼有罗马风痕迹，小穹顶是文艺复兴的样子，正立面是巴洛克风格（图 18-9）。巴洛克的艺术语言包括：

图 18-9　墨西哥大教堂

◇ 并立的双柱。

◇ 缺口的弧形山花。

◇ 倒置的窝卷。

◇ 丰富的雕刻花饰。

不同艺术语言的拼盘也是巴洛克思维方式——不拘泥于规则。

2. 厄瓜多尔基多主教堂

南美洲教堂最多的城市是厄瓜多尔首都基多。17世纪末基多只有2.5万人时就有10座教堂和10座修道院，还有两所教会学校和一些小礼拜堂。基多现有教堂和修道院近90座，被称作"美洲的寺院"。

基多大多数教堂是巴洛克风格，尤以建于1550年的圣佛朗西斯科大教堂最为著名。现在看到的是18世纪改建后的样子（图18-10），巴洛克艺术特征包括：

◇ 黄色砂岩的华丽门头。

◇ 前后错位的拱形顶套。

◇ 并立的双柱。

◇ 白色的墙面和塔楼。

图18-10　厄瓜多尔基多主教堂

这座大教堂的黄色和白色表皮是本地元素的体现：当地盛产黄色砂岩；但当地人却格外喜欢白色。

18.5　巴洛克建筑艺术特点 ○┈┈┈┈┈┈┈┈┈┈┈┈┈┈┈┈┈┈┈

凹凸产生光影，曲线形成动感，雕塑丰富形象。重叠或错位的反逻辑，不规则造型和不规则组合的新奇，是巴洛克最主要的艺术语言。

许多巴洛克建筑采用的双柱并列方式，但这并不是巴洛克时期的首创。早在罗马时期350年圣科斯坦萨陵墓就用了双柱，主要是基于结构上的考虑。9世纪突尼斯伊斯兰清真寺，11世纪法国诺曼罗马风建筑达勒姆教堂的外立面和文艺复兴时期的建筑都用过双柱。与巴洛克同时期的法国古典主义建筑如卢浮宫东立面也用过双柱。巴洛克建筑用双柱较多，用得也比较灵活。

18.6 洛可可建筑艺术

1.洛可可建筑艺术概述

洛可可（Rococo）一词源于法语，是指类似贝壳的饰品。

与哥特式、手法主义、巴洛克一样，洛可可也带有轻蔑的意思。洛可可最早以装饰艺术出现在路易十四的宫殿里。画家克劳迪·安德伦为路易十四的孙媳妇装修房间时，在墙上和顶棚上画满了动物和植物的图案。后来，这种轻松夸张的室内装饰风格在路易十五时代的宫廷和沙龙里流行开来，最后发展到建筑和雕塑领域。不过，建筑物室外装饰用此风格的不多。

洛可可的特点是浪漫抒情，矫饰柔弱，讲究细节，不怕繁杂。被说成是"可爱的调皮"，属于"过度的装饰"⊖。同时，洛可可风格也是瓷器艺术的扩展。

洛可可风格的流行与神权衰落有关。解除了神的桎梏后，人们放松了，自信了，也随意了，更追求世俗的感受。洛可可是世俗艺术，是追求生活品质高雅化的努力，是追求快乐惬意生活的意愿的表达。洛可可不适用于表现英雄、荣耀和史诗般的情怀，而适于表现细腻、精致和妩媚的情愫。洛可可算不上一个独立的艺术风格，它属于巴洛克艺术的扩展，比巴洛克风格更矫揉一点，更精雕细刻一点。洛可可意味着奢华的极致。

2.洛可可经典建筑

洛可可经典建筑包括德国德累斯顿的茨温格宫和斯坦因豪森的圣彼得圣保罗教堂。

（1）德累斯顿茨温格宫

德累斯顿是德意志萨克森王国首府，王宫茨温格宫是洛可可风格建筑（图18-11），其主要特征有：

◇ 弧形平面。

◇ 变形的山花。

◇ 丰富繁杂的雕塑等。

第二次世界大战期间茨温格宫被炸毁，现在看到的宫殿是战后照着原样重建的。

图 18-11 德累斯顿茨温格宫

⊖ 《HISTORY OF ARCHITECTURE——FROM CLASSIC TO CONTEMPORARY》P214, Chief Editor：Roif Toman（Parragon）。

（2）斯坦因豪森圣彼得圣保罗教堂

德国斯泰因豪森圣彼得圣保罗教堂是洛可可风格的建筑（图18-12），尤其是内部装饰，艺术感强烈，体现了洛可可的主要特征：

◈ 不规则的柱式。

◈ 柱头与拱券雕塑感强。

◈ 穹顶绘有彩画。

◈ 色彩鲜明艳丽。

◈ 有造型繁杂的华盖和壁龛等。

3. 洛可可建筑艺术特点

洛可可建筑的艺术特点包括：

◈ 形体不规则。

◈ 采用曲面。

◈ 装饰繁杂。

◈ 色彩鲜明艳丽。

图18-12　斯坦因豪森圣彼得圣保罗教堂内部

18.7　巴洛克与洛可可建筑艺术的传播与影响

巴洛克是古代建筑的国际主义风格，传播与影响到世界各地。洛可可的影响范围仅限于欧洲，是小众的偏好。

巴洛克风格19世纪就不流行了，被新古典主义、浪漫主义和折中主义所取代。但一些折中主义建筑有巴洛克的元素。

新艺术运动的浪漫曲线元素，现代建筑解构主义风格的非线性建筑、不规则造型和不规则组合，其源头都可以追溯到巴洛克那里。

第 19 章

欧洲古代建筑的最后乐章

欧洲古代建筑在复古主义中落下帷幕。

19.1 时代背景

18 世纪开始，西方社会发生了深刻的变化，工业革命、科技革命和政治革命把欧美带入了现代社会。

在思想领域，18 世纪发生了启蒙运动，理性主义弱化了宗教影响，平等主义弱化了专制权威；在政治领域，18 世纪发生了美国革命和法国大革命，19 世纪上半叶发生了拉丁美洲独立运动，神权和君权受到了极大的冲击；在经济领域，工业革命步伐加快，城市化速度加快，工业建筑和大空间公共建筑增多；在科技领域，基础科学和应用技术迅猛发展，科技知识大范围普及，与建筑有关的现代建筑材料科学、结构技术和施工工艺取得巨大进步，混凝土、铸铁、玻璃等新型建筑材料开始应用，静力学、材料力学、结构力学等结构学科开始形成。

19.2 欧美复古主义建筑概述

从 18 世纪巴洛克 - 洛可可建筑风格式微，到 19 世纪后期现代建筑登场，这段时间欧洲和美洲建筑舞台的主角是复古主义，包括复兴希腊 - 罗马建筑艺术的新古典主义；复兴哥特式建筑艺术的浪漫主义，或者叫新哥特主义；复兴各种古代建筑符号的折中主义。复古主义或照搬、或借鉴、或遵循原则、重新组合欧洲古代建筑的艺术元素，虽然有新的建筑形象或美学效果出现，虽然有新的意识表达或艺术理念呈现，但采用的艺术元素基本还是古代的、历史的。

18 世纪中叶，作为对流行了 200 多年的华丽的巴洛克、洛可可建筑风格的纠正，新古典主义首先登场；之后，新哥特主义登场；19 世纪下半叶，更加追求个性化表达的折中主义出现。复古主义流行期间，还出现了回归自然的如画风景建筑。

160 ▶ 世界建筑艺术简史

复古主义历时不长，各种风格相互间有交叉、重叠，界限也不是很清晰。这个时期建筑风格的命名，不同建筑史书籍表述或翻译不尽相同，容易使人觉得混乱。本章尽可能定义和梳理得清晰一些。

复古主义的主角是新古典主义，最先登场，传播范围最广，影响最大。新古典主义之前，在巴洛克流行时期，法国、英国、德国有一些古典建筑，被称作古典主义。一些建筑史书籍将古典主义建筑列在巴洛克章节介绍，或未专门介绍。本章将其与新古典主义一起介绍，主要考虑其建筑艺术风格的沿革关系和相近性，避免放在巴洛克章节造成错乱。

复古主义是演奏了 2000 多年的欧洲古代建筑交响曲的最后乐章。

表 19-1 给出了复古主义与之前的文艺复兴、巴洛克、洛可可、古典主义和之后的现代建筑的沿革关系。

表 19-1　文艺复兴后欧美建筑风格沿革关系

14 世纪	15 世纪	16 世纪	17 世纪	18 世纪	19 世纪	20 世纪
文艺复兴						
		巴洛克				
			洛可可			
			古典主义			
				新古典主义		
				浪漫主义		
					折中主义	
					现代建筑	

19.3　古典主义与新古典主义

建筑史书籍一般将 17 世纪的古典艺术风格建筑定义为古典主义或法国古典主义；18 世纪中叶之后的古典艺术风格建筑才是新古典主义。新古典主义在我国建筑史教材中被叫作"古典复兴"。有的艺术书籍则将新古典主义建筑也归类为古典主义[一]。

19.3.1　古典主义建筑艺术

1. 古典主义建筑概述

古典主义不是 18 世纪复古主义的一部分，而是 17 世纪巴洛克流行时期主要在法国流行，在英国、德国和奥地利也有出现的一种建筑风格。

　　㊀　《西方艺术风格词典》P161，（德）林德曼、伯克霍夫著，广西美术出版社。

16、17 世纪巴洛克在意大利等国兴起时，法国与之保持着距离，而是延续文艺复兴及其手法主义的路线，秉持理性主义，形成了古典主义风格。古典主义也被称作"**法国古典主义**"[一]，有著作将其称为"**法国理性主义传统**"[二]。古典主义主要以希腊 - 罗马建筑艺术元素为表现手段。古典主义源于文艺复兴，又与之有所区别，与希腊 - 罗马建筑风格更为接近。建筑类型包括宫殿、教堂和纪念性建筑等。

2. 古典主义经典建筑

法国卢浮宫东立面和凡尔赛宫是古典主义经典建筑。

图 19-1　卢浮宫东立面

从哲学意义上讲，法国古典主义秉持的是理性主义；但从政治意义上讲，则是法国最专制的波旁王朝建立强大国家的意志表达，与文艺复兴以来追求人性解放的意识是相悖的。

（1）卢浮宫东立面

卢浮宫 12 世纪起就是法国宫殿，东立面是卢浮宫建筑群的正立面（图 19-1），建于法国最强势国王"太阳王"路易十四时期（1667 年—1674 年），由克洛德·佩罗设计。其特点是：

◇ 直线造型，立面对称，讲究比例。

◇ 柱廊为多立克柱，双柱并列，跨两层的柱子，即"巨柱"。

◇ 中部为希腊风格的山花、半圆拱券和雕塑。

◇ 平屋顶，有护栏板。

◇ 首层窗户为法国风格的弧形拱券。

◇ 石材质感，色彩单一质朴。

卢浮宫东立面简洁、庄重、严谨，有宫廷建筑所需的权威感和庄严感，与同时期流行的巴洛克风格的烦琐、曲线、凸凹错落形成了鲜明的对比。

（2）凡尔赛宫

凡尔赛宫（图 19-2）也是路易十四时期的建筑，1685 年建成，建筑师是路易·勒沃和阿杜安·孟莎。

凡尔赛宫是欧洲宫殿建筑的代表作，建筑平面为 U 形，宽度 400 英尺（1 英尺＝

[一]　《看懂世界第一本书》P161，艺术大师编辑部著，江苏凤凰美术出版社。

[二]　《新古典主义与 19 世纪建筑》P5，（英）罗宾·米德尔顿、戴维·沃特金著，中国建筑工业出版社。

0.3048m），宏伟大气。凡尔赛宫也是欧洲皇家园林的典型。

凡尔赛宫在直线造型、对称、讲究比例、质感质朴等方面与卢浮宫东立面基本一样。主立面采用三段式：底部是厚重墙体；中部是科林斯双柱；顶部为精致的窗户、护栏和雕塑柱。

图 19-2　凡尔赛宫

卢浮宫细部和室内有巴洛克艺术语言，庭院也是巴洛克式的，又是巴洛克时期的建筑，有建筑史书籍将其列入巴洛克风格，或称之为巴洛克与古典主义的混合。从主要艺术元素和效果看，应归类于古典主义。

3. 古典主义建筑艺术特点

古典主义建筑的艺术特点：

◇ 主要运用直线造型，对称，讲究比例。

◇ 采用希腊 - 罗马柱式。

◇ 色彩质感质朴。

4. 古典主义建筑艺术传播与影响

古典主义的传播与影响：

◇ 古典主义 17 世纪前半叶最先在法国出现，随后在英国、德国和奥地利出现。

◇ 其理念、原则对新古典主义有影响。

◇ 一些艺术原则用于折中主义建筑中。

◇ 关于比例的理念对现代建筑有影响。

19.3.2　新古典主义建筑艺术

1. 新古典主义建筑艺术概述

新古典主义是指 18、19 世纪在欧美流行，作为对巴洛克风格的替代与反动，以理性主义为原则，以希腊 - 罗马建筑艺术复兴为主要特征的建筑风格。新古典主义是对古典主义的继承和扩展。与古典主义相比，新古典主义并不是有了创新，而是更加追求原汁原味的古典风格，新古典主义的"新"是新出现的意思。

新古典主义建筑遍布欧美，包括教堂、宫殿、议会大厦、纪念堂、宅邸、凯旋门等，甚至还包括盐场办公室。

新古典主义并不新，其原则是复古复旧。当然，新古典主义建筑不是完全照搬与复制古典建筑，会根据功能与结构情况灵活处理。

几个不同的甚至相反的动机选择新古典主义，包括专制主义、理性主义、帝国主义、共和主义、复古情节等。这是一个很有趣的现象，同一种艺术手段，居然表达不同甚至是截然相反的意识形态。

（1）专制主义

早期最著名的新古典主义建筑圣·日内维耶夫教堂是波旁王朝声名狼藉的国王路易十五下令建造的，法国大革命后改为先贤祠。路易十五接受建筑师设计的新古典主义方案，当然不是出于理性主义或共和主义的考虑，而是由于卢浮宫和凡尔赛宫所表现出的古典主义的庄严感和秩序感。

（2）理性主义

理性主义思潮是启蒙运动的重要成果。

理性主义讲究逻辑，讲规则，讲比例，讲均衡，主张清晰性和计算的准确性，反对巴洛克、洛可可的随意性。新古典主义建筑风格是对巴洛克的纠偏与取代，迎合了当时社会对奢华和繁杂的巴洛克 - 洛可可艺术的反感情绪。

理性主义也表现在工程实施上。先贤祠设计师雅克·日耳曼·苏夫洛以实验和计算为基础进行抽象的理论研究，对石材等结构材料做强度试验，根据试验结果进行结构计算。先贤祠穹顶大胆采用轻盈结构就是理性指导设计的结果。

（3）帝国主义

拿破仑时期著名的新古典主义建筑是巴黎凯旋门，拿破仑从古罗马建筑中获得的是帝国情结，凯旋门表达的是他的帝国抱负。

（4）共和主义

新古典主义在新建立的美国盛行，最主要的推动者是开国元勋杰斐逊。杰斐逊喜欢罗马共和制，美国政治制度的设计也参考了罗马共和制。杰斐逊为自己的住宅、弗吉尼亚州立大学和弗吉尼亚州议会设计的建筑都是罗马古典风格的，美国国会大厦也是新古典主义建筑，各州议会大厦大都是新古典主义风格。

（5）复古情节

18 世纪初，考古学家对意大利赫库兰尼姆和庞贝古城遗址的挖掘，使人们完整地认识了希腊 - 罗马古典建筑的面貌和美学真谛。唤起了建筑师的复古热情，特别是希腊古典艺术的复兴。

2. 新古典主义经典建筑

（1）先贤祠

先贤祠即圣·日内维耶夫教堂，建于 1758 年—1789 年（图 19-3），设计师是雅克·日耳曼·苏夫洛。法国国王路易十五开始作为教堂建造，法国大革命中被改成安葬和纪念法国伟大人物的祠堂。

先贤祠被认为是新古典主义第一座伟大建筑，其特点是：

◇ 集中式十字形平面。

◇ 十字形中央上部为举得很高的直径 21m 的穹顶。

◇ 穹顶下的鼓座被一圈科林斯柱廊环抱，不仅好看，也削弱了穹顶的笨重感。

◇ 借助于材料试验和力学计算，穹顶下没有采用厚墙或扶壁柱，而是采用普通柱子。结构轻盈而安全。墙体本来有 42 个窗户，法国大革命时给堵上了。

◇ 正面与罗马万神庙类似，是科林斯柱支撑的希腊风格的山花门廊。

（2）巴黎凯旋门

凯旋门始建于拿破仑时期的 1806 年，拿破仑死后的 1836 年竣工，设计师是让·弗朗索瓦·泰雷兹·沙尔格。凯旋门是法国在奥斯特尔里茨战役中击败俄奥联军后修建的，以炫耀军功和军威。凯旋门借鉴了罗马提图斯凯旋门，是拿破仑在罗马看到提图斯凯旋门后亲自选的样子。巴黎凯旋门是 4 个方向都有门的凯旋门，这是创新之举。建筑规模比古罗马的凯旋门大很多，更加雄伟壮观，是世界上最大的凯旋门。

凯旋门遵循了新古典主义原则，简单大方，虽然各个面都有浮雕，但浮雕周围留空较大，墙面不显凌乱（图 19-4）。

图 19-3　法国先贤祠

图 19-4　巴黎凯旋门

（3）雷根堡英灵纪念堂

德国巴伐利亚雷根堡英灵纪念堂是一座完全照搬雅典帕特农神庙的新古典主义建筑。只是环境不同，坐落山中，风景如画。纪念堂的阶梯很有气势，与建筑一体（图 19-5）。

纪念堂是巴伐利亚国王路德维希所建，建于 1830 年—1842 年，纪念 1813 年战胜拿破仑的莱比锡会战，由著名建筑师莱奥·冯·克伦策设计。纪念堂内有德意志伟人雕像，包括哲学家兼数学家莱布尼茨、音乐家莫扎特、诗人席勒、陆军元帅布吕歇尔、建筑学家门斯、教士托马斯等[一]，类似于法国的先贤祠。纪念堂之所以模仿雅典帕特农神庙，一

㊀　《新古典主义与 19 世纪建筑》P100，（英）罗宾·米德尔顿、戴维·沃特金著，中国建筑工业出版社。

是受当时因考古发现古希腊建筑遗址形成的痴迷希腊风格的潮流影响；二是帕特农神庙是希腊人战胜波斯人后建造的，寓意着战胜拿破仑的重大意义可以与之相提并论。

雷根堡英灵纪念堂可以使人感受到"高贵的纯朴和沉静的伟大"。这是新古典主义希腊复兴派的宗旨。

（4）**蒙蒂塞洛别墅**

蒙蒂塞洛别墅是美国独立宣言起草者、第3任总统托马斯·杰斐逊的庄园宅邸（图19-6），杰斐逊自己设计的，属于帕拉迪奥风格，建于1781年—1809年。

帕拉迪奥风格是文艺复兴时期著名建筑师和建筑理论家帕拉迪奥创立，特点是将希腊神庙的多立克柱式门廊和罗马穹顶结合用于别墅，对称布置，没有烦琐装饰。帕拉迪奥风格18世纪在英国庄园中流行，属于新古典主义的重要分支。

蒙蒂塞洛别墅匀称、得体、沉静、美观。色彩搭配得好：红砖墙体，白色柱子，周围是碧水绿树蓝天白云，优美典雅，风景如画。

图 19-5　德国雷根堡英灵纪念堂　　　　　图 19-6　杰斐逊蒙蒂塞洛住宅

（5）**弗吉尼亚议会大厦**

美国弗吉尼亚州议会大厦（图19-7）也是杰斐逊总统设计的，1785年建成。杰斐逊去过法国尼姆，被那里的一座古希腊神庙——卡雷尔神庙所吸引。弗吉尼亚议会大厦借鉴了这座神庙，用了爱奥尼克柱、山花以及门廊等希腊建筑语言，严格追求比例关系。议会大厦加入了罗马艺术语言，有个穹顶，但由于大厦前部探出较长，又在坡顶上，要离开很远才能看到。

18世纪晚期到19世纪，美国许多建筑，除了国会大厦和州议会大厦外，还有海关、银行和大学建筑等，较多地采用新古典主义风格。

（6）**美国国会大厦**

美国国会大厦（图19-8）建于1825年—1829年，由威廉·桑顿、乔治·哈德费尔德和本杰明·拉特罗布设计。

国会大厦气势宏伟，庄严庄重，采用科林斯柱式、穹顶等希腊 - 罗马艺术元素，高

图 19-7　弗吉尼亚州议会大厦　　　　　　　　　图 19-8　美国国会大厦

高举起的穹顶受法国先贤祠穹顶的影响。

有建筑史书籍把美国国会大厦列入折中主义风格，也有一定道理，但其主要的艺术语言和气质是罗马式的，寓意着美国共和制与罗马共和制一脉相承。

国会大厦在 1853 年发生了火灾，修复时增建了两侧建筑，对原大厦均衡的高宽比例有些影响。为了调整比例，建筑师托马斯·沃尔特在穹顶之上新增了铸铁圆顶。

3. 新古典主义建筑艺术特点

新古典主义顾名思义是古典主义的新形式或者新发展，但实际上却恰恰相反，新古典主义的原则是复古复旧，恢复古典建筑的庄重、严谨，追求高贵高雅的原汁原味。

新古典主义建筑的艺术特点包括：

◈ 讲究对称、匀称、比例协调。

◈ 主要采用直线，除穹顶外，较少采用曲线。墙体主要使用直线和直角。

◈ 运用古希腊柱式。

◈ 运用山花、檐线等艺术元素，总体上装饰较少。

◈ 墙面较少凸凹，建筑表皮的质感较为质朴。

新古典主义建筑用庄重、严肃的质朴替代了巴洛克建筑轻松、为所欲为和无节制的冲动。

4. 新古典主义建筑艺术的传播与影响

新古典主义与巴洛克一样也是国际风格，传播较广，遍及欧美。但历时不长现代建筑的大幕就拉开了，新古典主义退出了舞台。

新古典主义对后来的现代建筑各种艺术风格没有直接的影响，但其艺术理念，如讲究比例、匀称、质朴、理性等，对现代主义的形成有一定影响；一些古典艺术元素为现代建筑中的历史主义建筑所运用。

19.4 如画风景建筑

1. 如画风景建筑概述

欧洲18世纪中期兴起了"如画风景园林"运动，强调建筑和自然的依存关系，主张建筑融入环境之中，把建筑与环境、园林结合起来。最先在英国兴起，后传至法国，继而在欧洲各国流行。

早在文艺复兴时期，意大利建筑理论家帕拉迪奥就提出了建筑要与自然和谐共处的思想。那时还是农业社会，自然环境还没有被污染破坏，城市也不大。帕拉迪奥似乎预见到了人类对自然的破坏，意识到了人与自然被城市和建筑隔离的趋势。

18世纪城市人口剧增，特别是工业革命后，工厂越来越多，城市越来越大，越来越拥挤，环境和空气质量越来越差。这个时候，人们发现大都市并不适合人类生活，还是大自然好，还是田园风光好。如画风景建筑就是在这样一个背景下，在拥挤与开阔、吵闹与静谧、灰色与绿色的对比中兴起并流行开来的。

如画风景园林运动实际上是人类的自我提醒：人类属于自然，建筑应回归于自然。

有些建筑史书籍把如画风景建筑列入新古典主义风格，似乎不是很恰当。如画风景园林运动强调的不是建筑风格，而是建筑与环境或场地的关系。"把环境作为建筑的一部分来强调"[一]。

图 19-9　英国威尔特郡斯图瑞德别墅

2. 如画风景建筑举例

图 19-9 是著名如画风景建筑——英国威尔特郡斯图瑞德别墅，银行家亨利·霍尔的乡下宅邸，建成于 1756 年。建筑是帕拉迪奥风格，由建筑师科伦·坎贝尔设计。

斯图瑞德别墅与山林、草地、水塘和起伏的地势构成了一幅美妙的风景画。

3. 如画风景建筑的特点

建筑与自然环境的关系有 3 种情况：

◇　建筑是自然的点缀，如中世纪山野中的城堡。

◇　庭院是建筑的点缀，如日本建筑中的微型庭院。

◇　建筑与园林共同形成如画风景，或融入如画的自然之中。

㊀　《新古典主义与19世纪建筑》P32，（英）罗宾·米德尔顿、戴维·沃特金著，中国建筑工业出版社。

如画风景建筑属于第 3 种。

如画风景建筑大都是贵族或富商的乡下宅邸，园林面积比较大，建筑风格自然纯朴。

如画风景园林与西方宫廷园林有着本质的区别。宫廷园林是权力的装饰，把灌木和草坪布置成规则的对称的几何形状，修剪得整整齐齐，像列队士兵一样，一点自然情趣都没有。而如画风景园林的特征是随意自然，虽然也是建筑师或园艺师精心设计，却没有人为痕迹。起伏的草地，弯曲的小溪，质朴的房子。如画风景园林表现出了本质的自然美。

4. 如画风景建筑的影响

如画风景建筑的理念对现代建筑有重大影响：

◆ 20 世纪美国建筑师赖特的流水别墅就是现代版的如画风景建筑，其有机主义建筑风格的草原式住宅也受如画风景建筑的影响。

◆ 对城市住宅园林景观设计的影响。

◆ 是屋顶绿化、墙面绿化和阳台绿化的滥觞。

19.5 浪漫主义建筑艺术 ○┄┄┄┄┄┄┄┄┄┄┄┄┄┄┄┄┄┄┄┄┄┄┄┄┄┄┄┄┄┄

1. 浪漫主义建筑概述

浪漫主义比新古典主义稍晚一些兴起，开始在英国，随后扩展到欧洲其他国家。

浪漫主义主要是哥特式风格回归，也有中世纪其他风格如城堡、拜占庭风格的回归，还有东方主义建筑，如印度古典建筑、中国古典建筑和玛雅建筑艺术风格在欧洲的仿制品。

浪漫主义是对理性的新古典主义的否定。"抛弃了希腊罗马典范，表现为对新古典主义的逆反" ⊖ 。浪漫主义建筑强调个性与经验。古典主义是理性的艺术，规则的艺术；浪漫主义是没有先决条件的艺术，是感情的艺术，是无规则的艺术。

2. 浪漫主义经典建筑

（1）英国国会大厦

英国国会大厦是著名的浪漫主义或新哥特主义建筑（图 19-10），建于 1836 年—1868 年，建筑师查尔斯·巴利将哥特式教堂的艺术元素用于了世俗建筑。

英国国会大厦的艺术特征包括：

◆ 采用英国哥特时期晚期的垂直式哥特式，在长长的横向布置的建筑中采用竖向线条。

⊖ 《西方艺术史》P309，（法）雅克·德比奇等著，海南出版社。

◇ 尖拱既强调了哥特式特征，又强调了竖向线条。类似城堡建筑棱堡的凸出墙面的窗强化了竖向线条。

◇ 不对称的布置表达了浪漫主义对理性主义的不屑。

◇ 三个塔楼——左边的维多利亚塔，中间的采光亭和右边的大本钟——突显了建筑的标志性。

图 19-10　英国国会大厦

　　议会大厦是铸铁结构，从材料、结构技术和施工工艺的角度看属于现代建筑，但艺术风格还是古代的。

（2）新天鹅堡

图 19-11　新天鹅堡

　　德国巴伐利亚的新天鹅堡（图 19-11）建于1869 年—1886 年，是痴迷于童话世界的巴伐利亚国王路德维希二世倾注了全部心血和财产建起来的没有军事功能的城堡，一座美妙无比的神奇建筑，犹如梦幻般的童话世界。

　　新天鹅堡由巴伐利亚宫廷剧院布景道具师根据瓦格纳的歌剧背景设计，没有考虑军事功能，主要考虑美学元素，是一座唯美主义建筑。

　　新天鹅堡高高低低的塔楼变化多姿而不凌乱，从不同的角度看有不同的形象和不同的感受。

　　新天鹅堡的白色主调衬映在青山绿水之中，格外抢眼，黑色屋顶和塔顶与主立面的红色墙体更加衬托出了白的雅致。

新天鹅堡的梦幻般效果使它成为著名景点，迪士尼乐园也仿照它的样子来建梦幻世界。

（3）布莱顿皇家行宫

位于布莱顿的英国王室行宫建于 1815 年—1822 年，建筑师是约翰·纳什。这座浪漫主义行宫采用了印度建筑风格，实际上是突厥 - 伊斯兰风格，即印度莫卧儿王朝的风格（图 19-12）。印度莫卧儿风格的主要元素是洋葱形穹顶和伊斯兰宣礼塔似的标志物。

（4）加拿大班芙费尔蒙城堡酒店

位于加拿大班芙的费尔蒙城堡酒店（图 19-13）1888 年建成，中世纪城堡风格加上哥特式元素，红墙黑瓦，厚重高贵，倍受游客喜欢，成为北美落基山风景区的标志性建筑和世界著名酒店。

图 19-12　布莱顿皇家行宫　　　　　　　图 19-13　加拿大班芙费尔蒙城堡酒店

3. 浪漫主义建筑艺术特点

浪漫主义建筑的艺术特点包括：

◆ 从相对浪漫或随意的哥特式建筑或东方建筑中获得艺术灵感与元素，但不是照搬和简单地模仿。

◆ 扩展了哥特式建筑风格的用途，用于议会大厦、图书馆、办公大楼、酒店等。

◆ 结构是理性化的，特别是新哥特主义的结构设计，采用新材料和新的结构技术。哥特式只是用其外在符号。

4. 浪漫主义建筑艺术的传播与影响

与新古典主义一样，浪漫主义是欧洲古代建筑的谢幕演出，对现代建筑没有直接影响，但其理念和原则对现代建筑的一些建筑风格有启发或影响，包括：

◆ 对高迪的新艺术设计有影响。

◆ 对高层建筑竖线条设计有启发。

◆ 后现代主义风格的建筑，如约翰逊设计的匹斯堡玻璃大厦采用了新哥特主义的语言。

◆ 山崎实的典雅主义作品，在美国 9·11 事件中被撞毁的世贸中心和西雅图科技馆，都借鉴了新哥特主义的艺术元素。

19.6　折中主义建筑艺术

1. 折中主义建筑概述

折中主义建筑兴起于 19 世纪中叶，至 20 世纪初淡出。在欧洲和美国流行。折中主义是对新古典主义和浪漫主义的调和，不拘泥于哪种原则，是不同古代艺术风格元素的拼盘。

2. 折中主义经典建筑

（1）巴黎歌剧院

巴黎歌剧院是拿破仑三世时代最重要的形象工程。建于 1862 年—1875 年，建筑师是查理斯·加尼耶。

巴黎歌剧院至今仍是世界上最大的正歌剧剧院，也是巴黎最著名的文化建筑。巴黎歌剧院夸张的华丽洋溢着自信与自豪（图 19-14）。其艺术特点包括：

图 19-14　巴黎歌剧院

- ◈ 底层是拱券结构，实墙部分被华丽的浮雕填充。外立面的雕塑装饰很满，很热闹。
- ◈ 二层窗间墙矗立着双柱，窗上楣是细腻的浮雕。
- ◈ 女儿墙是一个浮雕带。
- ◈ 屋顶是舒缓的穹顶，穹顶中心有一个皇冠一样的小塔和雕塑，喻示着歌剧是表演艺术之王的地位；屋顶四角立着展翅的天使。

◇ 歌剧院前厅和走廊高大宽敞，精美的柱式和拱券组成了动感十足的空间，墙面和地面用彩色大理石装饰，还有眼花缭乱的雕塑和绘画，金色的墙壁、金色的灯光和映射着金色光束的镜子。

◇ 巴黎歌剧院可以与欧洲任何一个宫殿媲美。

（2）布达佩斯议会大厦

布达佩斯议会大厦是匈牙利标志性建筑，洋溢着民族自豪感（图 19-15）。建于 1896 年—1904 年，建筑师是伊姆莱。

议会大厦既有希腊-罗马艺术元素，又有哥特式艺术元素，是不同元素融合得很得体的建筑，其特征包括：

◇ 对称布置。

◇ 中间是高 96m 的穹顶。

◇ 首层是罗马式半圆拱券，也有尖拱。

◇ 哥特式竖向线条。

◇ 哥特式角塔。

3. 折中主义建筑艺术特点

折中主义的艺术特点是建筑艺术语言应用的灵活性，不拘一格，不遵循哪种风格的规则。

4. 折中主义建筑艺术传播与影响

折中主义与新古典主义、浪漫主义一样对现代建筑没有直接影响，其理念和原则对现代建筑的后现代主义有启发。

图 19-15　布达佩斯议会大厦

第 20 章

印度古代建筑艺术

象征意义胜过美学意义和空间要求。

20.1　印度文明概述

　　印度文明大约始于公元前 2500 年[⊖]，距今已有 4500 多年的历史，由 4 种不同且互相没有继承关系的文明构成：

◈　土著印度人创立的**印度河文明**。

◈　雅利安人创立的**雅利安文明**。

◈　突厥穆斯林带来的**伊斯兰文明**。

◈　西方殖民者带来的**西方文明**。

　　印度文明覆盖范围包括印度、巴基斯坦、孟加拉国、尼泊尔、克什米尔、斯里兰卡和阿富汗部分地区，南亚和东南亚一些国家也深受其影响。

　　印度的历史是不断被入侵者占领和统治的历史。从雅利安人长达几百年一波又一波入侵并建立统治开始，波斯人、希腊人、匈奴人、大月氏人、突厥人、英国人先后入侵并进行统治。英国人 18 世纪开始将印度变为统一的殖民地。1947 年印度独立，分裂成印度和巴基斯坦。之后又从巴基斯坦分裂出孟加拉国。

　　印度历史上分裂多于统一，小国林立时期多于大国争雄时期。印度全境从未真正统一过。特别是印度次大陆的南端，一直独立于北方帝国之外。

　　尽管历史悠久，但印度文字记载的历史很少。印度最初被载入史册，还是公元前 5 世纪波斯帝国大流士大帝入侵和公元前 4 世纪马其顿亚历山大大帝入侵，波斯人和希腊人在历史中记载的。后来印度的历史记录也是碎片化的。对印度历史特别是早期历史的回顾，只能依赖为数不多的考古证据。印度河文明的起源，孔雀王朝阿育王的功绩，都是借助于建筑遗址和碑文雕刻才为后人所知。

⊖　印度河文明始于何时有公元前 3750 年、公元前 3000 年、公元前 2900 年、公元前 2500 年多种说法，印度人写的历史书说是公元前 3750 年，比苏美尔和埃及都早，与世界关于文明起源的主流意见不一样。本书采用公元前 2500 年之说。

174　▶▶　世界建筑艺术简史

1. 印度河文明

印度河文明（也被称作哈拉帕文明）大约公元前 2500 年出现，位于巴基斯坦的印度河流域，被认为是原创的印度本土文明。

人们对印度河文明知之甚少，尽管印度河文明有多达 600 多个文字符号，但迄今为止没有人能够读懂它们。

印度河文明留下了上百座城市和村庄建筑遗址。包括哈拉帕、卡里班干、摩亨佐达罗等 3 万~5 万人口的城市。哈拉帕与美索不达米亚有通商贸易。

印度河文明大约在公元前 2000 年后销声匿迹了。历史学者认为是洪水或干旱等自然原因所致。

有人认为达罗毗荼人是印度河文明的创建者，印度河文明的一些元素融入了后来的雅利安文明，但没有可靠的证据。

2. 雅利安文明

雅利安文明为印欧语系雅利安人创造，融入了印度本土文明和文化元素，比印度河文明大约晚 500 年。

雅利安人来自黑海之滨，是游牧民族，大约在公元前 2000 年驾着战车入侵印度，入侵过程持续了几百年。开始在西部的印度河流域，后进入东部的恒河流域，并散布到整个印度。游牧的雅利安人"入乡随俗"，进入农耕社会，并成为统治阶级。雅利安文明又被称作恒河文明。

雅利安文明是印度最主要的文明，从公元前 20 世纪持续到现在。雅利安人没有建立统一的国家，只在北方出现过几个大的雅利安王朝。如孔雀王朝（公元前 322 年—公元前 185 年）和笈多王朝（320 年—530 年）。南方也出现过较大的国家。从 12 世纪末开始，印度北方大多数地区和南方部分地区被突厥伊斯兰王国统治，南方另一部分地区依旧是雅利安人的地盘。

雅利安文明最主要的特点是宗教对社会的影响巨大。雅利安人创立了婆罗门 - 印度教、耆那教和佛教。

婆罗门-印度教

婆罗门教起源于公元前 2000 年的吠陀教，主要是雅利安人古老神话和信仰的元素，或许也有印度本土文明的元素。公元 8、9 世纪婆罗门教改革成印度教，按信教人数，目前是世界第 3 大宗教，信徒约 10.5 亿（1993 年统计数），主要分布在印度。婆罗门 - 印度教是多神教，其基本教义包括"种姓""转世"和"因果报应"等。

雅利安人作为外来少数民族，为了固化其统治地位，以宗教为依托，建立了白色人种雅利安种族高于皮肤黑一些的土著种族的种姓制度。自上而下的 4 个等级是僧侣（婆罗门）、武士（刹帝利）、普通雅利安人（吠舍）和土著居民（首陀罗），此外还有种姓之外的"不可接触的贱民"（达利特）。一个人和他的子孙后代的社会地位是固定不变的，唯一的出路是活着的时候循规蹈矩，好好努力，争取来世投胎更高种姓的人家。也就是说，下一辈子的地位与生活质量取决于这辈子的表现。

作为对婆罗门教不平等教义的反抗，在婆罗门教一些学说如"转世""轮回"说的基础上，出现了耆那教和佛教。

耆那教

耆那教创建于公元前 6 世纪，第 24 祖筏驮摩那被尊为该教真正的创建者，该教教义认为人人可以通过自律进行自救，终止轮回转世状态，达至永恒。

耆那教主张非暴力、不杀生、尊重一切生命、素食主义和禁欲主义。目前耆那教徒人口数量约占印度总人口的 0.4%。

佛教

佛教由释迦牟尼创建于公元前 6 世纪。佛教认为生命过程包含痛苦，痛苦源于贪欲，如果人们无法战胜贪欲，死后还会以其他形态转世，被痛苦纠缠。人们只有通过 8 个正道，修行行善，才能使贪欲熄灭、达至涅槃境界，不再轮回转世，由此灵魂获得永恒的无痛苦的宁静。

印度教让信徒此生安分努力，以寻求下一辈子过得好些；而佛教让信徒修行、熄灭欲望，追求涅槃后的永恒。

佛教在孔雀王朝时期（公元前 332 年—公元前 183 年）最为兴盛，笈多王朝（320 年—540 年）之后式微，12 世纪后在印度基本消亡。目前印度佛教徒人口数量约占印度总人口的 1.0%。

佛教在印度之外广泛发展，包括其他南亚国家和东南亚国家。对以中国为代表的东亚文明产生了深刻的影响。

3. 伊斯兰文明

阿拉伯穆斯林 712 年侵入印度河流域，占领了现巴基斯坦境内的信德省，使之成为阿拉伯伊斯兰帝国的领地。

12 世纪末，印度北方一些地区被阿富汗的突厥族伊斯兰王国统治。1206 年—1526 年，突厥人建立了德里苏丹伊斯兰王国，印度北方多数地区成为伊斯兰世界。1398 年，突厥人帖木儿⊖入侵印度。1526 年，帖木儿的后代建立了莫卧儿伊斯兰帝国，统治区域为印度北方和南方部分地区，直到 1707 年开始解体，1857 年被英国殖民者取代。

突厥伊斯兰的统治把伊斯兰文明带进了印度北方，长达 6 个世纪。

⊖ 帖木儿自称蒙古人成吉思汗的后代。一些建筑史书籍把帖木儿的后代在印度建立的莫卧儿王朝说成蒙古王朝。法国著名东方史学家勒内·格鲁塞在其名著《草原帝国》中指出：出生在中亚渴石城的帖木儿"是地道的突厥人，而不是蒙古人"，见《草原帝国》P257，（法）勒内·格鲁塞著，国际文化出版公司。

4. 西方文明

葡萄牙人 15 世纪来到印度，之后是荷兰人、法国人和英国人。英国 1757 年开始在印度建立殖民统治，1858 年统治印度全境，英语成为印度通用语言，一些西方文明的元素包括现代文明元素被带进印度。

5. 印度文明的特征

印度文明的主要特征包括：

◇ 印度是印度教、耆那教和佛教的发源地，宗教影响巨大。

◇ 历史上多数时间处于分裂状态，没有建立持久的大社会共同体。

◇ 存在固化社会分层的种姓制度。

◇ 抵御侵略能力弱。

20.2 南亚建筑谱系

南亚建筑谱系是以印度雅利安文明时期的建筑风格为基础的谱系，包括印度、斯里兰卡、尼泊尔、缅甸、泰国、柬埔寨、印度尼西亚等国的佛教、印度教和耆那教建筑。

印度以及南亚、东南亚一些国家的伊斯兰建筑，属于地中海谱系伊斯兰建筑风格，不属于南亚建筑谱系。

20.3 印度古代建筑概述

印度河文明距今约 4500 年，但建筑遗址只有基础，无法判断其建筑艺术状况。

雅利安人的恒河文明的历史近 4000 年，但公元前 3 世纪以前的建筑荡然无存。有据可查的印度古代建筑艺术的始点距今只有 2200 年——孔雀王朝阿育王时期的佛教建筑。

婆罗门教比佛教早创立几百年甚至近千年，但其宗教建筑却比佛教晚几百年才出现。因为婆罗门教没有建造祭祀性建筑的习惯，改革为印度教后才开始建神庙。

印度几个宗教的结社性都不强，宗教场所不像犹太教会堂、基督教教堂和伊斯兰教清真寺那样有大型聚会空间，对象征性的考虑远大于功能性，内部空间很小甚至没有，建筑形体和表皮有强烈的雕塑感。

印度柱式建筑、凿岩建筑和雕塑受到埃及、希腊和波斯的一些影响。印度与这些地区有长期通商关系；波斯人、希腊人曾侵入印度，带来了关于建筑、雕塑的理念和知识。犍陀罗，中国称为大月氏，公元前 6 世纪到公元 5 世纪位于阿富汗和印度西北部的王国，是埃及、希腊、罗马、波斯文化向东方传播的中转站，将地中海谱系建筑艺术向南亚和东亚传播。

20.4　印度河文明建筑

　　印度河文明留下了上百座城市和村庄遗址，包括哈拉帕、卡里班干、摩亨佐达罗等。城市具有相同的规划格局，大致一样的街区，各城市建造房屋使用的烧制砖也采用同样尺寸，是按模数加工的。

　　这些城市都没有城墙、护城河等军事防御工事，表明战争较少。也没有少数人奢华生活的证据。但是有大型仓库、寺庙和宫殿，还有水渠、排水系统和浴室等。

20.5　印度佛教建筑艺术

1. 佛教建筑概述

　　佛教建筑包括窣堵坡（佛塔）、寺庙和石窟。

　　佛教在公元前6世纪就创立了，但大兴土木建造佛教建筑的高潮是300年后的公元前3世纪。早期佛教是民间传播的宗教，没有经济实力建造大型仪式性建筑，佛陀的理念也是控制欲望和追求简单，不主张奢华的宗教建筑。孔雀王朝的阿育王皈依佛教后，有了权力的推动和资金的保障，佛教建筑才出现并迅速发展。孔雀王朝时期印度建造了大大小小几万座佛教建筑。

　　印度现存最早的佛教建筑是公元前3世纪阿育王时建造的。800多年后，即6世纪后，印度很少有新建的佛教建筑了。

　　佛教建筑遍布整个印度。12世纪后，在穆斯林统治的北方，许多佛教建筑被毁坏了。

2. 经典的佛教建筑

（1）桑吉的窣堵坡

图20-1　桑吉的1号窣堵坡

位于印度中部桑吉的佛教建筑群是印度现存最大的佛教建筑群，始建于公元前3世纪，其中的1号窣堵坡是印度佛教建筑的象征（图20-1）。

窣堵坡是埋葬佛陀遗骨（舍利）的陵墓，没有内部空间，是实体构筑物，多为砖石砌筑。

1号桑吉窣堵坡是半球形体，直径37m，高16m[⊖]。选用球形体

　　⊖　关于桑吉窣堵坡的直径和高度，不同建筑书籍说法不同，直径有32m、37m、40m三种说法，直径有16m、16.5m两种说法，本书取中间数和整数。

主要出于象征性考虑，象征宇宙、象征水滴，也象征菩提树。释迦牟尼是在菩提树下悟得真谛的。

窣堵坡塔顶的立方体是存放佛陀遗骨（舍利）之处。其上是 3 层伞，寓意着佛界 3 宝：佛陀（佛宝）、教规（法宝）和僧侣（僧宝）。伞的立轴寓意着宇宙的轴心。

圆形窣堵坡四周是雕刻的石头栏杆。围栏有 4 个大门，称作"陀兰那"，寓意着宇宙的 4 个方向。

陀兰那是象征性构筑物，两根柱子，三道横梁，柱梁表面为浮雕，柱头、横梁之间和顶梁之上都是立体雕塑，讲述佛陀悟道的故事。

（2）达麦克窣堵坡

达麦克窣堵坡位于佛教圣地鹿野苑，即萨尔纳特，释迦牟尼开始传教的地方，中国佛教高僧唐玄奘曾经到过那里。达麦克窣堵坡建于 5 世纪，比桑吉窣堵坡晚了 600 多年。

达麦克窣堵坡是不同直径圆柱体和圆弧顶组合成的塔（图 20-2），高 44m，底部直径 28m，比半球形体窣堵坡占地小而更具召唤力。是半球形体窣堵坡向各种细高佛塔的过渡形式。

（3）桑吉 17 号寺庙

桑吉 17 号寺庙与实心佛塔不一样，有内部空间，是用于祭拜的支提，佛教的祭祀礼拜空间被称作"支提"，佛教徒居住的地方被称作"毗诃罗"。桑吉 17 号寺庙建于 5 世纪，有些像希腊神庙，石柱石梁，只是柱式不一样（图 20-3）。有建筑史学者认为此寺庙借鉴了希腊建筑。

图 20-2　达麦克窣堵坡

图 20-3　桑吉 17 号佛教寺庙

佛教不像基督教和伊斯兰教那样有组织地进行集体祷告或祭拜，而是信徒自我修行和念经，至少早期是如此。所以佛教建筑对礼拜场所的空间大小不是很在意，桑吉 17 号寺庙证明了这一点。

有建筑史书籍将桑吉 17 号寺庙列为印度教神庙，笔者认为是佛教寺庙。一是桑吉

图 20-4　菩提伽耶摩诃菩提寺

本身是佛教建筑聚集地，17 号寺庙就在桑吉窣堵坡的旁边，不可能是印度教建筑；二是其简洁的建筑风格也与印度教雕塑无所不在的繁杂风格不符。

（4）摩诃菩提寺

摩诃菩提寺是佛教圣地菩提伽耶的寺庙（图 20-4）。菩提伽耶就是释迦牟尼在菩提树下悟道成佛的地方。

摩诃菩提寺最初建于公元前 3 世纪阿育王时期，是一座规模较小的佛教建筑，公元 6 世纪重建，公元 11 世纪后又被摧毁。现在看到的建筑是后来多次修建而成的，并不是初始的历史建筑。

摩诃菩提寺是方锥形尖塔砌石建筑，塔高 50m，建筑表皮满是浮雕，与早期佛教建筑的艺术理念与风格有了很大变化，与印度教的繁杂表皮有些接近。这表明随着时间的推移，宗教理念和建筑理念都与初始状态不同了。

北京有一座明朝佛教建筑五塔寺，被叫作金刚座风格，就是模仿摩诃菩提寺建的。

（5）阿旃陀的凿岩佛教建筑

凿岩建筑不仅是佛教建筑的重要类型，也是印度教和耆那教建筑的一部分。这三个宗教现存有凿岩建筑约 1200 座[一]。

印度凿岩建筑始于公元前 3 世纪。之前 1200 多年埃及出现了凿岩建筑，几百年前波斯受埃及影响也有了凿岩建筑。由于波斯帝国曾经入侵印度并统治过其西北地区，可以认为印度凿岩建筑的理念与技术源于埃及 - 波斯。

印度人之所以采用凿岩宗教建筑，主要基于其宇宙观。他们认为岩石深处与宇宙连接。凿岩建筑及其内部的雕塑、壁画和顶棚画的耐久性也比普通建筑久远。

印度凿岩建筑持续了约 1000 年，大约在 7、8 世纪终止。

凿岩建筑包括石窟型和立体型。石窟型是在垂直岩石崖壁向里凿出岩洞。立体型是在巨大岩石上向下垂直凿出分隔空间，再将分隔后的岩石横向凿出内部空间。

印度最主要的凿岩建筑群有两处：阿旃陀和埃洛拉。

阿旃陀是印度佛教石窟密集的地方，有 30 座石窟。最早的石窟凿于公元前 3 世纪。

阿旃陀 26 号石窟（图 20-5）是著名的佛教石窟支提堂，凿于 600 年左右，犹如基督教巴西利卡教堂，顶棚凿成拱券，端部为半圆形。石窟内布满雕塑和浮雕。

────────
㊀　《印度建筑的兼容与创新》P30，薛恩伦著，中国建筑工业出版社。

拱券顶的凿岩建筑不需要结构柱梁，但 26 号石窟凿出了结构柱梁，这些柱梁属于象征性建筑语言。

图 20-5 阿旃陀 26 号石窟

3. 佛教建筑艺术特点

佛教建筑的艺术特点包括：

- ◇ 象征意义胜过美学意义和空间要求。
- ◇ 佛塔即窣堵坡是佛教建筑的核心。顶部三层伞状造型有重要寓意。
- ◇ 建筑形体随时间推移趋于复杂化。
- ◇ 较多雕塑和浮雕。
- ◇ 凿岩建筑注重结构逻辑。

4. 佛教建筑的传播与影响

佛教创立后在印度和亚洲各地广泛传播，佛教建筑的理念、艺术风格和技术也随之广泛传播，产生了深远的影响：

- ◇ 对印度耆那教建筑和印度教建筑有启发和影响。
- ◇ 南亚、东南亚佛教国家照搬或借鉴印度佛教建筑。
- ◇ 对东亚木结构佛教建筑有影响。
- ◇ 凿岩建筑传播至阿富汗、中国等地。
- ◇ 窣堵坡对亚洲各地塔式建筑有重大影响。

20.6 印度教建筑艺术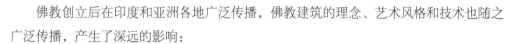

1. 印度教建筑概述

印度教建筑的出现比佛教建筑晚了约 700 年，4 世纪才开始出现。现存最早的印度教建筑建于 6 世纪。

印度教建筑主要是神庙，包括凿岩神庙。印度教是多神教，教徒可能信奉不同的主神，因此印度教建筑不统一供奉同一个神。

印度教建筑比佛教建筑更注重象征性和寓意，建筑形体本身就有雕塑感，建筑表皮更是密密麻麻镶嵌了很多小雕塑，极为华丽和繁杂。

2. 印度教建筑实例

（1）海岸神庙

海岸神庙也叫帕纳瓦神庙，位于印度南部马默勒布勒姆海边，建于 8 世纪。

海岸神庙是砌石建筑，有两座尖塔，寓意着圣山"须弥山"。神庙立面成阶梯状，寓意着从凡界到神界的6个等级（图20-6）。大塔是印度教再生之神湿婆，小塔是守护神毗湿奴。两塔之间有供奉男性生殖器的空间。

海岸神庙无中心，不对称，造型随意。由于印度教有数不清的神，神庙表皮雕塑了不同的神的故事，立面的分层也为丰富的雕塑提供了立足之地。海岸神庙充满装饰，神庙本身也是雕塑品，其象征性功能远远大于艺术功能和空间实用功能。

（2）坎达瑞雅-玛哈戴瓦神庙

坎达瑞雅-玛哈戴瓦神庙位于印度北部中央邦的克久拉霍，建于1025年—1050年。克久拉霍寺庙群曾经有85座神庙，现存22座，坎达瑞雅-玛哈戴瓦神庙是最大的一座。

上面介绍的海岸神庙是印度南方神庙，坎达瑞雅-玛哈戴瓦神庙则是北方神庙的代表。坎达瑞雅-玛哈戴瓦神庙由群塔组成山峰状，主塔高31m，气势宏伟（图20-7）。

图 20-6　马默勒布勒姆的海岸神庙　　　　　图 20-7　克久拉霍的坎达瑞雅-玛哈戴瓦神庙

这座神庙也是祭祀再生之神湿婆的。印度教信奉转世之说，隐含着生殖崇拜，再生之神湿婆在印度教中是最主要的神之一。这座神庙高大的主塔是男性生殖器的象征。神庙有872座近1m高的雕像，还有形象非常逼真的各种性爱雕塑。

（3）科纳拉克的太阳神庙

位于印度东部奥里萨邦科纳拉克镇的苏利耶神庙也被叫作太阳神庙（图20-8），建于13世纪。

太阳神庙的造型非常具有象征性，犹如一架带篷的战车，有12个车轮。通过建筑形体和细部再现了雅利安人征服印度的历史。与其他印度教神庙一样，太阳神庙表皮布满了浮雕与雕塑。

（4）凯拉萨凿岩神庙

埃洛拉石窟群有 34 座凿岩建筑，包括 12 座凿于 600 年—800 年的佛教石窟；17 座凿于 600 年—900 年的印度教石窟，5 座凿于 800 年—1000 年的耆那教石窟。

印度教凯拉萨神庙（16 号神庙）是埃洛拉石窟群最宏伟的凿岩建筑，也是世界上最大的巨石雕塑。7000 名劳工凿了 150 年，切割去了 20 万吨岩石，就像中国刻印章的字一样，垂直凿出的一个建筑群，包括门楼、三座神殿、几座辅助殿堂、回廊、庭院和独立巨柱等，主殿高达 28.3m。有许多雕塑和浮雕。造型精美，尺寸精度高。被誉为凿岩建筑的顶峰（图 20-9）。

图 20-8　奥里萨的太阳神庙

图 20-9　凯拉萨凿岩神庙

3. 印度教建筑艺术特征

印度教建筑是世界古代建筑中最富于象征性的建筑，其艺术特点包括：

◇ 建筑形体本身具有象征性和雕塑感，如圣山、生殖器、战车等造型。

◇ 朝向天穹的象征性，较多采用尖塔。

◇ 立面分成一层层的，既寓意着从人间到神界的多层阶梯，也是诸多小雕塑神像的立足之处。

◇ 浮雕和立体雕塑非常多，布满了建筑表皮。印度教的外立面大都是密密麻麻的雕塑。

◇ 多神宗教没有一统天下的最高神祇，信徒可以选择自己的崇拜之神。体现在建筑上就不重视中心、对称，比较随意。

4. 印度教建筑的影响

印度教建筑的影响：

◇ 对后期佛教建筑和耆那教建筑有影响，主要是尖塔、繁杂的立面和雕塑。

◇ 对尼泊尔、缅甸、柬埔寨和印度尼西亚的印度教或佛教建筑有直接影响。

20.7 耆那教建筑艺术

耆那教在印度是信徒较少的宗教，也没有像佛教和印度教那样在国外传播较广，宗教建筑也比较少。

拉贾斯坦邦的热那克普是印度规模最大也是最重要的耆那教建筑群。

热那克普的四面神庙供奉耆那教的创立者筏驮摩那，建于 15 世纪，有 29 个大殿，80 个穹顶（图 20-10）。室内大厅有 1440 根柱子，被称作"千柱大厅"。

图 20-10　热那克普耆那教四面神庙

四面神庙建造时印度已经有许多伊斯兰建筑，所以，采用了一些伊斯兰建筑的艺术元素，如拱券、圆穹顶和柱廊等。但基本风格是印度的，尖塔多，横向分层，竖向指向天穹，立面繁杂，雕塑多。

千柱大厅内部为柱梁结构，柱子和梁的表面都是浮雕，富丽堂皇（图 20-11）。

图 20-11　四面神庙的千柱大厅

20.8 印度与伊斯兰融合的建筑艺术

穆斯林进入印度长达 13 个世纪，统治印度北方大部分地区长达 6 个世纪。印度有许多伊斯兰建筑，包括著名的泰姬陵。关于伊斯兰建筑艺术已经在第 13 章中介绍。这里介绍两个伊斯兰风格与印度风格融合的建筑。

（1）锡克教阿姆利泽金庙

锡克教创立于 15 世纪，是受伊斯兰教启发创立的印度唯一的一神教，其建筑既有印度元素也有伊斯兰元素。

旁遮普邦阿姆利泽金庙是锡克教最神圣的神庙（图 20-12），1577 年由锡克教第四任古鲁（即宗教领袖）建造。金庙建在人工湖中央，湖水寓意着琼浆玉液。建筑外表面下部是白色大理石，上部镀金。穹顶和塔楼是伊斯兰风格的，墙面丰富的浮雕是印度特色。

（2）斋浦尔和风宫

印度北部拉贾斯坦邦的斋浦尔有一座红色砂岩宫殿——和风宫（图 20-13），建于1799 年。取名和风宫是指夏日里和风习习。

和风宫是一座 5 层宫廷建筑，建筑形体像印度教尖塔式建筑，墙体的观景凸窗（也叫观景亭）则是伊斯兰风格。

图 20-12　锡克教阿姆利泽金庙

图 20-13　斋浦尔和风宫

第 21 章

南亚与东南亚古代建筑艺术

印度古代建筑艺术随宗教传播,

对南亚和东南亚建筑有重要影响。

21.1　印度古代建筑艺术的影响

印度、巴基斯坦、孟加拉国和克什米尔地区 20 世纪前都属于印度范畴,虽然没有形成统一国家,但在文明、文化、宗教等方面具有一体性,包括建筑艺术风格。

印度建筑艺术随佛教和印度教传播,在亚洲大多数地区或被复制,或被借鉴,影响巨大。包括:南亚的斯里兰卡、尼泊尔、缅甸;东南亚的柬埔寨、印度尼西亚、泰国;中亚的阿富汗等。

印度佛教建筑艺术对东亚建筑谱系的中国、朝鲜和日本的建筑艺术风格,也产生了影响。

本章介绍印度建筑艺术在斯里兰卡、尼泊尔、缅甸、柬埔寨、印度尼西亚、泰国的传播与影响。

21.2　斯里兰卡古代建筑艺术

斯里兰卡曾经叫锡兰,是一个岛国,与印度大陆南端仅相隔 32 公里宽的海峡,属于印度雅利安文明的一部分,公元前 6 世纪就建立了独立国家,直到 18 世纪被英国殖民者占领。

斯里兰卡是印度之外第一个佛教国家,孔雀王朝阿育王时代即公元前 3 世纪佛教传入斯里兰卡,建造了许多佛教建筑,风格与印度佛教建筑基本一样。

由于战争较少,近代之前未被外族侵略,斯里兰卡古建筑保存得较好,还有建于公元前 3 世纪的窣堵坡。下面介绍两个斯里兰卡古代建筑实例。

（1）阿努拉德普勒的鲁梵伐利塔

阿努拉德普勒是斯里兰卡的第一个首都，从公元前3世纪到公元10世纪，长达1300年时间都是首都，是世界上历时第二长的首都城市。阿努拉德普勒有多座大型窣堵坡，包括斯里兰卡最早的窣堵坡——都波罗摩塔和世界上最大的窣堵坡——鲁梵伐利塔（图21-1）。

鲁梵伐利塔建造于公元前2世纪，为白色半球形体，直径42m，塔基是由排列整齐的大象雕塑支撑的。塔顶与印度窣堵坡的3把伞的造型不一样，像一圈圈越来越小的轮子叠加而成的塔刹，喻示着一道道觉悟历程。塔刹顶部有一颗大水晶石，寓意着达至涅槃的光明。

塔的四个方向有4座祭坛，从侧面看与古希腊风格很接近。祭坛墙体的动物浮雕，与美索不达米亚和埃及的浮雕风格很接近。

鲁梵伐利塔与印度桑吉窣堵坡相比简洁明快，南方气息更多一些。

（2）波隆纳鲁沃王宫

波隆纳鲁沃是斯里兰卡第二个首都，有一座建于12世纪的王宫，建筑遗址有宫殿、会议厅、游泳池等。

王宫是一座7层建筑，下边3层是砖石结构，用掺了砂砾的黏土砌筑。上部4层是木结构（图21-2）。

会议室是一座高台基柱式建筑，台基侧墙上有大象狮子的浮雕等。

图21-1　斯里兰卡阿努拉德普勒的鲁梵伐利塔

图21-2　斯里兰卡波隆纳鲁沃王宫遗迹

21.3　尼泊尔古代建筑艺术

尼泊尔是佛教创始人释迦牟尼的出生地。公元前6世纪建立了王朝，政治上一直独立于印度。尼泊尔是印度北方为数不多的没有被伊斯兰侵入的国家。

尽管尼泊尔是释迦牟尼的故乡，也是佛教最早流行的地方，但现在佛教徒却很少，而印度教徒占全国人口的90%。印度教在尼泊尔的兴盛源于8世纪时尼泊尔国王信奉并大力推广印度教。

尼泊尔建筑风格与克什米尔和我国西藏同属于喜马拉雅山风格。下面介绍几个实例。

图21-3 尼泊尔帕坦妙俱窣堵坡

（1）帕坦妙俱窣堵坡

尼泊尔帕坦的妙俱窣堵坡建于公元前3世纪，传说妙俱是孔雀王朝阿育王的女儿。妙俱窣堵坡与同时代印度窣堵坡的伞形塔顶不一样，是一座细高的略带凸弧线的方锥形尖塔，"13层塔刹显然代表13重天，喻示着通往觉悟的漫长路途"[⊖]。最有趣的是尖塔基座画着聪慧亲切的大眼睛（图21-3）。

（2）帕坦大觉寺

帕坦另一座著名建筑是大觉寺，1600年建成。主塔30m高，四角有小塔，建筑形体富有雕塑感，塔身也布满佛像雕塑，多达数千座，又被称作"千佛寺"（图21-4）。

大觉寺是由赭红色大型陶砖砌筑，9000块陶砖上每块都有释迦牟尼佛像。佛塔有室内空间，内有释迦牟尼佛像。

（3）加德满都塔莱珠女神庙

尼泊尔首都加德满都塔莱珠女神庙是印度教神庙，1564年尼泊尔马拉王朝时期建成，供奉马拉王朝的保护神塔莱珠女神。

塔莱珠女神庙建在12层高台基上，3重檐砖木结构建筑，大悬挑屋檐与中国古典建筑很像，尼泊尔与我国西藏交往密切，或许受到中国建筑风格的影响（图21-5）。

图21-4 尼泊尔帕坦大觉寺

图21-5 尼泊尔加德满都塔莱珠女神庙

⊖ 《东方建筑》P227，（意）马里奥·布萨利著，中国建筑工业出版社。

21.4　缅甸古代建筑艺术 ●┈┈┈┈┈┈┈┈┈┈┈┈┈┈┈┈┈┈┈┈┈┈

"在印度支那国家中，缅甸艺术最为显著地反映了印度文化的影响。"[一]

缅甸 1044 年才建立统一国家，同时皈依了小乘佛教，蒲甘是缅甸的佛教中心，仰光是缅甸首都，这两个地方有一些著名的佛教建筑，最著名的是蒲甘阿南达庙和仰光大金塔。

（1）蒲甘阿南达（阿难陀）庙

蒲甘有很多佛教建筑，被誉为万塔之城，其中以建于 1271 年的阿南达庙（或译作阿难陀庙）最为著名（图 21-6）。

阿南达庙是一座窣堵坡，与印度、斯里兰卡和尼泊尔的圆形窣堵坡不一样，其特征是：

◆ 方形多层台阶。

◆ 台阶上矗立细高的有些外鼓的方锥台。

◆ 其上为塔刹。

◆ 垂直向上的象征性有些像哥特式建筑。

◆ 室内有 4 座 9m 高的佛像，环绕佛像的是回廊。

（2）仰光大金塔

有些介绍缅甸的书籍称仰光大金塔始建于公元前 588 年（或公元前 585 年），内有释迦牟尼的头发。这种说法不可靠。印度最早的佛教建筑是公元前 3 世纪建造的，缅甸佛教建筑不可能比印度还早 300 年；

图 21-6　缅甸蒲甘的阿南达庙

连印度都没有准确的历史记载，11 世纪才建立统一国家的缅甸不可能有公元前 6 世纪精确到年的历史记录。马里奥·布萨利所著世界建筑史丛书《东方建筑》中有一小节介绍缅甸建筑，只字未提仰光大金塔。

现在看到的仰光大金塔是 18 世纪建造的，抛物线圆锥形主塔，环绕着许多方锥形小尖塔，富丽堂皇，金碧辉煌（图 21-7）。

图 21-7　缅甸仰光大金塔

───────
　　㊀　《东方建筑》P187，（意）马里奥·布萨利著，中国建筑工业出版社。

21.5 柬埔寨古代建筑艺术 ●┈┈┈┈┈┈┈┈┈┈┈┈┈┈┈┈┈┈┈┈┈

1世纪柬埔寨出现国家，9—14世纪出现了以吴哥为首都的强大的高棉帝国，除柬埔寨外，版图还包括越南、老挝和泰国部分地区。柬埔寨在1863年成为法国的保护国。

柬埔寨最著名的建筑是吴哥窟建筑群，是世界上最大的庙宇，始建于802年，历时约400年，12世纪时建成。最初由高棉帝国创立者苏耶跋摩二世所建。

吴哥窟占地长1550m，宽1400m，是巨大的印度教神庙建筑群，其中也包括苏耶跋摩二世的坟墓。

与印度教神庙的基本风格一样，吴哥窟象征性强，雕塑感强，横向分层，竖塔向上，以金刚宝座塔为主要艺术元素，有柱廊和丰富的雕塑（图21-8）。

图21-8　柬埔寨吴哥窟

21.6 泰国古代建筑艺术 ●┈┈┈┈┈┈┈┈┈┈┈┈┈┈┈┈┈┈┈┈┈

泰国以前叫暹罗，曾被高棉帝国统治过，1238年才建立自己的王朝，经历了大城王朝、吞武里王朝和曼谷王朝。泰国是佛教国家，"最正统的小乘佛教中心"[⊖]。

泰国建筑风格受印度佛教建筑影响，受高棉建筑影响更大，也有些自己的特色。现存最早古建筑在大城府，有500多座佛塔，著名建筑是柴瓦塔纳兰寺庙。首都曼谷有300多座寺庙，著名建筑有曼谷大王宫玉佛寺。

（1）大城府柴瓦塔纳兰寺

大城府柴瓦塔纳兰寺建于13世纪，是一组塔式建筑群，受高棉文化影响，建筑风格类似于吴哥窟神庙。主塔形体有些像火箭，其他塔为尖塔，建筑表皮如印度教建筑一样布满雕塑（图21-9）。

柴瓦塔纳兰寺是佛教寺庙，却仿照印度教神庙，这是东南亚建筑的特色。

（2）曼谷大王宫玉佛寺

曼谷大王宫建于1782年，是一个建筑群。大多数建筑是砖石加木结构屋顶，曲线屋顶，彩色瓦片，精细雕刻，富丽堂皇。

玉佛寺是大王宫内的建筑群，其中佛塔为石材建造，钟形塔身源于斯里兰卡的窣堵坡

───────────

⊖　《东方建筑》P196，（意）马里奥·布萨利著，中国建筑工业出版社。

造型，塔刹有一道道横纹，与斯里兰卡的鲁焚伐利塔一样，佛塔表面涂金（图 21-10）。

图 21-9　泰国大城府柴瓦塔纳兰寺

图 21-10　泰国曼谷玉佛寺

（3）曼谷大王宫宫殿

泰国大王宫建筑群多为东南亚风格木结构建筑。王宫主建筑节基宫建造于 19 世纪末，受西方建筑影响，欧式墙体、泰式屋顶。

东南亚风格木结构建筑与中国南方木结构建筑风格有些接近，但没有斗拱，木柱有雕刻花纹，正门设置门廊，雕塑丰富，屋顶色彩艳丽（图 21-11）。

图 21-11　泰国大王宫宫殿

21.7　印度尼西亚古代建筑艺术 ◦⋯⋯⋯⋯⋯⋯⋯⋯⋯⋯⋯⋯⋯⋯

印度尼西亚是群岛国家，3—7 世纪有一些小王国出现，大约在 7 世纪时，印度教和佛教传入爪哇岛，马打兰王国信奉印度教，夏连特拉王国信奉佛教。

夏连特拉王国的一支在苏门答腊岛发展成为强大的室利佛逝王国，爪哇岛 13—16 世纪出现了强大帝国麻喏巴歇。

有据可查的印度尼西亚的建筑始于 8 世纪，最著名的建筑包括佛教建筑婆罗浮屠佛塔和印度教建筑普兰班南神庙。

（1）婆罗浮屠佛塔

9 世纪夏连特拉王朝时期，爪哇岛中部日惹城附近建造了世界最大的佛教建筑婆罗浮屠佛塔，被誉为亚洲四大建筑之一。

婆罗浮屠佛塔是大乘佛教圣坛，边长135m，高45m，具有非常强的象征性。一共有92个砌石窣堵坡，504座释迦牟尼像，2000多个浮雕。圣坛顶部中间是大窣堵坡。

圣坛有9层台阶：5个方形平台象征着地界，3个圆形平台象征着中界，最顶层是达到涅槃的境界。9层台阶是达至涅槃的9个阶段。下部方形上部圆形寓意着地方天圆（图21-12），圣坛下有室内空间。

图21-12　印尼婆罗浮屠佛塔

（2）普兰班南神庙

普兰班南神庙是印度教神庙，建于9—10世纪，是一组雕塑感非常强的塔式建筑（图21-13），3座主庙分别供奉湿婆、梵天和毗湿奴。

普兰班南神庙用火山岩建造，墙壁上布满密密麻麻的精美浮雕，内容多取材于印度史诗《罗摩衍那》。

图21-13　印尼普兰班南神庙

第 22 章

中国古代建筑艺术（1）

宫殿受儒家影响，园林受道家影响。

22.1 中华文明的始点与特点

1. 中华文明的始点

中华文明始于何时？有人会说，这还用问，中华文明有 5000 年历史，始于公元前 3000 年。

认定一个社会进入文明，一是要有考古证据，二是应符合文明的基本特征：出现了城邦或人口密集的聚落，有了仪式性建筑，有了文字，出现了国家。

中国有考古证据支持且符合以上文明特征的，是安阳殷商遗址，距今有 3300 年历史。河南偃师二里头遗址有大型建筑基础，距今有 3750 年历史，但未发现文字；杭州良渚有建筑群和大型建筑遗址，距今约 4700—5300 年，也没有发现文字。尚无证据证明早于殷墟 1400—2000 年的良渚遗址与 1000 公里外的殷商文明是一脉相承的。

世界上其他几个早期文明，埃及文明象形文字早于大型仪式性建筑出现。印度河文明的文字与建筑遗址同时发现。也有文字晚于大型建筑遗址出现的，如苏美尔文明大约晚 300 年；美索美洲文明大约晚 1800 年。安第斯山文明没有文字，靠结绳记事。印度河文明与几百年后的恒河文明之间也没有确凿的一脉相承的证据。从建筑考古证据看，可以把良渚视为中华文明的源头。即中华文明的始点在公元前 2700 年—公元前 3300 年之间，4700—5300 年的历史，大约是 5000 年，与埃及文明的始点差不多。

2. 中华文明的独特之处

中华文明有几个对建筑影响较大的与其他文明不同的特点：

（1）宗教性弱

其他 5 个原创文明，苏美尔、埃及、印度、美索美洲、安第斯山文明，宗教性都比较强，或神权至上，或政教合一，或宗教长期占据主导地位。而中华文明宗教性弱，尽管也有抽象的"天"代表超验力量，但由于抽象，可以做不同的解释，缺乏确定性。

（2）社会共同体大

古代中国是世界上最大的国家之一，自公元前 3 世纪秦始皇统一中国后，长达两千多年，多数时间是统一国家。

（3）中央集权体制

自秦朝建立郡县制起，中国长达两千年实行中央集权体制。有分裂的时候，如三国、十六国、南北朝，但少有地方自治和封建割据。

不依赖宗教力量即神的力量凝聚社会，只靠世俗权力和意识形态统治大的社会共同体，在古代世界是独一无二的。

波斯帝国、亚历山大帝国、罗马帝国、拜占庭帝国、阿拉伯伊斯兰帝国、蒙古帝国和奥斯曼帝国的疆域也很大，但这些帝国或时间不长，如波斯帝国、亚历山大帝国；或一国多制，相对松散，如罗马帝国；或依赖于宗教凝聚，如阿拉伯伊斯兰帝国和奥斯曼帝国。

宗教性弱、世俗权力强大、大一统社会，对建筑艺术风格的影响很大：组织人力物力资源的能力强；宫廷建筑重于宗教建筑；建筑形式等级性强；建筑保存受王朝更替影响较大等。

22.2　东亚建筑谱系概述 ○┄┄┄┄┄┄┄┄┄┄┄┄┄┄┄┄┄┄┄┄┄┄┄┄┄┄┄

中国古代建筑艺术风格自成体系，对朝鲜半岛、越南和日本有重要影响，构成了建筑艺术风格的东亚谱系。

东亚谱系与地中海谱系、南亚谱系、印第安谱系差别较大，有自己的鲜明特色，仪式性建筑以木结构为主，屋顶样式是建筑艺术最重要的元素，建筑雕塑感不强。

东亚谱系的佛教建筑中的佛塔、石窟和雕塑受南亚谱系影响较大。

22.3　中国古代建筑概述 ○┄┄┄┄┄┄┄┄┄┄┄┄┄┄┄┄┄┄┄┄┄┄┄┄┄┄┄

22.3.1　中国古代建筑历史简述

中国史籍和文献关于建筑的记载非常丰富，但建筑艺术史必须以实物为依据，就像不能把巴别塔和巴比伦空中花园作为真实历史建筑一样，也不能对阿房宫和未央宫的艺术风格做出描述和评价，史籍文献只可以作为参考。

建筑艺术史的始点是文明出现之时。中华文明的历史长达 5000 年，但保存至今的最早的本土艺术风格建筑的历史只有 1200 多年。现存最早的木构建筑是山西五台山南禅寺，唐代建筑，建于 782 年。

自印度经过犍陀罗（也就是大月氏）传到中国的佛教石窟和佛塔的遗存实物比南禅寺早几百年。最早的石窟是甘肃的敦煌石窟，353年开始凿建；最早的佛塔是河南嵩山嵩岳寺砖塔，南北朝北魏所建，建于520年。从艺术角度，石窟和佛塔属于南亚印度佛教建筑风格在中国的传播，但也只有1600多年历史。

下面我们来看看各朝代遗存的建筑实物。

1. 良渚遗址

杭州良渚，公元前3300年—公元前2700年，有城垣与建筑基础遗址。无地上实物建筑存留。

2. 二里头遗址

河南偃师二里头，公元前1750年，有城垣与建筑基础遗址。无地上实物建筑存留。

3. 殷墟

河南安阳殷墟，公元前1350年，有城垣、建筑基础、墓穴遗址。无地上实物建筑存留。

4. 周

无地上实物建筑存留。

5. 春秋战国

辽宁建平燕国长城遗址，公元前4世纪，中国最早的地上构筑物，距今约2300年。无地上实物建筑存留。

6. 秦

西安秦始皇陵，公元前3世纪。无地上实物建筑存留。

7. 汉

◇ 陵墓。汉代帝王陵墓，已无地面建筑。

◇ 石室。山东长清孝堂山郭氏墓石祠，中国现存最早的完整的地上"建筑物"，距今约2000年，是祭祀用的象征性小屋，屋顶瓦也是石头雕刻的。

◇ 石阙。即带斗拱柱头的石柱，立于仪式性建筑大门两侧，有遗存物。

◇ 明器。汉墓出土陶制建筑模型明器，即殉葬物品，可看出汉代建筑式样及中国古代建筑艺术风格的雏形。

◇ 崖墓。湖南、四川有崖墓，即悬崖上的凿岩墓穴，为中国最早的凿岩建筑。

8. 三国、两晋、十六国

石窟。佛教在东汉时期传入中国，十六国中的前秦于353年凿建甘肃敦煌第一座石窟，北凉401年—433年间凿建第二处石窟[一]。敦煌石窟是中国现存最早的石窟。甘肃天水麦积山石窟始建。

㊀ 《中国古代建筑与艺术》P7，（日）关野贞著，中国画报出版社。

9. 南北朝

◇ 石窟。453 年凿建山西大同云冈石窟（图 22-14），之后凿建洛阳龙门石窟、太原天龙山石窟、河北磁县响堂山石窟等。甘肃敦煌石窟和天水麦积山石窟扩建。

◇ 佛塔。520 年所建河南登封嵩岳寺砖塔是中国现存的最早砖结构构筑物和佛塔（图 22-15）。此外，还有济南神通寺塔（图 22-16）、五台山佛光寺塔等。

10. 隋

除河北赵县安济桥（赵州桥）外，没有地上实物建筑。赵州桥是中国现存最早的桥梁。

11. 唐

◇ 木结构庙宇。五台山南禅寺（图 22-3）和佛光寺大殿[○]，两座建筑风格一样。还有两座小的寺庙，山西芮城县广仁庙和山西平顺县天台庵被认为是唐代建筑。

◇ 佛塔。西安的玄奘塔、香积寺塔、大雁塔（图 22-17）、小雁塔，河南登封的嵩山法王寺塔、净藏禅师塔和少林寺同光禅师塔，北京房山云居寺塔，昆明慧光寺塔等。

◇ 陵墓。帝王陵墓，已无地面建筑。

12. 五代十国

河北正定文庙大成殿（图 22-4）。

13. 宋、辽、金

◇ 木结构庙宇。天津蓟县独乐寺观音阁及山门、山西榆次永寿寺雨华宫、辽宁义县大奉国寺大殿、五台山佛光寺文殊殿、河北正定龙兴寺、太原晋祠（图 22-5）、天津宝坻广济寺三大殿、江苏苏州玄妙观三清殿等；其中苏州**玄妙观三清殿是江南现存最久的木结构建筑**（图 22-6）。

◇ 木塔。山西应县佛宫寺释迦塔（图 22-18），高 67m，内部 9 层，是现存最早的木结构高层建筑。正定天宁寺塔也是木塔。

◇ 铁塔。湖北当阳玉泉寺铁塔高 17.9m，是中国最早的铁结构建筑（图 22-19）。

◇ 砖石塔。有二十多座砖石佛塔，较为著名的包括杭州六和塔（图 22-20）和灵隐寺双石塔、苏州虎丘塔和罗汉院双塔、开封繁塔和佑国寺"铁塔"（褐色琉璃砖）、洛阳白马寺塔、四川宜宾白塔、福建晋江双石塔等。

14. 元

◇ 木结构庙宇。河北曲阳北岳庙德宁殿（图 22-7）。还有河北正定阳和楼、山东曲阜孔庙承圣门和启圣门、河北定兴慈云阁、河北安平圣姑庙、山西洪洞县明英王殿和广胜寺、浙江武义延福寺大殿、云南南华县广福寺大殿、山西太谷资福

○ 梁思成的《中国建筑史》说中国最早木结构建筑是佛光寺大殿；日本建筑史学家关野贞的《中国古代建筑与艺术》称"唐代木结构建筑遗物已全无"；丁垚的《中国建筑》和潘谷西主编的《中国建筑史》则认为南禅寺和佛光寺大殿同为唐代建筑。

寺藏经楼等。

◇ **佛塔。**河南安阳天宁寺塔和白塔、北京妙应寺白塔（图22-21）、河北邢台弘慈博化大士之塔。

◇ **关隘。**北京居庸关。

15. 明

◇ **木结构宫廷建筑。**北京社稷坛享殿（现中山公园中山堂）、北京太庙（图22-8）、建极殿（即故宫保和殿）、沈阳故宫。

◇ **木结构庙宇与钟楼。**山西大同钟楼、河北景县开福寺大殿、北京护国寺、四川蓬溪县鹫峰寺、四川七曲山天尊殿、山东曲阜奎文阁等。

◇ **佛塔。**山西洪洞县飞虹塔，北京的五塔寺（图22-22）、慈寿寺塔，昆明妙湛寺塔，五台山塔院寺塔，太原永祚寺塔等。

◇ **陵墓。**明十三陵，均有地上建筑，包括门楼与宫殿。

◇ **城楼。**大同城楼、北京明朝城楼、万里长城。

16. 清

清朝建筑保留至今的较多，主要建筑有：

◇ **木结构宫廷建筑。**北京故宫太和殿（图22-9）；中和殿（图22-12）；故宫大多数宫殿为清朝所建。天坛祈年殿（图22-13）。

◇ **木结构庙宇。**北京雍和宫、曲阜孔庙、厦门南普陀寺（图22-10）、成都青城山建福宫（图22-11）等。

◇ **佛塔。**北京的北海白塔、法海寺门塔、碧云寺塔，山西临汾大云寺塔等。

◇ **陵墓。**北京清东陵、西陵，沈阳东陵、北陵，均有地上木结构建筑，包括门楼与宫殿。

◇ **城楼。**紫禁城午门、天安门、前门等。

◇ **皇家园林。**西苑（中南海、北海）、颐和园、热河行宫（承德避暑山庄）等。

22.3.2 遗存实物建筑少的原因

中华5000年文明史，一半多的时间没有地上建筑物遗存，这在世界文明史上是绝无仅有的。苏美尔塔庙和埃及金字塔距今4000多年历史，印度早期佛教窣堵坡距今约2300年历史，斯里兰卡的窣堵坡也有2300年历史，文明出现比中国晚的印第安文明和希腊文明，现存古建筑也比中国早。中华5000年文明史，属于本文明艺术风格的地上建筑只有1200多年历史，而且非常少，究竟是什么原因呢？

◇ 中国古代建筑以木结构为主，尤其是大型仪式性建筑，宫殿、庙宇等，都是木结构，耐久性差，非常容易被烧毁，这是最主要的原因。

◆ 宗教居于从属地位，甚至是可有可无的地位，随不同帝王的偏好不同而盛衰。有的皇帝兴佛，有的皇帝灭佛。中国宗教建筑不像基督教教堂和伊斯兰教清真寺那样可以持续地得到保护和修缮。

◆ 由于天命论影响，大多数情况下，新朝不用旧朝殿，改朝换代意味着旧宫被毁被弃。只有清朝例外，皇帝住进了明朝紫禁城。明朝以前的宫殿全无踪迹。

◆ 中国历史上周期性地出现大规模社会动乱、战乱和外族入侵，对建筑破坏巨大。项羽火烧秦朝宫室开了很坏的头。

22.3.3 中国古代建筑类型

中国古代建筑按使用功能分类，有宫殿、陵墓、寺庙、城垣、园林、住宅等。

按照建筑物性质分类，有楼、台、亭、阁、轩、塔、廊、坊等。

按民族风格分类有汉式、藏式、维吾尔式、傣式和其他少数民族式样等。

按建筑形体分类，有坡屋顶、平屋顶建筑等。

按结构分类，有木结构、砖木结构、砖石结构、石窟、窑洞等。

22.3.4 屋顶与斗拱

中国古代建筑主要是木结构和砖木结构建筑，屋顶和斗拱是最主要的艺术表达元素，以下做一简介。

1. 屋顶

中国古代建筑的屋顶式样是分等级的，与建筑地位对应。屋顶式样包括庑殿、歇山、悬山、硬山、攒尖等。有单檐和重檐、有脊和无脊之分，攒尖有方圆之分等，如图 22-1 所示。

a）庑殿　　　　　b）歇山　　　　　c）攒尖

d）悬山　　　　　e）硬山　　　　　f）悬山卷棚

图 22-1　中国古代建筑屋顶式样

◇ 庑殿。长方形平面建筑，屋顶由四个斜坡面组成，前后两个斜坡面在坡顶相交，相交处隆起为正脊；左右两个短边坡面不相交。一共有 5 个屋脊，1 个正脊，4 个垂脊，如图 22-1a 所示。庑殿是清朝时的叫法，唐朝时叫四阿。

◇ 歇山。长方形平面建筑，山墙处出檐，与屋顶前后坡面连为一体，有 9 个屋脊，1 个正脊，4 个垂脊，4 个戗脊，如图 22-1b 所示。歇山是清朝时的叫法，唐朝时叫九脊。

◇ 攒尖。圆形平面建筑，屋顶接近圆锥形，为圆攒尖，顶部有"宝顶"，如图 22-1c 所示；正方形平面建筑，屋顶为方锥形，为方攒尖，如图 22-12 所示。

◇ 悬山。悬山是指屋顶探出山墙，如图 22-1d 所示。悬山是清朝时的叫法，唐朝时叫不厦两头。

◇ 硬山。屋顶不探出山墙，在山墙处收口，如图 22-1e 所示。

◇ 卷棚。屋顶两个坡面相交处没有屋脊，而是圆弧过渡，如图 22-1f 所示。悬山和硬山屋顶都可以有卷棚。

◇ 重檐。庑殿、歇山和攒尖屋顶下再增加一道檐口，为重檐（图 22-5、图 22-6 等），增加两道檐为三重檐（图 22-13）。

◇ 屋顶等级。屋顶等级排序是：庑殿、歇山、攒尖、悬山、硬山。庑殿和歇山用于宫廷和庙宇等仪式性建筑，如果是重檐，级别更高。攒尖用于宫廷庙宇的殿堂，城墙角楼和园林亭子等。悬山和硬山用于低级别普通建筑。

2. 斗拱

斗拱是木柱探出的柱头，用来扩大柱子与屋架或梁的接触面积，缩短屋架和梁的净跨度，进而减少了内力，屋檐也可以外挑更大。

斗拱中的弯曲木方叫"拱"，拱上带槽口的木块为"斗"，两者结合为斗拱，如图 22-2a 所示。

斗拱是东亚谱系独特的结构构造，也是重要的艺术元素，其本身形体具有雕塑感。有些建筑将斗拱涂成彩色。

斗拱始于汉朝，汉朝出土明器的建筑模型中就有了斗拱的造型。

木结构建筑转角处的柱子叫角柱，非转角部位的柱子叫平柱，斗拱有平柱斗拱和角柱斗拱之分，如图 22-2b、c 所示。

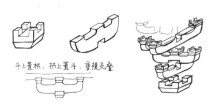

a）斗拱分解　　　　b）平柱斗拱　　　　c）角柱斗拱

图 22-2　斗拱

22.4 宫殿与庙宇木结构建筑艺术 ◦··

1. 各朝代宫殿庙宇经典建筑

中国古代建筑艺术最主要的特色体现在木结构大屋顶建筑上，包括宫殿、文庙、孔庙、佛教殿堂、道教寺庙等。为使读者对木结构建筑演化有一个清晰的了解，下面给出自唐代到清代的经典木结构建筑（图22-3～图22-13）。

2. 各朝代宫殿庙宇木结构建筑的共同点

◇ 有明确的中心，强调对称性。

◇ 台基较高，高度与建筑的"地位"成正比。

◇ 多为庑殿式或歇山式屋顶，也有攒尖屋顶。

◇ 有单檐、重檐和三重檐三种情况。

◇ 由木柱 - 柱顶斗拱支撑屋架，斗拱也是重要的装饰元素。

◇ 柱子和柱间墙板以红色为主。

◇ 屋顶或用青瓦，或用黄色、绿色琉璃瓦。

◇ 屋脊的两端和垂脊下端有吻兽和装饰。

◇ 攒尖有宝顶。

3. 各朝代宫殿庙宇木结构建筑的不同点

图 22-3　唐　五台山南禅寺　庑殿

◇ 唐代南禅寺（图22-3）质朴，屋顶坡度较缓，略有凹曲，用灰瓦，屋檐外探较大，斗拱简单。

◇ 五代十国文庙大成殿（图22-4）也比较质朴，只是屋面凹曲度比唐代大些。

◇ 北宋晋祠（图22-5）屋顶用绿色琉璃瓦，柱子有雕龙，两道檐之间木雕装饰性强，屋檐探出比唐代小些。

◇ 南宋玄妙观三清殿（图22-6），屋顶坡度陡一些，屋檐角卷起较大，有动感。屋檐探出比唐代小些。

◇ 元代北岳庙德宁殿（图22-7），屋顶坡度比唐代稍陡，凹曲稍大，屋顶用绿色琉璃瓦，形体较为克制。屋檐探出比唐代小些。

◇ 明代太庙（图22-8），台基较高，台阶和护栏为汉白玉，黄色琉璃瓦屋顶，屋檐探出较小。

◇ 清代故宫太和殿（图 22-9），多级汉白玉台阶，屋顶坡度陡，屋檐探出较小，凹曲度不大，黄色琉璃瓦屋顶，造型威严。

图 22-4　五代十国正定文庙大成殿 歇山

图 22-5　北宋太原晋祠圣母殿 重檐歇山

图 22-6　南宋 苏州玄妙观三清殿 重檐歇山

图 22-7　元 曲阳北岳庙德宁殿 重檐庑殿

图 22-8　明 北京太庙 重檐庑殿

图 22-9　清 北京故宫太和殿 重檐庑殿

◇ 清代南普陀寺（图 22-10），色彩艳丽，装饰丰富，檐角卷起较大，活泼生动，体现了东南沿海特色。

◇ 清代青城山建福宫（图 22-11），色彩艳丽，造型丰富，体现了西南特色。

◇ 清中和殿（图 22-12）和祈年殿（图 22-13）都是攒尖屋顶，但比较严谨，有仪式感，符合祭祀和礼仪身份。

图 22-10　清 厦门南普陀寺 重檐歇山

图 22-11　清 成都青城山建福宫 重檐歇山

图 22-12　清 北京故宫中和殿 方攒尖

图 22-13　清 北京天坛祈年殿三重檐圆攒尖

从唐代到清代约 1000 年间建筑艺术风格变化不大，只是屋顶的坡度、弯曲度、屋檐探出长度、色彩和装饰有些变化。艺术风格比较稳定，其原因是：

◇ 儒家文化具有保守性，尚古循礼。

◇ 大一统中央集权社会，官式建筑较少有自由发挥空间。

◇ 建筑是等级的象征，界限清晰，无法突破。

◇ "中国为崇奉祖先之宗法社会，自天子以至于庶人，其宗庙建筑均有一定制度。有违规逾制者，则见于史传。" [一]

◇ 木结构技术和艺术比较成熟，不宜突破。

22.5　佛教石窟与佛塔 ⊙

佛教石窟与佛塔由印度经犍陀罗（大月氏）传到中国。石窟是印度建筑艺术的分支，佛塔中国建筑艺术成分的比重要大一些。

一　《中国建筑史》P38，梁思成著，百花文艺出版社。

1. 石窟

石窟源于埃及，公元前16世纪出现，后传至波斯，再传到印度。印度佛教和印度教有一些精美的凿岩寺庙。中国4世纪始，在十六国和南北朝时期，前秦、北凉和北魏凿建了最早的石窟。

石窟是中国现存最早的地上建筑，也是最早的宗教祭祀建筑。第一座石窟是敦煌石窟，凿建于十六国前秦时期的353年。

中国现存石窟包括甘肃敦煌石窟、山西云冈石窟、河南龙门石窟、甘肃麦积山石窟、江苏南京栖霞山石窟、四川大足北山石窟等。

早期规模最大的石窟是南北朝北魏453年凿建的云冈石窟，有19个大石窟，还有许多壁龛（图22-14）。云冈石窟"马蹄形拱的入口形式、古典柱式以及西方装饰母题的使用，使这一建筑形式更接近于原型。同时，中国木结构建筑的典型结构也被雕刻或绘于墙上。"[一]

图22-14　云冈石窟

石窟是在竖直崖面向内凿洞，或洞口与洞内空间同宽；或洞口小，洞内空间大。云冈石窟的较宽的平顶洞口留有石柱支撑。石窟内有佛像雕塑、莲花座雕塑等，顶棚和墙壁绘有彩画。

中国佛教石窟的艺术特点是：

◇　石窟形式和雕塑模仿印度，但简化了许多。

◇　有中国建筑艺术元素，如凿出木柱、斗拱和瓦的构造等。

㈠　《东方建筑》P273，（意）马里奥·布萨利著，中国建筑工业出版社。

◆ 较多石窟洞壁和洞顶有绘画，艺术造诣较高，比埃及石窟色彩丰富，与印度差不多。

总体而言，中国石窟较之埃及、波斯、罗马帝国和印度的凿岩建筑要简单一些。

佛教建筑不仅仅出于祭祀目的，凿石窟或建佛塔的过程也是修行的方式，是达至觉悟的一条路径。所以，石窟很少一个窟独立存在，而是聚堆成群，不仅有大石窟，还有许许多多小壁龛。佛教兴，建筑必兴。甚至可能泛滥。

2. 佛塔

佛塔源自印度佛教的窣堵坡，窣堵坡是供奉释迦牟尼舍利的冢，舍利是遗体火化后的结晶体。

中国现存最早的佛塔是河南登封嵩岳寺塔（图22-15），建于南北朝北魏时期520年。嵩岳寺塔也是中国现存最早的地面建筑物。中国现存古建筑实物中，佛塔远多于木结构宫殿庙宇。因为佛塔大多数是砖石结构。

佛塔按结构体系分有砖石结构、木结构和铸铁结构；按平面形状分有方形、六边形、八边形、十二边形和圆形；按立面形状分有圆锥形、圆柱形、方锥形、双抛物线形、台阶形、立方体加金字塔形；按空间分有实心塔和空心塔，空心塔其实是楼阁，内有楼梯可登塔；按塔身出檐方式有密檐式和疏檐式；还有按宗教派别命名的塔，如源自西藏喇嘛教的喇嘛塔（图22-21）和密宗金刚界的金刚宝座塔（图22-22）。

佛塔一般为三段式：塔座、塔身和塔顶。

塔身大都是一层一层的，每一层代表一重天，喻示着达至觉悟的漫长路途。

塔顶也叫塔刹，所有佛塔都有塔顶。中国塔顶多为宝瓶状。塔顶从构造上是塔的收口。

图22-15所示的嵩岳寺塔是密檐式塔，塔身挑出一层层环状檐。

图22-16所示为神通寺塔，塔身是立方体，檐部有探出线脚，立方体上部为金字塔式的顶。

图22-17所示的大雁塔是台阶式塔，塔身断面随高度逐步变小，有内部空间。

图22-18所示的应县木塔是疏檐式塔，也是有内部空间的楼阁。

图22-19所示的玉泉寺铁塔是密檐式塔，也是世界上最早的铸铁建筑，或者说构筑物。

图22-20所示的杭州六和塔是疏檐式塔，也是楼阁式。

图22-21所示的妙应寺白塔是喇嘛塔，即藏式佛塔，是西藏主要的佛塔形式，塔的形体是宝瓶状，塔身表皮的波纹造型象征着层层重天。

图22-22所示的五塔寺是金刚宝座塔，模仿印度菩提伽耶的摩诃菩提寺，略有变化。

中国佛塔的艺术特色：

◇ 细高佛塔如清真寺宣礼塔和基督教教堂塔楼，富有召唤性，并丰富了天际线的景观。

◇ 窣堵坡是实心的，中国很多佛塔内部有空间，可以登高远望，实际上是高层楼阁。

◇ 形体丰富。

图 22-15　南北朝 嵩山嵩岳寺塔 密檐式

图 22-16　南北朝 济南神通 寺塔 挑出线脚式

图 22-17　唐 西安大雁塔 台阶式

图 22-18　辽 应县木塔 疏檐式

图 22-19　宋 当阳玉泉寺铁塔 密檐式

图 22-20　杭州六和塔 疏檐式

图 22-21　元 北京妙应寺白塔 喇嘛塔

图 22-22　明 北京五塔寺 金刚宝座塔

22.6　藏式宫廷与寺庙建筑

藏式建筑、尼泊尔建筑和克什米尔建筑同属于喜马拉雅山风格，受到印度风格的影响，也受到中国内地建筑风格的影响，并有自己的特色。

藏式建筑有 3 个基本特点：

◇　平屋顶。

◇　斜墙面。斜墙面源于黏土墙下厚上薄的结构构造，成为美学语言，即使砌筑石头墙也要砌成坡面。

◇　注重色彩，表皮或涂成雪山般的白色；或袈裟的深红色；或黄色。房屋檐口有花饰。

最著名的藏式建筑是拉萨的布达拉宫和西宁的塔尔寺。

1. 布达拉宫

布达拉宫建于 1645 年，是包括政治、宗教、军事和生活功能的综合性建筑群，内有宫殿、寺庙和住所等。布达拉宫依山而建，布置随意，不对称，不整齐，上下错落，有凸有凹，形体简单，平屋顶、斜平面、表皮以白色和深红色为主。其艺术感染力主要源于依山而建的气势和随意自然的布置（图 22-23）。

图 22-23　布达拉宫

2. 塔尔寺

距离西宁 25 公里的塔尔寺藏语叫贡本贤巴林，是占地 45 万平方米的寺庙建筑群。从 1379 年开始建佛塔，1560 年建禅堂，1577 年建成大殿，多年来不断扩建。主建筑是大金瓦殿，是在藏式平顶建筑上加了个中国式木结构重檐歇山顶的大殿。大殿屋顶用了金色琉璃瓦，屋顶正脊有一个金顶宝瓶和两对喷焰宝饰，如图 22-24 所示。

图 22-24　塔尔寺大金瓦殿

22.7　长城 ●┄┄┄┄┄┄┄┄┄┄┄┄┄┄┄┄┄┄┄┄┄┄┄┄┄┄┄┄┄┄┄┄┄┄┄

万里长城是世界七大奇迹之一，现在看到的长城大多是明朝重建。长城是军事功能建筑，建造时不会有刻意的美学考虑，只是由于地势，实现难度和雄踞山脊的气势，实现了美学效果（图 22-25）。

图 22-25　明长城

第 23 章

中国古代建筑艺术（2）

自然而然或许也是美的意境。

23.1 中国古代民居建筑艺术

中国古代民居建筑受到严格的等级限制，如屋顶式样、门的宽度、建筑高度和色彩都与地位有关，不能越轨。

民居建筑主要考虑实用功能，因结构、构造和建筑材料本身所蕴含的艺术潜质，而获得艺术效果。建筑传统的形成也包含着美学取舍过程，好看的建筑容易流行。

官人商人成功后的表现欲会在建筑中体现。村社的宗族祠堂也要讲究点艺术，同在一个村镇，李家祠堂不甘心比王家祠堂差。

地域特点，主要是气候、环境、材料与习俗的影响，会使建筑有一些个性，个性往往就蕴含着艺术。图 23-1 ～图 23-12，给出了古代民居建筑的主要风格。

院落式住宅是北方民居的特色，如北京四合院（图 23-1）、山西王家大院（图 23-2）等。北方建筑青砖灰瓦，色彩中庸平淡，造型千篇一律，在屋顶、大门和窗棂做点装饰文章。

图 23-1 京派 北京四合院　　　　　　　图 23-2 晋派 王家大院

苏派和徽派建筑生动了很多，同是白墙灰瓦。苏州水乡的民居形体简单，有素雅之美（图 23-3）。徽派建筑高出屋顶的阶梯形马头墙，是密集住宅区防止火势蔓延的防火墙，却成了特色艺术元素（图 23-4）。

图 23-3　苏派 水乡

图 23-4　徽派 宏村马头墙

祠堂是农村血缘家族的多功能建筑，宗族的祭祖、仪式、聚会、庆典、娱乐活动都在这里举行，有的祠堂还有学堂。福建漳州乡下的祠堂与腾冲古镇的祠堂都飞檐高挑，蓬勃向上。漳州祠堂是彩色虎皮石墙（图 23-5）；腾冲祠堂是白色表皮（图 23-6）。

图 23-5　闽派 漳州乡村祠堂

图 23-6　滇派 腾冲古镇祠堂

四川福宝的民宅黑瓦白墙，房屋依山而建，错落自然（图 23-7）。

贵州侗族吊脚楼是底层架空的干阑式住宅，二楼以上悬出格外抢眼，竹木质感自然亲切（图 23-8）。

图 23-7　川派 福宝民居

图 23-8　侗族 吊脚楼 干阑式住宅

西双版纳傣族住宅在屋顶上下功夫，连体的歇山式屋顶有宫廷建筑的感觉，可能是山高皇帝远，没有人去追究"犯上"之罪（图 23-9）。

陕西黏土窑洞的拱券门窗与西亚和罗马拱券异曲同工，呈现了结构合理性的逻辑美（图 23-10）。

图 23-9　傣族 干阑式建筑　　　　　图 23-10　陕西 窑洞

维吾尔族黏土住宅多是平屋顶（图 23-11），世界各地黏土建筑或平屋顶，或弧形缓坡屋顶，很少有坡屋顶。

客家土楼（图 23-12）是住宅城堡一体化建筑。客家是躲避战乱逃难到福建、江西、广东的北方人，自卫意识使他们的建筑有两个特点，一是防御功能，二是一栋建筑内居住人口多达几百人。完全是基于功能性考虑，却有着不凡的艺术魅力。

图 23-11　维吾尔族 民居　　　　　图 23-12　客家 土楼

23.2　中国古代园林建筑艺术

中国古代园林建筑包括皇家园林、私家园林和开放园林。

1. 皇家园林

中国皇家园林的历史很早，据史籍文献记载商时就大造园林，历朝历代奢侈帝王的罪状都有造园这项。

现存古代皇家园林有元代的北京北海和景山，明代的西苑（包括北海和中南海），清代的圆明园、颐和园、承德避暑山庄等，紫禁城内也有小型御花园。

颐和园 18 世纪建成，是世界上最伟大的人造园林之一（图 23-13）。下面以颐和园为蓝本介绍中国皇家园林建筑的艺术特点：

◇ 虽然是人造景观，但特别追求自然性，不像欧洲宫廷园林那样讲对称、严谨，把树木修剪得整整齐齐，像兵营一般，如凡尔赛宫后花园。

◇ 规模之大世界未有。古代各帝国没有如此规模的皇家园林。

◇ 建筑与园林结合，建筑比重较大。不像欧洲如画风景运动那样建筑只是园林的点缀。颐和园有楼阁、长廊、戏台、凉亭、石舫、多孔桥等，还有处理政务的宫廷建筑。

◇ 建筑布置灵活，造型各异，有典型的大屋顶木结构建筑，有石砌高台，还有宝瓶状喇嘛塔。

◇ 色彩丰富，碧水青山中的建筑有琉璃瓦的绿色和黄色，汉白玉护栏和石砌高台的白色，木结构的红色和瓦的灰色。

图 23-13　颐和园

2. 私家园林

私家园林是达官富商私宅内的园林，多在南方，最著名的是苏州园林（图 23-14）。北方冬季花草会枯，水会结冰，鱼会死，私家园林很少。

中国私家园林的艺术特点是：

◇ 追求自然意境，布置灵活。

图 23-14 苏州留园　　　　　　　　　　　　图 23-15 扬州瘦西湖

◇ 无水不成园，水面有荷莲。

◇ 曲径拱桥。

◇ 树荫下池水旁花草间有亭、廊、榭、堂。

◇ 喜欢用瘦、漏、透、秀的湖石。

◇ 比较精致。

3. 开放园林

皇家园林和私家园林都是封闭的，不对外人开放。中国古代有开放园林，在自然风景中建造了庙宇、楼阁、亭廊和桥，成为旅游景点，如杭州西湖、扬州瘦西湖等。

扬州瘦西湖是一段弯曲的河，清朝时有盐商投资修了路，建了桥，还有几处楼阁亭子，再加上附近的寺庙，形成了园林（图 23-15）。

23.3 明器、汉阙、华表、牌坊

明器、汉阙、华表和牌坊不是建筑，主要用于象征性表达。

1. 明器

明器是殉葬物品，与建筑艺术有关的明器是陶制建筑模型，寓意着死后的住所。

从汉墓出土的明器（图 23-16）可以看出汉代建筑构造与艺术语言，包括斗拱、坡屋顶、悬山屋脊等。

2. 汉阙

汉阙是汉代的柱式构造物，一般分立在建筑或陵墓两侧。汉阙将建筑构造作为象征性表达的语言，柱头是简化的斗拱和坡屋顶造型（图 23-17）。

3. 华表

华表是柱式构造物，成对立在重要建筑门前两侧，也有立在道路和桥头的。传说华表源头是古时立在宫前让百姓给帝王写意见书的木柱——"谤木"。这种说法不可信。一是没有证据可考，二是中国古代没有听老百姓意见的皇帝，听大臣批评意见的皇帝都极少，不可能设置"谤木"。再说，真要听老百姓的意见，写到柱子上很麻烦，直接写

到状子上就行了。

华表其实是由古时路标演变而来。"华表之设，本为道路标志之用。"⊖ 卢沟桥桥头就有华表。

明清时期华表是建筑地位的象征，与埃及方尖碑、罗马帝国表功柱的象征性一样。天安门前的华表，柱身有雕龙环绕，柱顶有仙兽，汉白玉材质（图23-18）。

图23-16　汉代明器

图23-17　汉阙

4. 牌坊

牌坊是像院墙大门一样的构筑物，为明清两代特有的装饰建筑⊖，从汉阙、华表、乌头门、棂星门等古时构筑物演变而来。

牌坊也叫牌楼，无屋顶造型的叫牌坊，有屋顶造型的叫牌楼⊜。牌坊将柱子、斗拱、坊和屋顶等建筑元素作为象征性语言。

最初的牌坊是表扬的手段，有了美德，给立一个牌坊。后来牌坊主要用于重要路口，如北京东四牌楼，西四牌楼；乡村入口；还有陵墓入口。

北京昌平明十三陵的石牌坊是现存最古的牌坊，并列5个大门，庑殿屋顶造型（图23-19）。

图23-18　天安门前华表

图23-19　十三陵牌坊

⊖　《中国建筑史》P85，乐嘉藻著，团结出版社。
⊜　《中国建筑史》P331，梁思成著，百花文艺出版社。
⊜　《中国古建筑二十讲》P227，楼庆西著，生活·读书·新知三联书店。

23.4 中国古代建筑艺术的传播

中国古代建筑艺术对朝鲜半岛、越南和日本影响较大，主要是木结构宫廷庙宇建筑和佛塔。

1. 朝鲜半岛

中国古代建筑艺术对朝鲜半岛的影响最大，但由于战乱等因素，建筑遗迹不多。朝鲜半岛的建筑"从产生到此后的整个发展过程中都采用了中国建筑的构筑方式与式样，但仍然是一个独立发展的体系"[一]，有因品位、传统和气候要求而做的改变，例如朝鲜建筑采用地热采暖。

汉朝曾在朝鲜北部设了4个郡，平壤附近的乐浪建筑遗址有中国建筑的遗迹。

公元前1世纪到公元7世纪是朝鲜半岛的三国时期，有高句丽、百济和新罗3个国家，建筑受中国当时南北朝的影响，北方高句丽建筑受影响最大，佛塔在那时传入朝鲜。

后来新罗统一了朝鲜半岛，其历史大约与唐同时，唐代建筑风格对其影响很大。日本的唐招提寺主殿就是新罗风格，而新罗又是模仿了唐代建筑。只是中国和朝鲜这个时期建筑物留存很少，倒是日本有几座唐式木结构建筑保留至今。

新罗之后是高丽王朝，10世纪到14世纪末，建筑是晚唐风格，在朝鲜叫柱心包，在日本叫天竺式。

高丽之后是朝鲜王朝，14世纪末到20世纪初，其王宫景福宫保留至今，对称严谨、歇山重檐屋顶（图23-20），与中国宫廷建筑风格基本一样。

2. 越南

越南北方部分地区在10世纪前曾经是中国属地，但没有那时候的建筑遗址。

越南脱离中国独立后，12世纪李王朝建造的佛塔中的"陶瓦和圆雕饰都是对当时中国样式的仿习。"[二] 15世纪到18世纪的黎王朝建筑较多，其蓝山皇陵和华闾宫廷建筑是中国风格。18世纪阮王朝的顺化皇城是世祖嘉龙帝所建，仿中国宫廷式样，歇山重檐屋顶（图23-21）。

除了宫廷建筑，越南的佛教寺庙、道教观、儒家文庙和乡村神庙也大都采用木结构建筑，模仿中国风格。

[一] 《东方建筑》P351，（意）马里奥·布萨利著，中国建筑工业出版社。
[二] 《东方建筑》P207，（意）马里奥·布萨利著，中国建筑工业出版社。

图 23-20　韩国 首尔景福宫

图 23-21　越南顺化皇城

3. 日本

中国古代建筑艺术对日本建筑影响很大。建筑艺术的传播途径包括：

◇　日本派遣人员来中国留学。

◇　随宗教传播，如鉴真和尚赴日本传教，带去了佛教寺庙的建筑技术与艺术。

◇　间接传播，通过朝鲜半岛当时的王国主要是百济、新罗学习中国建筑技术与艺术，如日本早期著名寺庙法隆寺就是百济国工匠去日本建造的。

第24章

日本古代建筑艺术

除了城堡基墙，日本古代很少有砖石建筑。

24.1 日本古代历史概述 •······

日本是由 4 个大岛和一些小岛组成的国家。日本列岛在几千万年的地质变化中有隆起、沉没的反复过程。新生代第 4 纪更新世（也称作洪积世）初期，即 258 万年前开始的地质时期，日本列岛又一次隆起，与中国、朝鲜和北海道以北的亚洲大陆相连，日本各地有大象化石证明了这一点。大约 1.1 万年前，随着冰期结束，海平面上升，日本列岛才与大陆被海水隔开。在农业革命发生前的旧石器时代，日本列岛与大陆有陆路相连。

旧石器时期日本列岛有人类活动。日本人最初来自何处说法不同，有多种来源说和单一来源说。多种来源说认为日本人是来自北方的白种人、来自蒙古或中国的黄种人和来自东南亚的褐色人种融合而成。单一来源说认为日本人主要来自亚洲大陆北方的乌拉尔 - 阿尔泰种族，是与朝鲜族、满族等通古斯人相近的种族，因为其语法和音韵组织接近乌拉尔 - 阿尔泰语系。虽然日语有一些语汇接近太平洋的马来 - 波利尼西亚语系，但认为那是受外来文化影响所致，就像汉字应用是受中国文化影响所致一样。

日本没有发现旧石器时代遗物。考古发现的石器都是新石器时代的。日本大约在公元前 5000 年前出现了陶瓷罐等土器，因其表面有绳状纹路，故称为绳文文化。绳文文化历时约四五千年。绳文文化时期，日本从采集狩猎捕鱼转向农耕，开始出现定居聚落。

大约在公元前 3 世纪，也就是中国的战国晚期，日本进入了铁器时代，到 3 世纪的五六百年期间，是弥生文化时期。命名弥生文化是因为在东京附近一个叫弥生的地方发现了这个时期具有代表性的土器。

3 世纪起，日本开始出现小国家。关于日本历史最早的文字记载出现在中国三国时期魏国史书上，当时日本的邪马台国向魏国进贡求封。几百年后日本有了自己的文字历史。5 世纪时，以大和（奈良一带）为中心形成了统一国家，以天皇为宗教领袖和统治者。

那时还不叫天皇，而是叫君、大君、上皇等，到 7 世纪才改叫天皇。天皇统治时期先后经历了飞鸟时代、奈良时代，或天皇亲政，或权臣主政。从 1133 年起，武将攫取了政治权力，天皇被架空，日本进入了幕府时期，具有封建社会性质，先后经历了镰仓时期、室町时期、战国时期和江户时期。镰仓、室町和江户都是幕府所在地的地名。

日本文明属于东亚文明，受中国影响较大，也受朝鲜半岛和太平洋岛国文化的影响，但也有自己鲜明的特色。既吸收外来的成果，也形成了自己的传统。日本的文字从借用汉字开始，后来又将汉字的注音符号演变为自己的文字。

日本是多台风多地震国家，自然力量造成的灾害对日常生活影响非常大，因此日本人自古以来就看重宗教仪式。日本本土宗教是神道教，后来又引进了佛教、道教、儒教，还有基督教。日本建筑既有自己的特色与传统，也照搬了很多外国的技术与风格。

24.2　日本古代建筑概述 ●⋯⋯⋯⋯⋯⋯⋯⋯⋯⋯⋯⋯⋯⋯⋯⋯⋯⋯⋯⋯⋯⋯⋯⋯⋯⋯

日本古代建筑艺术风格是指 4 世纪到 19 世纪末期 15 个世纪的建筑所呈现的艺术风格。建筑类型包括：陵墓、寺庙、神社、宫殿、城堡、住宅、庭院等。

4 世纪以前，即前绳文时代、绳文时代和弥生时代，日本虽然已经有了居住的住所和聚落，但与世界其他文明出现前的形态一样，没有可以定义艺术风格的建筑。

前绳文时代，日本人以采集狩猎捕鱼为生，居住地多选在地势高的地方。

绳文时代，开始形成农业，出现了定居聚落。早期房屋是半地穴式建筑，即在地面向下挖几十厘米，或方形或圆形或椭圆形，其上用树枝茅草搭建。中国和朝鲜半岛定居初期的居所也是如此。石器时代砍伐不易，挖掘地穴较为方便。

绳文时代也有平地搭建的建筑。在地面夯实或用石板铺砌，形成圆形或椭圆形，在其上用树枝搭建房屋。还有一种做法是在平地用树枝和黏土围成圆形或椭圆形矮墙，其上搭建木结构墙体和屋顶。

弥生时代，农业有了发展，铁器引入。出现了干阑式建筑，即地面架空的木建筑，也叫高床建筑，被认为是随水稻一起引进的。种植水稻地区往往地势低洼，架空有利于防潮。架空也有利于防鼠防蛇。水稻和干阑式房屋被认为引自中国南方。

弥生时代后是古坟时代，出现了国家，有了国王陵墓。古坟是日本最早出现的仪式性建筑。

古坟时代之后是天皇或权臣统治的奈良时代和平安时代，这期间引入了佛教和寺庙建筑，建筑风格总体上接近中国唐朝的建筑风格，现在有保存完好的建筑。

平安时代后，日本进入将军执掌权力架空天皇的幕府时代，包括镰仓时代、室町时代、战国时代和江户时代。这期间除了引自中国的建筑风格外，神社、宫廷、住宅、城堡建筑形成了一些日本自身的建筑语言。

日本森林多，木材资源丰富，木结构建筑为日本建筑的主要结构形式，连城堡建筑也大都采用木结构建筑。除了城堡基墙，日本古代很少有砖石建筑。

日本的建筑风格属于东亚风格，以中国建筑为基本模式，但由于习惯、美学观念、气候、环境的影响，也有许多不同。基本特点是简洁明快，追求自然。

24.3 古坟

4世纪，畿内也就是奈良附近地区出现了大型古坟。

日本古坟属于高冢式，即堆土很高的坟墓。有方形、圆形、扇贝形、前方后圆形和上圆下方形。其中前方后圆形是日本独有的。

图24-1 仁德天皇前方后圆古坟

大型陵墓的出现意味着社会共同体规模较大，权力集中，可支配的资源就多。

现存最著名的古坟是位于大阪的建于5世纪中叶的仁德天皇陵墓（图24-1）。仁德天皇古坟也叫大仙古坟。

仁德天皇古坟是日本现存的最大的前方后圆坟。方的部分是祭坛，也有资料介绍是埋葬殉葬侍卫的。圆的部分是坟丘。天皇的遗体移入圆的部

分地下墓室时，继任天皇要陪他一夜，在天亮之时通过方圆结合部位，在方的部位顶上宣告继位。采用方圆结合寓意着天圆地方。古坟周围的小陵墓为陪冢。

日本的坟墓和陪冢与埃及金字塔的功能一样。埃及法老被说成神，日本天皇也被说成神的后代。天皇陵墓具有祭祀神灵的功能。

早期天皇死后有活人殉葬，后来用陶塑兵俑替代。直到近代，日本还有因天皇或将军去世而切腹自杀的。

现在看到的坟墓表面是树木与草，坟墓原来的表皮是白色石板。在日本的五行观念中，白色代表金。日本人的城堡也用白色，国旗的底色也是白色。

24.4 佛教建筑

6世纪中叶，即飞鸟时代，佛教传入日本。建造佛教寺庙的工匠也来到日本。最早

来的是朝鲜半岛百济王国的工匠，在难波（大阪）建造了法兴寺，也叫飞鸟寺，将百济佛教建筑艺术与技术带到了日本。而百济的佛教建筑艺术源自中国。随后在难波建造的四天王寺也是百济风格。飞鸟时代保存至今的著名佛教建筑是奈良法隆寺。

奈良时代著名的佛教建筑有东大寺、药师寺、唐招提寺、当麻寺和荣山寺等，其中东大寺最为著名。

平安时代著名的佛教建筑有宇治的平等院，平泉的中尊寺、毛越寺等。

室町幕府时期著名的佛教建筑是金阁寺、银阁寺等。

日本的佛教建筑有殿堂、塔、楼阁、大门、回廊等。殿堂等建筑为木柱斗拱体系。殿堂屋顶有庑殿式（日本称作寄栋造）、歇山式（日本称作入母屋），塔或阁的屋顶为攒尖式，也有重檐。

下面介绍几个具有代表性的佛教建筑。

图 24-2　奈良法隆寺

1. 法隆寺

奈良法隆寺是日本现存最早的佛教寺庙，也是世界上现存最古老的木结构建筑。推古天皇和圣德太子时期建造，即 6 世纪末到 7 世纪初期间。670 年被烧毁，随后又重建。法隆寺传法堂建于 739 年。

法隆寺是飞鸟时代佛教建筑的代表作（图 24-2）。建筑群包括金堂、五重塔、梦殿、回廊、大门等，其主要特征包括：

◇　建筑布局不追求对称。

◇　安放舍利的五重塔为五重大悬挑屋檐，攒尖屋顶。五重塔在当时佛教建筑中担当最重要的象征性角色。

◇　安放佛像的金堂为重檐歇山屋顶，屋檐边缘翘起。与同时期的中国唐代建筑一样，屋檐悬挑较大。

◇　法隆寺大门（叫作中门）为 4 跨 5 柱，柱子在正中间，这是比较少见的。

◇　法隆寺梦殿是八角形建筑。

◇　法隆寺的凸肚子大圆柱，柱子顶部是巨大皿斗、肘木，皿斗呈云形，托架呈人形，与高句丽古坟壁画和中国云冈石窟、天龙山石窟等六朝时代的建筑风格有密切关系。

◇　用了卍字形栏杆。

2. 奈良东大寺

东大寺是世界上最大的木结构建筑。建于奈良时代圣武天皇时期的 760 年。但在

1180 年焚毁，1181 年重建。负责重建
的项目总监是到宋朝留学过的俊乘坊
重源。东大寺是按照宋朝样式重建的。
当时日本是镰仓幕府时代，东大寺风
格也叫镰仓风格。

东大寺包括大佛殿（图 24-3）、讲
堂和七重塔，其主要特点有：

◇ 大佛殿庑殿式重檐屋顶。

◇ 屋檐悬挑较大。

图 24-3　奈良东大寺大佛殿

◇ 入口处的"唐破风"，即中间隆起两边翘起的弯曲悬挑雨篷。

◇ 露明木结构白色填充墙。

唐破风在日本佛教建筑应用较多，琉球群岛的宫殿建筑也有应用。

破风是建筑术语，指正门上的装饰性雨篷，唐破风的"唐"表明破风来自中国样式，
但中国现存古建筑中未见唐破风。

3. 宇治平等院

位于京都附近宇治的平等院建于平安时代后期的 1053 年。其主要建筑叫"凤凰堂"
（图 24-4）。

平等院凤凰堂的建筑艺术特点有：

◇ 建筑由中堂、翼廊、端部楼阁和中堂向后延伸的尾廊连成一体，象征着凤凰
　　展翅。

图 24-4　宇治平等院凤凰堂

◇ 凤凰堂前有一湾水池，这在佛教建筑中比较少见，寓意着转世到仙境的渴望。

◇ 歇山式屋顶，不仅屋面翘起，屋脊两端也微微翘起。这也与飞鸟时代、奈良时代的佛教建筑不同。

4. 京都银阁寺（慈照寺）

银阁寺也叫慈照寺（图 24-5），是幕府室町时代的建筑，1484 年建设。最初为幕府将军足利义政的别墅，称作东山山庄。后改为禅宗佛堂慈照寺。由于是楼阁形式，又表达了一种淡泊的世界观，与当时京都的金阁寺形成对比，故被称作银阁寺。

图 24-5　京都银阁寺

银阁寺的建筑艺术特点有：

◇ 庭院中池水旁的楼阁。

◇ 两层楼阁，大挑檐攒尖屋顶。

◇ 屋顶材料为"柿葺"，即用 3mm 厚的木片稍微重叠铺砌而成。

24.5　神道教建筑 ◦┈┈┈┈┈┈┈┈┈┈┈┈┈┈┈┈┈┈┈┈┈┈┈┈┈┈┈┈┈┈┈

神道教是日本本土宗教，其主要建筑类型是神社以及神社入口处的鸟居。

1. 神社

日本有数以万计大大小小的神社。

神社是祭祀性建筑，供奉太阳神，即天照大神，还供奉丰收之神、稻荷神（农神）、土神、水神和风神等。最初是每年举行祭祀仪式时临时搭设的可抬着游行的棚厦，相当于现代节日游行的彩车。

佛教建筑传入日本之后，神道教受到启发，神社也变成固定建筑。但神社的周期是人为确定的，称作"式年迁宫"，即到了一定年限，建筑没有损坏也按原样重建，让神灵搬家住新房子，把旧神社拆除。伊势神宫每 20 年重建一次，出云大社每 60 年重建一次。

与佛教寺庙比，神社简单朴素。神社样式或者说风格有多种，在平安时代基本定格，之后只有细部或装饰方面的变化，较大变化的神社只是个例。

日本著名的神社包括奈良时代的伏见稻荷大社、春日大社、八坂神社，平安时代的伊势神宫、出云大社、严岛神社、富士山宫浅间神社，江户时期的日光东照宫等。大阪的住吉大社据说有 1800 年历史，但那时尚处于弥生时代，日本还没有文字记载，也没有考古证据支持。

2. 神社样式

神社一般是干阑式建筑，即从地面架空的长方形坡屋顶木结构建筑。神社样式的区别主要在于屋顶和入口。

神社的屋顶大都是悬山屋顶，日本叫切妻屋顶。也有类似于歇山（日本叫入母屋）的屋顶，但与佛教（或者说中国建筑）的歇山屋顶不同，是悬山屋顶在山墙侧增加了悬挑屋檐。

屋顶斜坡有平面和翘曲面之分。屋顶材料为茅葺，即压制得密实整齐的茅草屋顶。

早期神社屋脊处或有千木或有置千木。

山墙处交叉伸出的木板被叫作"千木"。新石器时期搭建房屋不特意截断木杆，没有类似锯的便利的截断木杆的工具，树干交叉伸出，千木是此习惯的延续。千木端部形状内宫外宫有别，供奉太阳神——天照大神的内宫为水平，供奉丰收大神的外宫为垂直。这是细节的象征性表达。

置千木与千木的区别是位置上的不同。

横在屋脊上的短圆木被叫作"鲣木"。数量多少与供奉的神有关。10 根鲣木是内宫；9 根鲣木是外宫。

千木、置千木和鲣木在镰仓时代（12 世纪）销声匿迹，明治时代（19 世纪）又重新出现。

山墙中心有一个粗立柱，被叫作"宇豆柱"。

神社的入口或设在建筑长边，称作"平入"；或设在山墙面，称作"妻入"。神社山墙由于有"宇豆柱"，入口不设在中心位置。

入口为平入时，或入口一侧的屋檐悬挑长度大些兼作雨篷，称作"流造"；或为了平衡两侧屋檐悬挑长度都加大，称作两流造。

奈良时代（7—8 世纪）日本神社没有弧面屋顶，之后才出现。

图 24-6 给出了日本神社的主要样式。

3. 伊势神宫

伊势神宫是日本最著名的神社（图 24-7），位于伊势市，所以叫作伊势神宫。

伊势神宫每 20 年按原样重建。所以，现在看到的神宫是 20 年以内建的。由于是按照原样重建，看到的建筑是又久远的最初样式。最早的固定式的神社始于平安时代（8—12 世纪）。

神社是农耕意识的表达。地板下有一根架空柱称作"心御柱"，被认为是神明附体之物，是图腾文化的延续。神社的入口开在长边。木制阶梯被认为是连接人与神的桥。

伊势神宫的屋面是平面，没有翘曲，非常简洁，源自古时候的样式。

a）神明造
悬山切妻平面屋顶，入口在长边平入。如伊势神宫

b）大社造
悬山弧面屋顶，入口在山墙（妻入）。如出云大社

c）春日造
悬山弧面屋顶，入口在山墙且有向拜-向外延伸的
屋檐，类似于一端歇山入母。如春日大社

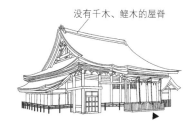

d）八坂造
歇山屋顶，山墙处重檐，入口在长边设向拜-屋顶
局部悬出一段。如八坂神社

e）流造
也称流线造。悬山弧面屋顶，入口在长边，入口侧屋
檐外挑加大。如下鸭神社

f）两流造
悬山弧面屋顶，入口在长边，两侧屋檐都加大悬挑。
如严岛神社

g）日吉造
歇山屋顶，入口在长边，单流造。如日吉大社

h）八幡造
两座悬山弧面屋顶建筑并排连为一体，入口在长边，
屋檐局部悬出一段形成向拜。如宇佐神宫

图24-6　日本神社样式

4. 日光东照宫

日光东照宫是德川家族的墓地，也是神话德川将军的祭祀性建筑，建成于1643年。

东照宫与绝大多数神道教建筑不一样，是个特例。建筑风格是神道建筑与佛教建筑的融合，还有西方建筑元素。华丽繁杂，表皮密密麻麻的，看上去有些像印度教建筑，雕塑数量达5000多件。东照宫有强烈的夸耀性，被称作日本的巴洛克建筑，其强调装饰的华丽风格对江户时期寺庙建筑有较大影响。东照宫的华丽风格依赖于江户时期的商业发展、经济繁荣。

东照宫阳明门（图24-8）最为著名，其建筑艺术语言包括：

◈ 歇山屋顶。

◈ 唐破风。

◈ 多重斗拱。

◈ 508件龙、狮子等灵兽和人物雕塑。

◈ 色彩丰富，运用了红、绿、青、白、金色。

◈ 室内有取自欧洲风格的双穹顶。

◈ 用了哥特式束柱。

图 24-7　伊势神宫　　　　　　　　　　　图 24-8　日光东照宫阳明门

5. 鸟居

鸟居是神道教建筑入口处的牌坊。有说法源自神道教传说，也有说法源自佛教窣堵坡牌坊。图20-1所示窣堵坡牌坊与鸟居确实有些像。但笔者对此说法有两点存疑。一是佛教建筑自中国引进，为什么中国没有鸟居？二是日本绝大多数佛教建筑为什么不用鸟居。

鸟居寓意着人间与神界之间的门，过了鸟居，就是进入了神的境地。

绝大多数鸟居是木结构的，构造简单。主要构件是左右两根竖的圆木和上下两根横木。下面的穿过圆柱的横木叫作"贯"，上面的微微翘起的横木叫作"岛木"，岛木之上的构件叫作"笠"。"贯"与"岛木"之间的短立柱称作"额束"，是写神社名称的地方。圆柱的柱头称作"台轮"，柱础称作"龟腹"。有的柱子有高基座，称作"根卷"。圆柱与"贯"之间的楔子就叫"楔"。

也有少量的石结构鸟居和钢筋混凝土结构鸟居，构造与木结构鸟居大体一样，细部更简单一些。

鸟居是日本文化的具有代表性的符号。虽然简洁，但寓意明确，象征性强。凡有神庙之处必有鸟居。位于京都的伏见稻荷大社（图24-9）就有一万多个鸟居。

图 24-9　京都伏见稻荷大社鸟居

24.6　城堡

7世纪日本就有城堡，比欧洲中世纪城堡早出现两个世纪。欧洲早期城堡是木栅栏和木结构建筑，后来变为石头城堡。日本早期城堡也是木栅栏，16、17世纪战国时代及以后建造的城堡变为石头墙基或城墙，主体建筑为木结构＋泥砖建筑，表皮抹灰泥。城堡最主要的建筑是木结构的楼阁，叫天守阁，既有着象征性表达的功能，也是瞭望的塔楼，还是"大名"的府邸。"大名"是日本封建制度下地方诸侯的名称，德川幕府时期，也就是江户时期，日本有200多个大名。

第二次世界大战前日本还有36座城堡，战后仅存12座。除丸冈城堡外，11座城堡是1600年以后建的，包括著名的熊本、松本和姬路城堡。

建于1609年的姬路城堡是日本最著名的城堡，为池田辉正"大名"所建。

白色的姬路城堡非常漂亮（图24-10）。一方面，城堡不仅仅具有军事功能，也是一个地区的政治统治中心和地方诸侯的居所，有象征性表达的功能；另一方面，把城堡建成白颜色是出于防火目的。姬路城堡外墙用白色的白垩土抹灰。白垩土是一种酥松的石灰岩，含有较多方解石，具有很好的防火功能。

姬路城堡建在45m高的山丘上，石墙高达15m。城堡有4座阁楼（天守），

图 24-10　姬路城堡

1 个大天守，3 个小天守。各天守之间有通道连接。

大天守外观 5 层（内部 6 层，因为石墙内也是 1 层），小天守外观 3 层。多层建筑每层都有实用功能。天守为歇山屋顶，每层都有出檐，有三角形山花或唐破风。采用格子窗扇和花头窗，窗洞口出于军事目的内小外大。

姬路城堡虽然有取自中国的建筑语言，如歇山屋顶、重檐等，但有着鲜明的日本建筑艺术特点：

◇ 依地势而建。

◇ 非对称性。

◇ 具有实用功能的多层建筑。

24.7　庭院

庭院是日本古代建筑的重要特色。平安时代开始，受佛教流派禅宗强调心性和自然的影响，日本寺庙建筑注重环境和庭院，其方法是：

◇ 选址山林之中，美景之地。

◇ 采用借景方式将远处山川美景纳入视线。

◇ 无水不成景。或有池水，或有小泉，或做成"枯山水"。

◇ 通过山石、植物和铺沙等形成近景庭院。

◇ 把窗框、柱廊的柱间等作为借景之"画框"；庭院立体设计，如树和山石的布置，考虑"画框"内的构图美学。

◇ 注重入口旁、过道旁、窗前屋后以及角落的微型庭院布置。

◇ "枯山水"。就是用砂石铺地，做成各种水纹状；或布置一些石头，使人产生水的联想。比如用无棱角的大石头寓意着大河水的冲刷。图 24-11 是京都南禅寺的枯山水。

京都的圆通寺、西芳寺、龙安寺等有非常好的庭院设计。日本的庭院传统影响至今，喧闹都市的小角落随处可见精心布置的精致的微型庭院。

图 24-11　京都南禅寺的枯山水

24.8　住宅

日本古代住宅是干阑式木结构建筑，席地而坐。其主要特征包括：

◇　普通民居主要以悬山屋顶为主，贵族宅邸有歇山屋顶、庑殿屋顶和攒尖屋顶。
◇　使用规格化的草垫"榻榻米"，形成室内净空间的模数化布置，对现代建筑的模数化有直接影响。
◇　室内收纳柜为建筑构成。
◇　使用推拉式木格门，表面糊纸。通过拉门布置可以灵活分隔或贯通室内空间。
◇　具有实木质感美，制作精致。

24.9　日本古代建筑艺术的影响

日本古代建筑风格，特别是神社、住宅等简洁的建筑，对现代建筑风格有一定影响，因为其符合现代主义少装饰的理念和美学观念。

1904 年建成的美国洛杉矶根堡别墅是工艺美术运动的著名作品，就是仿日本风格的木结构建筑（图 27-5）。

美国建筑大师弗兰克·赖特 1915 年被邀请到日本设计东京的帝国饭店，在此期间了解了日本建筑，特别赞赏。回美国后，借鉴日本建筑设计了一些别墅，缓坡屋顶、大挑檐、装饰简单，被称作草原风格，是目前美国中西部地区别墅的主要风格。

日本建筑以榻榻米的标准尺寸作为平面布局的模数，也被弗兰克·赖特采用。模数化设计推广开来，成为建筑设计的重要原则。

日本古代建筑简洁的风格通过日本现代建筑师影响了世界。

第 25 章
印第安建筑艺术

印第安人建了大约 10 万座金字塔。

25.1　印第安历史概述

1. 印第安人踏上美洲大陆

印第安人（包括因纽特人）大约在 4 万年前到 1.2 万年前踏上了美洲大陆。那时是冰川期，海平面比现在低一百多米，白令海峡还是陆地，西伯利亚与北美阿拉斯加之间没有通行障碍，印第安人可能由于追猎迁徙的猛犸象和其他动物而踏上了美洲大陆。

1.2 万年前冰河期结束，海平面上升，白令海峡把美洲大陆和亚洲大陆隔开了，从此印第安人与欧亚大陆断绝了联系，直到 1492 年哥伦布到达美洲。

2. 印第安人的社会形态

前哥伦布时期，美洲印第安人有 4 种社会形态。

第一种是**采集狩猎者游团**，生活方式与踏上美洲大陆时一样，依然以采集 - 狩猎为生，不定居。这些游团分布在北美洲北部、西部高原和太平洋沿岸，南美洲中部和东南部。

第二种是**定居的采集狩猎社团**，没有进入农业社会，由于所在区域食物资源丰富，不需要游动，定居了下来。北美洲温哥华、洛杉矶、伊利诺伊和阿拉斯加有几个定居点，南美洲智利蒙特沃德和秘鲁卡拉尔有定居点。

第 3 种情况是**农耕氏族 - 部落**，美洲大约 6000 年前出现了农业，北美洲以种植玉米为主，南美洲以种植土豆为主。一些农业地区直到哥伦布时期还是氏族 - 部落社会，未建立国家。包括北美东部、中部和西南部，加勒比海岛屿，南美安第斯山东部和南部地区。这些农耕氏族 - 部落虽然定居了，但未建造具有艺术属性的仪式性建筑。

第 4 种情况是**文明社会**，建立了国家，有了仪式性建筑，包括美索美洲文明和安第斯山文明。

3. 美索美洲文明

美索美洲文明是世界 6 个原创文明之一。"美索美洲"是"中部美洲"的意思，指包括墨西哥中部和南部、危地马拉、伯利兹、萨尔瓦多和洪都拉斯等有着共同文明特征的区域。

美索美洲文明有三个阶段：

（1）**前古典时期（奥尔梅克时期）**

美索美洲文明发源于奥尔梅克。奥尔梅克在墨西哥城东南方向大约 600 公里处。公元前 1500 年，那里出现了几个上千人的聚落，在人工垒砌的土台上建造了金字塔、房屋、广场、球场等，还有巨石雕像。

前古典时期即奥尔梅克时期，从公元前 1500 年到公元 100 年，是美索美洲文明的形成期。

（2）**古典时期（特奥蒂瓦坎帝国和古典玛雅）**

古典时期奥尔梅克文明派生出两个分支——特奥蒂瓦坎和古典玛雅。

特奥蒂瓦坎在奥尔梅克西北，墨西哥城附近，公元元年前后形成国家，公元 900 年消亡。

古典玛雅在奥尔梅克南边，墨西哥南部、危地马拉、伯利兹，洪都拉斯和萨尔多瓦，有 60 多个独立的城邦国家，公元 250 年兴起，公元 1000 年前后消亡。古典玛雅人创造了象形文字。

（3）**后古典时期（阿兹特克帝国和后古典玛雅）**

大约公元 900 年开始，墨西哥中部阿兹特克帝国兴起，是在托尔特克文明基础上继承了特奥蒂瓦坎的辉煌，1521 年被西班牙人征服。

公元 900 年前后，墨西哥尤卡坦半岛后古典玛雅的几十个城邦延续了古典玛雅的香火，1540 年被西班牙人占领。

4. 安第斯山文明

南美洲安第斯山文明是世界 6 个原创文明之一，以秘鲁为中心，包括厄瓜多尔、玻利维亚和智利部分地区，是唯一没有文字的文明，但复杂多变的结绳可以记事，部分起到了文字的作用。

安第斯山文明大体上分为 6 个阶段：

（1）**卡拉尔文化（准备阶段）**

秘鲁首都利马以北约 150 公里的卡拉尔古城遗址（公元前 2600 年—公元前 1500 年）是以沙丁鱼为生的食物搜寻者建立的公共建筑群，被认为是安第斯山文明的源头。

（2）**查文文明（形成阶段）**

查文文明是安第斯山文明初步形成的标志，号称安第斯山文明之母。

查文全称是查文·德·万塔尔，位于秘鲁利马以北 270 公里的山区，遗址是宗教祭祀中心，有神庙、神像雕塑、石器、陶器，还有金和铜制作的工艺品。公元前 900 年初步成型，公元前 200 年消亡。

（3）莫希王国（发展阶段）

莫希王国是查文文明之后第一个国家，在秘鲁北部沿海地区，影响范围约 500 公里，历时约 900 年，公元前 200 年到公元 700 年。人口有几十万。

（4）蒂亚瓦纳科王国和瓦里王国（中兴阶段）

蒂亚瓦纳科王国位于玻利维亚的喀喀湖附近，公元 600 年到 1000 年，其统治和影响范围包括玻利维亚、秘鲁南部、阿根廷北部、智利北部。

瓦里王国位于秘鲁南部高地，兴盛期从公元 500 年到 1000 年。

（5）拉姆巴耶克王国和奇穆王国（中晚期阶段）

拉姆巴耶克王国公元 900 年到 1000 年统治着秘鲁北部和厄瓜多尔部分地区，后被奇穆王国所灭。

奇穆王国是印加帝国之前南美洲最大的国家，疆域沿太平洋绵延约 800 公里。首都昌昌城是一座用黏土建造的城市。奇穆王国 1465 年被印加帝国征服。

（6）印加帝国（最后阶段）

印加帝国是安第斯山文明的最后阶段，西方人 16 世纪入侵时南美洲唯一的国家。

印加帝国发源地和首都是库斯科，位于安第斯山区，距离利马 300 多公里。1438 年扩张成为美洲最大的帝国，包括秘鲁全境、厄瓜多尔和哥伦比亚部分地区、玻利维亚西部、阿根廷北部和智利北半部，面积约 100 万平方公里，人口约 600 万。印加帝国历史不到百年，后被西班牙人征服。

5. 印第安文明是石器文明

3000 多年前印第安人就会冶炼金、银、铜及其合金，能制作精美的贵金属装饰品，但直到 15 世纪欧洲人到来，美洲也没有进入金属时代，工具和武器还是石器。所有印第安建筑都是用石制工具，主要是用坚硬的黑曜石为工具建造的。印第安人没有发明车轮。

25.2 印第安建筑艺术谱系

印第安建筑艺术谱系包括中美洲的美索美洲建筑风格和南美洲的安第斯山建筑风格。美索美洲建筑风格包括特奥蒂瓦坎、托尔特克和玛雅建筑风格；安第斯山建筑风格包括奇穆和印加建筑风格。

美索美洲文明和安第斯山文明互相没有影响，建筑风格也没有关系，之所以归于一个谱系，基于以下原因：

◇ 都是印第安人创造的文明和建筑。

◇ 都是用石制工具建造的建筑。

◇ 都有高台基（金字塔）偏好。

◇ 安第斯山建筑过于原始和简单，自成谱系也很勉强。

25.3 美索美洲建筑艺术

美索美洲建筑遗址包括奥尔梅克、特奥蒂瓦坎、托尔特克、阿兹特克、阿尔万、米斯特克和各玛雅城邦，除了特奥蒂瓦坎、托尔特克和玛雅城邦外，其他遗址基本没有地上建筑物，无法获知其艺术风格。本节只介绍特奥蒂瓦坎、托尔特克和玛雅的建筑艺术。

奥尔梅克是美索美洲文明的源头，但几处遗址只有台基和基础。不过，遗址有重2吨的人头雕像，从中可一窥3500年前印第安人使用黑曜石刻刀的雕塑工艺与艺术（图25-1）。

25.3.1 特奥蒂瓦坎建筑艺术

特奥蒂瓦坎距离墨西哥城40公里，城市人口最多时达到20万，是印第安历史上最大的城市，有印第安最宽广的城市大道和最高的金字塔。

（1）中央大道

特奥蒂瓦坎的意思是诸神之地。特奥蒂瓦坎人信仰多神教，敬太阳神、月亮神、水神、雨神、火神、羽蛇神和春神兼重生之神。

特奥蒂瓦坎城市中央大道很有气势，长5公里，宽40m，笔直壮观（图25-2）。

图25-1 奥尔梅克的人像雕塑　　图25-2 特奥蒂瓦坎中央大道

中央大道两侧有多座金字塔。印第安人的金字塔是神庙台基，塔顶是神庙。印第安人用活人做牺牲品祭祀神，每当举行祭祀仪式时，人祭牺牲被押着通过中央大道走到金字塔顶被杀死，因此中央大道也被叫作死亡大道。

（2）太阳金字塔

特奥蒂瓦坎最大的金字塔是太阳金字塔，底宽225m，高64m，加上神庙高度是73m，是美洲最大的金字塔，很壮观（图25-3）。但比埃及金字塔矮了很多。

图25-3　特奥蒂瓦坎太阳金字塔

特奥蒂瓦坎金字塔内部是泥土，外表砌筑石块。金字塔正面有阶梯直达塔顶，阶梯两旁镶嵌彩色浮雕石板。金字塔原貌为抹灰表面涂上色彩，金碧辉煌。金字塔有4层缓台，既出于结构稳定考虑，也是举行祭祀仪式时表演的地方。特奥蒂瓦坎人有建筑模数的概念，金字塔的高宽长都是按统一比例关系确定的。

特奥蒂瓦坎建造了600多座金字塔，美洲印第安人一共建造了10万座金字塔，都是经常举办祭祀仪式的地方。

为什么埃及和印第安人不约而同地喜欢造金字塔？

从象征意义讲，金字塔庞大的体量对比出了人的渺小；金字塔顶距离神最近。从技术角度讲，四棱锥体金字塔属于稳定结构，堆砌即可，施工简单。

（3）羽蛇神庙雕塑

尽管使用石制工具，特奥蒂瓦坎的雕塑还是挺精美的。金字塔、神庙和宫殿都有雕塑或浮雕。图25-4是羽蛇神庙探出的水蛇和怪兽头。

（4）显贵豪宅

特奥蒂瓦坎的住宅或土石结构，或石结构。石墙雕刻浅浮雕，或有鲜艳涂层和绘画。显贵豪宅有柱廊，柱表面是精美的浮雕，屋顶有装饰性雉堞（图25-5）。

25.3.2　托尔特克建筑艺术

托尔特克帝国在特奥蒂瓦坎之后兴起，是特奥蒂瓦坎帝国与阿兹特克帝国之间的过渡，统治墨西哥中部大部分地区，首都图拉离特奥蒂瓦坎只有40公里，有广场、金字塔和宫殿。托尔特克人创造了美洲柱式，后古典玛雅时期的柱式也是受托尔特克的影响。

图 25-4　特奥蒂瓦坎羽蛇神庙细部雕塑

图 25-5　特奥蒂瓦坎显贵豪宅

托尔特克人粗野、尚武，他们制作的武士雕像柱高达 4.5m，勇武威严（图 25-6）。

托尔特克帝国之后的阿兹特克帝国更为强大，建筑成就也非常辉煌。据入侵的西班牙人描述，帝国首都富丽堂皇，但都被西班牙入侵者彻底摧毁了。阿兹特克建筑艺术没有留下任何实物痕迹。

25.3.3　古典玛雅建筑艺术

西班牙人登陆中美洲时，尤卡坦半岛有个城邦国家叫"玛雅潘"，是玛雅文明最后阶段的城邦国家。西班牙人把与玛雅潘有着相同特征的文明体都称作"玛雅"。

玛雅文明是先后近百个城邦国家在两千多年的岁月里所构筑的有着统一文明特征的集合。历史学家布莱恩·费根形象地用"马赛克"一词形容玛雅文明的构成。

玛雅文明的覆盖范围有 30 万到 40 万平方公里，相当于云南省面积。古典时期从公元 300 年开始，历时 600 年，到公元 900 年衰落，共有城邦国家约 60 个，人口 800 万～ 1000 万。著名城邦有蒂卡尔（危地马拉）、科潘（洪都拉斯）、卡拉克穆尔（墨西哥）、帕伦克（墨西哥）、卡拉科尔（伯利兹）和卡哈帕奇（伯利兹）等。

玛雅每个城邦都有金字塔、神庙、宫殿、球场、广场，有的还有观察天文的建筑。大一点的村镇也有微型金字塔。美洲 10 万座金字塔大多数分布在玛雅地区。

玛雅金字塔也是神庙的高台基，规模比特奥蒂瓦坎小，也用活人做祭祀牺牲。玛雅人特别喜欢在战争中俘虏其他城邦的国王和贵族做祭祀品，很多不幸的玛雅国王和贵族在金字塔顶被开膛掏心。

古典玛雅建筑多使用石材，用石灰、树胶和水搅拌浆料砌筑。即使是石墙，玛雅人也要抹上石灰灰泥，硬化后呈发亮的白色，有的白灰墙被涂成彩色。

下面介绍几个玛雅古典时期的建筑实例。

（1）蒂卡尔金字塔

蒂卡尔是古典玛雅的"超级大国"，10 万人口，中心城区有 3000 多座建筑。

蒂卡尔金字塔与大多数金字塔不一样，呈坡度很陡的尖锥形（图 25-7），9 级台阶，其上是神庙，神庙之上是蛇头造型，总高度 64m。

图 25-6 托尔特克武士石柱

图 25-7 蒂卡尔金字塔

（2）科潘古城刻字柱

科潘古城是古典玛雅时期最著名的文明遗址之一，占地 12 万平方米，有 6 座金字塔神庙，还有宫殿、广场、宅邸、球场。

科潘金字塔通向塔顶的石阶旁的石板上，镌刻着 2200 多个象形文字，讲述着一位国王的伟业。科潘的石柱上也镌刻着文字（图 25-8）。玛雅文字的主要功能是歌颂神和君主。

（3）卡拉克穆尔金字塔

卡拉克穆尔也是古典玛雅时期的"超级大国"，是蒂卡尔最主要的争霸对手。卡拉克穆尔金字塔建筑群依地势起伏而建，非常有气势（图 25-9）。

图 25-8 科潘刻字石柱

图 25-9 卡拉克穆尔金字塔

（4）帕伦克天文塔

玛雅人的天文观测与宗教和城市规划有关。帕伦克玛雅古城的宫殿有一个方塔（图 25-10），内墙刻的象形文字是关于火星的信息，这座塔被认为是专门进行天文观测的塔。帕伦克天文塔是多层建筑，在石器时代非常少见。

25.3.4 后古典玛雅建筑艺术

玛雅文明后古典时期从公元 900 年到 16 世纪初，历时约 600 年，主要遗址在墨西哥尤卡坦半岛，包括乌斯马尔、奇琴伊察、玛雅潘、图卢姆等。建筑保存最完好的是乌斯马尔和奇琴伊察。

1. 乌斯马尔建筑

乌斯马尔是后古典玛雅最早发展起来的城邦，建筑很有特色。

（1）椭圆形金字塔

玛雅金字塔都是方锥台形，而乌斯马尔金字塔是椭圆形的，既别致又好看。塔高 39m，坡度较陡，很有气势（图 25-11）。椭圆塔施工难度比较大。

图 25-10　帕伦克天文塔

图 25-11　乌斯马尔椭圆金字塔

（2）统治者宫

乌斯马尔"统治者宫"是一座长 98m，宽 12m 的建筑，有门无窗，墙体很厚，室内空间窄小。

统治者宫建在高台基上，虽然是一层建筑，但很有气势。门楣以上墙面较高，满是雕塑，与下部简洁的墙体形成了鲜明的对照。美国建筑大师赖特盛赞"统治者宫"是美洲大陆最杰出的建筑（图 25-12）。

（3）乌斯马尔柱廊与尖拱

乌斯马尔有柱廊和尖拱。

托尔特克人最早在建筑中使用柱子，乌斯马尔的柱式受其影响。

乌斯马尔人发明了尖拱券，用石板做内外模具，石板间浇筑石灰和石子混合物。每隔一段有一水平拉杆（图 25-13）。

印第安人还独自发明了叠涩拱，就是将砌筑的砖石一层层向内悬挑，最终在屋脊合拢。欧亚非大陆最早的叠涩拱是西亚人发明的。

图 25-12　乌斯马尔统治者宫　　　　　　　　　　　　图 25-13　乌斯马尔柱廊与尖拱

2. 奇琴伊察

奇琴伊察在所有玛雅遗址中名气最大，兴起于 850 年，消亡于 1100 年，历时 250 年。奇琴伊察建筑有金字塔、宫殿、广场、球场和天文台。

（1）奇琴伊察卡斯蒂略金字塔

卡斯蒂略金字塔高 23m，在玛雅金字塔中算小号的，只有乌斯马尔金字塔三分之一高。不过卡斯蒂略金字塔小而精致，4 面都有阶梯，立面看上去比较丰富（图 25-14）。

（2）奇琴伊察柱式建筑

奇琴伊察也有柱式建筑。托尔特克人统治过尤卡坦地区，把自己的文化带到这里。奇琴伊察石柱上的绘画和雕刻艺术比较多地受到托尔特克的影响（图 25-15）。

（3）奇琴伊察球场

从奥尔梅克时代开始，球场就是美索美洲文明的特征之一。球场不是单纯的娱乐和竞赛场所，还有赌博性和宗教性。

奇琴伊察球场是玛雅遗址中最大的，球场建筑主要是两道厚重的墙体，墙上有射球的环（图 25-16）。

（4）奇琴伊察天文台

奇琴伊察有一座漂亮的天文台，是圆形塔式建筑（图 25-17），塔内有螺旋楼梯。

图 25-14 奇琴伊察卡斯蒂略金字塔

图 25-15 奇琴伊察柱式神庙

图 25-16 奇琴伊察球场

图 25-17 奇琴伊察天文台

25.4 安第斯山建筑艺术

安第斯山文明留存的地上建筑物很少，建筑艺术风格也比较简单，下面介绍一下卡拉尔、查文、昌昌和马丘比丘遗址的建筑。

1. 卡拉尔文化遗址

卡拉尔文化遗址比奥尔梅克早 1000 多年，距今 4600 多年了。它不是农业定居者的遗址，而是采集 - 狩猎者所建，在人类建筑史上是一个特例。

卡拉尔有 6 座阶梯状石台，有人称之为金字塔，但名不符实，因为石台坡度太缓（图 25-18）。最大的石台长 152m，宽 137m，高 18m。由于历史久远，风化严重，轮廓已经模糊了。

2. 查文遗址

查文遗址是宗教祭祀中心，有神庙、

图 25-18 卡拉尔文化遗址

神像雕塑，还出土了石器、陶器以及金和铜制作的工艺品。

查文神庙的平面布置为 U 形，开口朝向太阳升起的方向，有圆形和方形下沉式广场。主建筑立面是阶梯状，十几米高，有人将其称作"金字塔"，非常勉强。一是边坡太缓；二是它内部有房间、走廊和楼梯，其实是阶梯状的房子。

神庙内还有 500m 长用石头砌筑的通风道和流水管道，山水流过时发出隆隆的响声，很烘托气氛。考古学家认为，查文宗教仪式的主题与水有关。

查文建筑用石材建造，采用墙、柱、板结构，由于石材抗拉和抗弯强度低，所以建筑内部空间很窄。查文遗址的花岗岩石雕柱（图 25-19）是刻意的艺术表达。

3. 昌昌古城

昌昌古城是奇穆王国首都，在秘鲁北部，距离利马约 600 公里。全盛时期人口近 10 万，城内有庙宇、宫殿、住宅、广场、工场、粮仓等。

昌昌古城建于公元 1000 年到 1400 年间，是世界上最大的土城遗址之一，建筑用黏土建造，墙体是土坯砖，黏土里有贝壳、砂子等骨料；屋顶是黏土、藤条和草建造。昌昌古城被高大厚重的城墙环绕，墙体是精致雕刻的土坯（图 25-20）。古城最久的黏土房屋大约有 1200 年历史。

图 25-19　查文雕刻石柱　　图 25-20　昌昌古城黏土城墙

奇穆王国有个奇特的墓葬习惯，国王死了就埋在他住的宫殿里，把宫殿封闭成墓台，侍卫与宫女也一同殉葬，新国王再另外建造宫殿。

4. 马丘比丘建筑群

秘鲁马丘比丘建筑群被誉为南美洲最伟大的建筑，建在海拔 2350m 高的陡峭山脊上（图 25-21），1440 年前后建造，是印加帝国王公贵族的休闲"山庄"和祭祀地。马丘比丘遗址发现了上百个女性遗骨，印加王室自称是太阳神后裔，祭祀太阳神的仪式要献上处女。

马丘比丘占地9万平方米，有140多栋建筑，包括宫殿、神庙、祭司与贵族住宅、广场、庭院、佣人和警卫住所、警卫室、仓库等，还有墓地。建筑群有水池和给水排水系统，周围是层层梯田。

马丘比丘的建筑是石块砌筑的，木结构三角屋架，屋顶铺茅草（图25-22）。

墙体所用石块是不规则的（图25-23），没有灰泥粘接，石匠一块块切割研磨，石缝很细，刀片都无法插入。

图 25-21　马丘比丘建筑遗址

图 25-22　马丘比丘瞭望台茅草屋

图 25-23　马丘比丘不规则块石干砌的石墙

马丘比丘有10~20吨重的巨石祭祀台，还有109个整块石头凿成的阶梯。石头在山上就地开采，但搬运这么重的石头，没有起重机械和轮子，是非常艰巨的任务。

马丘比丘建筑没有多少艺术元素，之所以获得非常高的评价，主要由于建造在山巅上的环境因素和建造不易的惊奇感。

25.5　印第安建筑艺术的特点

印第安建筑艺术的特点包括：

◇　锥形高台基神庙即金字塔。

◇　建筑形体较为简单。

◇　墙面和柱子表面有浮雕，包括黏土建筑墙面。

◇　建筑表皮或用白色灰泥或涂刷鲜艳色彩。

◇　石头建筑原始质朴。

25.6 印第安建筑艺术的影响 ○···

　　前哥伦布时期，印第安建筑艺术的影响仅限于文明地区，即美索美洲和安第斯山西部地区。

　　西方人来到美洲后，大多数当地建筑被毁坏，阿兹特克、托尔特克和印加帝国的首都都被夷为平地，殖民者在其上建造新城，印第安晚期的辉煌建筑都不见踪影了。

　　特奥蒂瓦坎和玛雅建筑或因在人烟稀少的地方，或因被热带雨林掩埋而得以留存，马丘比丘直到 20 世纪初才被发现，这些建筑没有传播和影响。

　　后哥伦布时期美洲建筑主要是欧洲风格，但在色彩方面，中美洲和南美洲受印第安艺术影响较大，喜欢用白色和彩色建筑表皮，鲜艳亮丽。

第3篇
现代建筑艺术

第 26 章

现代建筑概述

因美学观念转变而"发现"的美学元素,

成为现代建筑艺术的主角。

26.1 什么是现代建筑

什么是现代建筑?

从技术角度定义,现代建筑是用现代建筑材料(铸铁、钢材、混凝土、玻璃等)、结构技术和施工工艺建造的建筑。

按照这个定义,现代建筑始于 18 世纪末。

从艺术角度定义,现代建筑是运用现代建筑理念和艺术表达方式建造的建筑。

有些建筑采用了现代建筑材料和技术,从技术角度属于现代建筑,但艺术风格是古代的,从建筑艺术的角度应归类为古代建筑。如铸铁结构的巴黎歌剧院、钢筋混凝土结构的巴黎蒙马特高地圣心教堂和钢筋混凝土结构的武汉黄鹤楼,都是用现代建筑材料和技术建造的有着古代艺术风格的建筑。19 世纪到 20 世纪初有一部分新古典主义、浪漫主义和折中主义建筑属于这种类型,技术是现代的,艺术风格是古代的。

有些现代建筑部分采用了古代建筑艺术语言,如装饰艺术运动和后现代主义风格建筑,但这不影响其现代建筑的艺术属性。

有些建筑虽然采用传统建筑材料和工艺建造,但艺术风格是现代的,从艺术角度应被视为现代建筑。如一些砖、木结构现代风格建筑。

从艺术角度定义的现代建筑始于 19 世纪中期。1851 年建成的水晶宫是现代建筑登上历史舞台的标志性事件。

有一些在现代建造的建筑,使用传统建筑材料,采用传统工艺方法,艺术风格也是传统式样,如古代木结构庙宇重建,农村传统民居建造等,无论从技术和艺术角度,都不属于现代建筑。

现代建筑归类见表26-1。

表 26-1　现代建筑归类

类别号	建筑材料与技术	建筑艺术风格	建筑性质	建筑艺术范畴	举例
1	古代传统材料与技术	古代	古代	古代	现代建造的木结构仿古建筑、农村传统古典风格建筑
2	古代传统材料与技术	现代	现代	现代	用砖瓦、石材或木材建造的现代风格的建筑
3	现代建筑材料与技术	古代	现代	古代	一些用现代建筑材料建造的古典主义、新哥特主义和折中主义建筑
4	现代建筑材料与技术	无艺术语言	现代	完全功能性建筑，无艺术风格	厂房、仓库
5	现代建筑材料与技术	现代	现代	现代	现代主义、后现代主义、解构主义、新现代主义建筑
6	现代建筑材料与技术	部分采用古代建筑艺术符号	现代	现代	伪古典主义、后现代主义建筑

26.2　现代建筑出现的背景

文艺复兴之后开始的科学革命、工业革命和政治革命到19世纪取得了重要成果，人类生存方式发生了巨大变化，从农业社会步入工业社会，从封建社会或皇权社会逐步走向主权在民的现代社会。从18世纪到20世纪短短200年间，人类的物质与文化生活的变化远远超过前5000年[一]。

（1）人口增长

地理大发现后，美洲的玉米、土豆等高产农作物被引进到世界各地，培育良种技术、发明化肥、改善农具和初步农业机械化等农业科技进步，大幅度提高了粮食产量。医学科学进步提高了婴儿成活率，降低了成人死亡率，延长了人的寿命。地理大发现和科学革命导致世界人口大幅度增长。图26-1是17世纪到现在的人口增长曲线[二]，可以看出：从18世纪开始，世界人口增长很快。

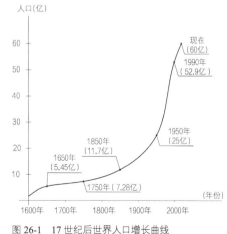

图 26-1　17 世纪后世界人口增长曲线

㊀　《全球通史》（下）P401，（美）斯塔夫里阿诺斯著，北京大学出版社。

㊁　《全球通史》（下）P497，（美）斯塔夫里阿诺斯著，北京大学出版社。

（2）工业化与城市化浪潮

蒸汽机的发明，采矿业和纺织业的兴起，机器、火车、轮船、汽车、电、电报电话的发明等，极大地促进了经济发展，形成了工业化浪潮和城市化浪潮。人口大量向城市聚集。城市数量增加，城市规模扩大。例如，美国芝加哥1880年到1890年10年间人口就翻了一倍，从50万增加到100万。

（3）新建筑材料的发明与应用

科学革命和工业革命带来建筑材料领域的巨大进步。

◇ 钢铁

公元前2000年西亚的亚述人就发明了炼铁术，由于木材炼铁成本高，4000年来，铁只用于武器、工具、车轮和厨具等，在建筑中的应用仅限于城门、吊桥铁索、门窗配件和装饰性配件等。

18世纪80年代，随着采矿业的发展，开始用煤炭炼铁，大大降低了成本，铁大量用于桥梁与建筑中。由于铁含碳量较高，虽然抗压强度很高，但抗拉强度低，所以比较脆，不能满足建筑结构对抗拉性的要求，特别是大跨度建筑和高层建筑的要求。19世纪中叶，欧洲人发明了精炼的含碳量低的熟铁，提高了抗拉强度，但抗压强度较低，比较软，也不能满足建筑结构的需要。1855年，英国发明了转炉炼钢法，1865年法国发明了平炉炼钢法，1870年发明了轧制工字钢工艺，由此，含碳量适中，强度高且韧性好的钢材成为建筑材料的主角。

◇ 水泥、混凝土、钢筋混凝土

两千多年前的古罗马时期，在罗马南部有天然水泥，即具有活性的细颗粒火山灰。但之后就再也没有发现和应用天然水泥。

1774年，英国工程师艾迪斯通意外发现含黏土和其他杂质多的石灰水化后强度更高。由此引发了人们对新型胶凝材料的研究。1824年，英国人约瑟夫·阿斯帕丁发明了人造水泥，随之混凝土诞生了。

1865年，法国花匠约瑟夫·莫尼埃用混凝土做了一个大花盆，栽上花后不小心打碎了。莫尼埃发现坚硬的混凝土碎了，但松散的泥土却由于花根盘根错节而结成了团。这给了他启发，他在混凝土里加上铁丝制作花盆，花盆的抗拉性能大大提高了。两年后，他申请了钢筋混凝土专利。钢筋混凝土最先用来造船，后来进入了建筑领域，1890年，世界上出现了第一座钢筋混凝土房屋。

◇ 玻璃

四千年前埃及人就会烧制玻璃。12世纪开始，玻璃用于建筑，主要是哥特式教堂用的彩绘玻璃。1688年，现代玻璃生产工艺问世。1784年，比利时人发明了平板玻璃生产工艺。工业化生产大大降低了玻璃成本，提高了质量，加大了规格，使玻璃得以广泛应用，不仅用于门窗，也用于建筑外墙。

（4）结构技术与施工技术的进步

17世纪法国哲学家笛卡尔建立的解析数学，牛顿与莱布尼茨建立的高等数学和牛顿建立的力学体系，为建筑结构分析与计算奠定了基础。18世纪后建立的材料力学、土力学和19世纪建立的结构力学等，使建筑结构的定量分析与计算用于实际工程设计中，大跨度和高层建筑的安全度有了坚实的科技支撑。

钢材焊接工艺、混凝土搅拌与浇筑工艺、建筑起重设备等工艺和设备的进步为大规模建设提供了坚实的基础。

（5）平民社会地位逐步提高

政治革命使神权和君权的权威与影响弱化或虚化，平民社会地位逐步提高。由此，宗教建筑和宫廷建筑的地位被公共建筑、商业建筑和平民住宅所取代。普通人的居住条件逐步改善，经济发达国家出现了日益庞大的中产阶级阶层。

综上所述，人口增长、经济发展带来的工业化、城市化浪潮和平民社会地位提高等因素，导致了对建筑的巨大需求。从19世纪中叶开始，世界各地特别是欧洲和北美持续增长的建筑规模之大为人类历史上前所未有。古代建筑材料、技术和艺术观念远远不能满足现代建筑的需要。现代建筑材料、结构与施工技术，使得大规模建筑、大空间建筑和高层建筑成为可能。

26.3 现代建筑的艺术特点

19世纪中叶，随着新型建筑材料和结构技术的发展，建筑进入了崭新的时代，现代建筑艺术登场。尽管依然有建筑不时地使用古代建筑语汇，但建筑艺术的主旋律变了。

古代建筑是农业文明的产物。农业是分散的和在野外从事的经济活动，经济活动本身对建筑的需求较少。古代建筑艺术主要服务于神权和君权。古代建筑是神祇和英雄的建筑，是以神权和君权为中心的建筑，许多建筑是权力的装饰，其象征性远远大于实用性，形式高于功能。如教堂、宫殿、凯旋门、纪念碑等，都以象征性为主要考虑。古代建筑讲究甚至依赖装饰。

现代社会，神祇和英雄的时代终结了，为权力装点门面的建筑越来越少，为资本、为公共建筑和服务于平民的建筑越来越多。现代建筑看重实用功能，实用性远大于象征性。

但是，建筑总是要讲究形式的，无论是大型公共建筑，商业建筑，还是普通居民住宅，都有美学需求。建筑艺术的覆盖范围扩大了。如此，手工的、费时的、昂贵的美学元素跟不上时代的要求，从未被纳入美学的一些元素，或者新形成的美学元素，或因美学观念转变而发现的美学元素，成为现代建筑艺术的主角。手工艺美学让位于机械美学，让位于更有利于成本控制和大规模快速建造的美学元素。

现代建筑艺术是以新审美观的建立为主要支撑的。视觉艺术领域形成了抽象是美、简单是美的新的美学观念，替代了旧的艺术观，简单的方块也登上大雅之堂。其实，什么是美并没有恒定的标准，人们对美的认定是随着社会物质形态的变化而改变的。现代建筑的艺术元素是新材料、新工艺、新技术和新的艺术观的集合。

现代建筑最主要的艺术风格是现代主义，现代主义一个重要理念是去装饰化。有人认为"文化的进步与在实用品上取消装饰是同义语。"极端的建筑师甚至说"装饰就是罪恶"。著名建筑大师密斯关于装饰的名言是：少就是多。

但建筑是最重要的视觉艺术，是所有艺术形式中影响最大的，淡化、削弱甚至取消装饰绝不等于不讲艺术。

总体上讲，现代建筑以功能为核心，以现代建筑材料和技术为依托，以现代艺术语言为要素。现代建筑不同风格和流派的区别主要在于形式表现方式的差异上。

现代建筑艺术与古代建筑艺术的主要区别是：

◇ 功能性增强，象征性弱化。

◇ 世俗性增强，宗教性淡化。

◇ 抽象性增强，具象性淡化。

◇ 呈现材料与结构逻辑美学。

26.4 现代建筑艺术风格分类 ◦┄┄┄┄┄┄┄┄┄┄┄┄┄┄┄┄┄┄┄┄┄┄

现代建筑问世以来，短短 100 多年时间里，出现了几十种风格与流派，包括：工艺美术运动、新艺术风格、装饰艺术、芝加哥学派、摩天大楼、未来主义（有主张，无建筑）、表现主义、新客观主义、功能主义、风格派、构成主义、极权主义、理性主义、极权主义、夸张的古典主义、伪古典主义、本质主义、现代主义、国际主义、有机建筑、草原风格、有机主义、有机结构主义、粗野主义、典雅主义、结构表现主义、象征主义、隐喻主义、新陈代谢主义、高科技派、地域主义、新地域主义、历史主义、后现代主义、解构主义、新现代主义、白色派、生态建筑、表现理性主义、新理性主义、新都市主义、文脉主义、极简主义等。还有七八种现代古典主义这里未列入，还有的建筑说不上属于什么风格流派。

现代建筑艺术风格与流派的归类、定义与命名比较随意。"国际主义"是由一本书得名的；"有机建筑"是建筑师赖特自己宣称的；"白色派"是一次展会后得名；"解构主义"则是借助于哲学概念命名的。

由于归类随意，原则不统一，所以对一些现代建筑风格的定义和范围说法差异较大。

如现代主义，罗小未主编的高校教材《外国近现代建筑史》就不用这个概念，大体上以"现代建筑派"代表；王受之编著的《世界现代建筑史》用了现代主义的概念，但把20世纪50年代之前的强调理性和功能的建筑风格说成是现代主义，把50年代之后强调理性和功能的建筑风格说成是国际主义，按阶段将现代主义与国际主义说成两种风格。笔者认为现代主义与国际主义实质上是一种风格，国际主义只不过是现代主义在20世纪50年代至70年代大流行时期的叫法而已。

不宜以时间区段划分现代建筑的艺术风格。许多艺术特征相同或相近的建筑不一定聚集在一个时间区段内。例如，国际主义流行的时间段是20世纪50年代到70年代，但直到今天，还有新建的具有鲜明国际主义风格特征的建筑。

更不宜以建筑师划分现代建筑的艺术风格。因为许多现代建筑师在设计生涯中并不始终如一坚守一种风格。最典型的是美国建筑师约翰逊，他是国际主义风格的命名者，早期是国际主义建筑师，又有著名的典雅主义作品，还是后现代主义最重要的建筑师，最后又走向了解构主义。赖特一生设计的800个建筑作品有400多个建成，很难用一种风格覆盖。路易斯·康的作品既有现代主义的，也有典雅主义的，还有接近后现代主义的，还有人将其划为粗野主义。勒·柯布西耶作品风格的跨越也很大，从精致的萨伏依别墅，到粗野的马赛公寓；从直线的巴西劳动部大楼，到曲线的朗香教堂。很难用一两种风格覆盖，因为他一生都在创新中。即使最坚守现代主义原则的贝聿铭，作品既有典型的国际主义风格，又有新现代主义风格，还有采用古典符号的地域主义风格。

就像国家有大有小一样，建筑风格之间也有很大差异，有的建筑风格遍布全球，持续百年，如现代主义；有的建筑风格只归纳了一两个建筑师的作品，短短十几年时间，如沙里宁的有机结构主义。

有的现代建筑风格特征多元，说成A风格可以，归类到B风格也说得过去。如约翰逊设计的林肯艺术中心，用了古典建筑拱券符号，气质典雅，说成后现代主义风格和典雅主义风格都不能算错。

现代建筑虽然只有一百多年历史，但建筑规模超过了前5000年人类建筑的总和。丰富多彩的现代建筑，不是几种风格所能覆盖的。建筑风格只是大致的分类。

经常有人把现代主义与现代建筑的概念混淆了。其实两者的含义是不同的。现代建筑是指人类进入现代社会后用现代建筑材料和技术建造的具有现代艺术元素的建筑，现代主义只是现代建筑诸多建筑风格中的一种，尽管是主要的风格，但远不是全部。现代建筑与现代主义的区别就像古代建筑与希腊风格的区别一样，前者是一个时代的概括，后者是这个时代一种建筑艺术风格的名称。

本书对现代建筑艺术风格与流派的梳理，是以建筑的艺术特征为主要依据的。

26.5　现代建筑艺术风格沿革 •┄┄┄┄┄┄┄┄┄┄┄┄┄┄┄┄┄┄┄┄┄┄┄┄┄┄┄┄

18 世纪末期，现代建筑材料、结构技术和施工工艺开始用于建筑。主要是工业厂房、仓库等，用于有艺术表达要求的建筑时，建筑表皮用古代材料包裹，艺术语言是古代的。如一些古典主义、浪漫主义和折中主义建筑的结构使用了现代建筑材料与技术。

1851 年建成的英国水晶宫和 1889 年建成的法国埃菲尔铁塔，是现代建筑登场的标志。

19 世纪后半期到 20 世纪初期的工艺美术运动和 19 世纪 80 年代到 20 世纪初的新艺术运动，采用了现代技术和材料，但艺术风格是趋向复古的，是抵制现代性的。

19 世纪 70 年代到 90 年代活跃的美国芝加哥学派，最早清晰地提出并实践现代建筑艺术理念——形式服从功能，芝加哥学派开创了高层建筑的历史，建筑的装饰性弱化，工业化程度提高。

20 世纪 20 年代到 30 年代出现的装饰艺术运动，艺术风格是趋向现代性的。

现代主义完整系统的理念与原则在 20 世纪初期形成。荷兰的风格派、苏联的构成主义和德国的包豪斯学校，是现代主义形成的基础；格罗皮乌斯、密斯、勒·柯布西耶等建筑大师，是现代主义形成的领军人物。

第二次世界大战后，秉持现代主义基本理念与原则的国际主义风格兴起。国际主义其实是现代主义风格的极端版，排斥装饰，强调"少就是多"的原则，功能和结构几乎成了建筑的全部。国际主义在 20 世纪 50 年代到 70 年代盛行，因为第二次世界大战对城市破坏极大，百废待兴，急需重建大量建筑，需要少花钱多办事。国际主义风格符合当时的社会需求，是一种合算的选择。全世界都接受并推广，成为一种国际运动。

把强调理性和功能的现代主义看作一棵大树，现代主义 - 国际主义是树干，还有一些枝杈，包括粗野主义、地域主义、典雅主义、高科技派、新陈代谢派、结构表现主义等。

在现代主义形成的同时，赖特和阿尔托等开辟了另一条现代建筑之路，这个谱系可以称之为有机系列，包括有机建筑、有机主义、有机结构主义等。

20 世纪 70 年代，国际主义盛行形成的千篇一律、沉闷单调的局面被后现代主义批判，之后至 90 年代，后现代主义流行。90 年代后，后现代主义式微。

解构主义在 20 世纪 80 年代晚期登场，是张扬形式凸显个性的离经叛道式的建筑风格，有一些惊世骇俗的作品和明星建筑师。

既坚持现代主义基本理念又有些灵活和新意的新现代主义在 20 世纪 60~70 年代登场，赋予了现代主义新的形象和内涵。

绿色建筑的概念在 20 世纪 70 年代开始形成，90 年代逐渐成为一种潮流，现在正在发展中。

21世纪后的当代建筑，艺术的覆盖范围更广，个性化追求更强烈，手段更丰富。随着建筑材料、结构技术和社会经济文化的变化，审美观念也在变化。有各种现代建筑风格艺术元素汇集或折中的建筑出现，本书将这些建筑归类于"现代折中主义"风格。

古典主义在现代建筑中一直没有彻底退场，以各种方式出现。如后现代主义和地域主义中的古代与传统符号，本书把这些有历史符号的建筑归类于历史主义。

由于有照相机、书刊、电信等信息交流手段，现代建筑艺术风格传播快，流行快，变化节奏也快。

第27章
从古代走进现代

现代建筑登上历史舞台的历程大约用了一个世纪。

27.1　现代建筑登场的历程 ∘⋯⋯⋯⋯⋯⋯⋯⋯⋯⋯⋯⋯⋯⋯⋯⋯⋯⋯⋯⋯⋯⋯⋯

现代建筑登上历史舞台大约用了一个世纪，其主要历程是：

◇ 现代建筑材料与技术应用于桥梁、工业建筑和古代建筑。
◇ 标志性现代建筑登场。
◇ 抵制现代性的工艺美术运动。
◇ 抵制现代性的新艺术运动。
◇ 芝加哥学派与摩天大厦。
◇ 装饰艺术运动。

随之，现代建筑各种艺术风格相继登场……

27.2　现代建筑材料与技术的早期应用 ∘⋯⋯⋯⋯⋯⋯⋯⋯⋯⋯⋯⋯⋯⋯⋯⋯

水泥、混凝土、铁、钢材和玻璃等现代建筑材料，结构分析与计算技术的应用，是现代建筑登场的基础。

（1）现代建筑材料与技术应用于桥梁和工业建筑

18世纪末，英国有工业厂房采用铁柱与铁桁架。

19世纪，一些工厂、火车站、花房等应用现代建筑材料和结构技术，如铸铁承重柱、屋顶结构、大型玻璃天窗、温室铸铁玻璃围护结构等。在这些应用中获得了经验与教训，检验和完善了结构技术。19世纪中叶出现了完全用生铁建造的大空间建筑。

19世纪上半叶开始，英国和法国建造了一些大跨度铁结构桥梁。英国工程师托马斯·特福德设计的世界上第一座悬索桥——梅耐悬索桥，跨度140m，应用至今。19世纪中叶建成了跨度200m的悬索桥。著名的埃菲尔工程师设计建造了多座铁结构桥梁。

（2）现代建材与技术应用于古典建筑

18、19 世纪，一些新古典主义、浪漫主义和折中主义建筑，应用了现代建筑材料和结构技术。

如浪漫主义的英国国会大厦、折中主义的巴黎歌剧院等建筑是铸铁结构；新古典主义的美国国会大厦的穹顶用了铸铁结构；新古典主义的法国巴黎蒙马特高地圣心教堂采用了钢筋混凝土结构。

27.3 标志性现代建筑登场 ○ ·······

现代建筑材料与结构技术的早期应用，为现代建筑登场奠定了基础。具有划时代意义的伦敦水晶宫和巴黎埃菲尔铁塔闪亮登场。

（1）水晶宫

为展现工业革命的伟大成就，英国 1851 年举办了首届世界博览会。博览会要展出很多英国工业产品，还邀请了世界各国参展，但英国当时没有现成的大型展览馆。

筹委会决定新建一座临时展馆，1850 年向全世界招标，共收到 245 个设计方案，但都是砖石结构古典风格建筑，空间窄小，满足不了大型展会的需要，且建造工期长，无法按期完工。最后由花匠出身的帕克斯顿提出像花房那样用铁和玻璃建造展厅的方案，空间大，造价低，能确保工期，被筹委会采用。

帕克斯顿充分利用现代建筑材料和建造工艺的优势，工厂预制标准化铁柱和桁架，到现场组装。所有玻璃都一个尺寸，即当时所能制造的最大规格 124cm×25cm。工业化、标准化和装配式的效率非常高，9 万平方米的展馆只用了 4 个月就建成了，这是任何古代建筑都无法做到的。

这座用铁和玻璃建造的临时展馆在艺术方面也获得了出乎意料的成功。长 564m，宽 124m 的室内空间是通透的，这在当时是前所未有的奇迹（图 27-1）。展厅屋顶和墙面是玻璃的，阳光直接投射进来，给人以新颖奇特的惊喜。从室外看，展馆在阳光下闪闪发光，犹如一个巨大的水晶，人们欢喜地把它叫作水晶宫（图 27-2）。

水晶宫是一座前所未有的建筑，前所未有的建筑面积，前所未有的宽敞明亮的大厅，前所未有的高速度，前所未有的低造价。

以铁和玻璃建造展馆本是应急之举，却获得了意外的巨大成功，展现了现代建筑的优势和魅力。

（2）埃菲尔铁塔

埃菲尔铁塔是为纪念法国大革命 100 周年及 1889 年举办的巴黎世界博览会而建造的标志性建筑。筹建委员会从 700 件投标作品中选中了桥梁工程师埃菲尔的铁塔方案。

图 27-1 水晶宫室内

图 27-2 水晶宫外观

　　埃菲尔铁塔设计高度 300m，比当时世界最高的构筑物，169m 高的美国华盛顿纪念碑，还高出 131m，是人类前所未有的建造高度。有人说按照当时的技术根本无法建那么高，有人通过计算证明铁塔超过 228m 就会坍塌。当工程进行到 228m 高度时，还真有一些人去现场等着看铁塔垮塌的场面。

图 27-3　埃菲尔铁塔

　　埃菲尔铁塔设计师——埃菲尔——结构和施工经验非常丰富，一共设计建造了 42 座桥梁，还设计建造了一些铁结构的火车站、教堂、工厂和商店等，法国赠送给美国的自由女神像的装配式铁骨架也是埃菲尔设计的。

　　埃菲尔铁塔设计图纸 5000 多张，用了 7000 吨铁。采用工厂预制现场组装的工艺建造，一共有 1.8 万个构件，250 万个铆钉，构件制作误差在 1mm 以内。设计精确，制作精良，现场装配分毫不差。工程 1889 年竣工，工期用了两年零两个月。

　　埃菲尔铁塔是技术的产物，同时实现了完美的艺术效果。雄伟的身姿，优美的曲线，高大而轻巧，有气势但不笨拙（图27-3）。埃菲尔铁塔是新时代的宣言，是工业文明的宣言，是科学与技术的宣言，是钢铁结构的宣言，也是现代建筑艺术的宣言。埃菲尔铁塔是现代高层建筑的先驱。人们通过埃菲尔铁塔知道了建造高层建筑的可行。

水晶宫表明钢铁结构可以建造大空间，埃菲尔铁塔启发人们钢铁结构可以建造摩天大厦。

27.4　工艺美术运动

工艺美术运动是水晶宫登场亮相后，固守传统艺术观念的文化界人士与建筑师对建筑现代性的第一场抵制运动。

工艺美术运动发生在 19 世纪后半叶到 20 世纪初，发端于英国，扩展到整个欧洲和美国。对水晶宫非常反感的英国作家约翰·拉斯金和建筑师威廉·莫里斯是运动的发起者和代表人物，拉斯金著有建筑学著作《建筑的七盏灯》和《威尼斯的石头》。

工艺美术运动得名于 1888 年成立的工艺美术展览协会，这个协会组织了一系列工艺美术展览。工艺美术运动的领域包括建筑、装饰、家具、工艺品和工业产品，其主要艺术主张是：

◇ 回归中世纪工匠式的手工业建造工艺。
◇ 回归哥特式等古代建筑艺术。
◇ 反对以分工为主要特征的工业化。
◇ 反对机械化制造。
◇ 主张装饰，但反对烦琐过度的装饰。
◇ 强调设计的重要，主张诚实设计，功能与形式统一。
◇ 推崇自然主义，喜欢曲线和植物花鸟图案等。

工艺美术运动是对古代艺术依依不舍的情怀的表达。在工业革命的汹涌浪潮中，还津津乐道于中世纪手工艺和哥特式细节。工艺美术运动是浪漫主义即新哥特主义的延展和细化。

工艺美术运动的代表作之一——红屋，是莫里斯与建筑师好友菲利普·韦伯合作设计的自家住宅，位于伦敦附近的肯特郡，1860 年建成。红屋用古朴式样和传统的红砖黑瓦表达怀旧之情（图 27-4）。

在大洋彼岸，格林兄弟设计的美国洛杉矶根堡别墅也是工艺美术运动的著名作品，1904 年建成，仿日本风格的木结构建筑，缓坡屋顶，屋檐探出很大（图 27-5）。

工艺美术运动对随之而来的新艺术运动有影响，对芝加哥学派、装饰艺术运动和后现代主义有启发。

图 27-4　莫里斯设计的英国红屋　　　　　图 27-5　美国洛杉矶根堡别墅

27.5　新艺术运动

新艺术运动是对现代性的第二场抵制运动。发生在 19 世纪末至 20 世纪初，在欧美的建筑、雕塑、绘画、服装、家具和产品设计领域有广泛影响，但历时不长。

新艺术运动不拒绝现代材料与技术，但抗拒随现代化而来的艺术观念。新艺术运动不照搬古代建筑艺术语言，较多运用自然的表现手法装饰建筑，喜欢植物花饰，喜欢采用随意的非对称造型或自由生长的曲线，艺术特点具有自然主义倾向。新艺术运动艺术家反对对称，排斥直线。他们认为，自然中根本不存在直线，直线是人类创造出来的。西班牙建筑师高迪说，直线属于人类，曲线属于上帝。但高迪没有想到，最重要的直线——光线，不是人类创造出来的。

新艺术运动有法国新艺术派、比利时先锋派、德国青年风格派、英国格拉斯哥学派、奥地利维也纳学院派等。

新艺术运动的理念较多用于室内设计。1893 年建成布鲁塞尔塔赛尔宾馆，是新艺术运动的经典之作，由比利时新艺术运动代表人物维克多·霍塔设计。霍塔设计了金属制造的纤细精美的柱子和曲线护栏，地板的曲线图案，还有金属制作的灯具（图 27-6）。

高迪是新艺术运动最著名的建筑师，他设计的圣家族大教堂于 1883 年开工，建了130 多年，至今没有完工。教堂的形体是哥特式的变形，还用了尖拱券门窗、尖塔等哥特式建筑语言（图 27-7）。造型很随意，塔身布满了孔洞，横线条倾斜着旋转向上。建筑表面有人物、植物和动物雕塑。高迪 1906 年设计改建的巴特罗公寓是波浪形曲线墙体，洞穴式门窗，阳台护栏犹如植物的叶子（图 27-8）。

后现代主义、粗野主义和解构主义似乎都可以追溯到高迪那里。

图 27-6　布鲁塞尔塔赛尔宾馆

图 27-7　巴塞罗那圣家族大教堂

图 27-8　巴塞罗那巴特罗公寓

27.6　芝加哥学派与摩天大厦

1. 芝加哥学派

芝加哥学派是 19 世纪晚期芝加哥一些富有创新精神的建筑师和工程师形成的建筑流派。芝加哥学派其实不是"学"派，而是实践派和实用派，其代表人物沙利文主张建筑师必须抛弃"书本规则、惯例和任何相似的教育性障碍"[⊖]。

19 世纪下半叶，芝加哥是世界上发展最快的城市。1871 年一场大火把芝加哥大多数建筑烧毁了。经济高速发展和重建城市的紧迫性推动建筑师和工程师寻求快捷、可靠、省钱的建造方式，越来越昂贵的地皮迫使建筑师向空间要面积。芝加哥建筑学派在这个背景下应运而生。欧洲人用钢铁结构建造桥梁和大"水晶宫"的新技术，美国人奥的斯发明的蒸汽升降机和进一步发明的电梯，为芝加哥建筑学派提供了有力的技术支持。

芝加哥建筑学派最主要的主张和成就是用现代材料、技术和艺术观念进行设计，并建造了最早的高层建筑。芝加哥学派强调建筑形式追随功能，主张简单的造型，反对烦琐的装饰，引领了美国现代建筑的方向。

芝加哥建筑学派的先行者是威廉·勒巴龙·詹尼，集大成者是路易斯·沙利文。沙利文被誉为美国现代建筑之父和摩天大厦之父。沙利文的徒弟是 20 世纪世界级建筑大师赖特。

詹尼是一位工程师，1879 年设计建造了芝加哥第一莱特尔大厦，标志着芝加哥建筑学派的登场。第一莱特尔大厦 7 层，铁框架与砖墙混合结构，是美国最早用钢铁结构建

⊖　《美国通史》（第 12 版）P441，（美）马克·C·卡恩斯、约翰·A·加勒迪著，山东画报出版社。

造的"高楼"。7层楼按照现在分类属于多层建筑,但当时是名副其实的高楼。第一莱特尔大厦虽然在结构上采用了现代技术,但建筑立面却没有脱掉古典的外衣,显得比较沉重。第一莱特尔大厦现在已经拆掉了。

詹尼设计的芝加哥曼哈顿大楼建于1890年,是世界上第一栋16层高楼,保留至今(图27-9)。曼哈顿大厦是住宅,外立面不像之前的建筑那么厚重烦琐,窗户比较大,简洁明快。

詹尼的徒弟沙利文比师傅更具有现代意识和创新意识,在功能与形式的关系上,他旗帜鲜明地提出了"形式追随功能"的口号,他主张抛弃烦琐的装饰。

沙利文设计的芝加哥会堂大厦(图27-10)是芝加哥学派非常有影响的建筑,建于1890年。大厦主体建筑10层,塔楼17层,高82m。会堂大厦内有4000座歌剧院、宾馆、写字间,还有商业店铺和餐饮。会堂大厦体量比较大,有气势。会堂大厦没有抛弃装饰,但运用得自然得体。外立面采用三段式。底部粗犷,中部规则,顶部丰富。

图 27-9　芝加哥曼哈顿大厦

图 27-10　芝加哥会堂大厦

三段式是沙利文构想的高层建筑立面模式:用两道横向线条或其他分隔手段将建筑立面分成三段。外立面窗户布置与艺术语言各段不同,宜与内部功能相匹配。以会堂大厦为例:底部两层是商业和公共空间,外立面用了拱券门窗和凸凹感强的石材;中部是标准层,外立面是规则的方窗和平整的石材;顶部内部功能不同于标准层,外立面借鉴了城堡外探雉堞的做法,设计了连续拱券,窗户也是拱券,屋檐用线脚收口。沙利文看重功能和结构本身所具有的内在的艺术潜力。沙利文说:高楼大厦的每一寸都必须是高傲和翱翔的,在完全的狂喜之中拔地而起。

建于1904年的施莱辛格百货公司大厦(图27-11)是沙利文在芝加哥最著名的建筑,这座大厦主体结构是钢结构,外立面完全是现代建筑的面貌,没有装饰,非常简洁。它

的大面积窗户在当时引起了轰动，被
称作芝加哥窗。

2. 摩天大厦

进入 20 世纪，摩天大厦登场。

纽约有一座建于 1902 年的 22 层
大厦，外形像一个熨斗，被叫作熨斗
大厦（图 27-12），由丹尼尔·伯恩
海姆设计。纽约居民一开始很不习惯
熨斗大厦，因为它太高了。这么高的
大厦不会倒吗？行人经过熨斗大厦
时都会提心吊胆。

图 27-11　施莱辛格百货公司大厦

熨斗大厦结构为钢铁骨架，就建筑技术和材料而言，是一座现代建筑，表皮用了线
脚、窗套等古典建筑符号。美国最早的高层建筑从新古典主义、浪漫主义和折中主义那
里提取了装饰元素。

1913 年建成的伍尔沃斯大厦高 241m，在当时是惊天之举，非常震撼，兴奋的记者
创造了新单词描述它——"Skyscraper"，翻译过来就是"摩天大厦"。

伍尔沃斯大厦采用铆接钢结构，石材外墙，形体与哥特式塔楼神似，局部用了哥特
式符号（图 27-13）。设计师是卡斯·吉尔伯特。

图 27-12　纽约熨斗大厦

图 27-13　伍尔沃斯大厦

27.7 装饰艺术运动 ○••

　　装饰艺术运动是 20 世纪 20 ～ 30 年代欧美兴起的一种设计风格，用装饰手段给现代建筑"添彩"。

　　1930 建成的克莱斯勒汽车公司总部大厦（图 27-14）是装饰艺术运动的代表作，大厦高 318m。建筑师威廉·冯·阿伦把大厦顶部的尖塔设计得像汽车散热器，不锈钢片在阳光下闪闪发光。克莱斯勒大厦建成后是纽约第一高楼，但仅仅 40 天后就被帝国大厦超过。

　　1931 年建成的帝国大厦高 381m（图 27-15），比克莱斯勒大厦还高 60 多 m，在世界第一高楼的宝座上坐了 40 年。

　　帝国大厦也属于装饰艺术风格，结构是铆接钢结构，表皮为石材幕墙。屋顶之上有装饰性塔尖。

　　帝国大厦是装配式建筑，构件在工厂预制，到现场装配，102 层大厦工期只用了410 天，平均 4 天 1 层楼。这在当时是世界奇迹。

图 27-14　克莱斯勒大厦　　　　　　　　图 27-15　纽约帝国大厦

　　设计帝国大厦的建筑师胡德还设计了著名的洛克菲勒总部建筑群。胡德对美国乃至世界建筑贡献很大，但名气不大，一些近现代建筑史的书籍没有介绍他。这可能与建筑史作者更看重现代主义的"选择性注意"有关。

第28章
现代主义风格的形成

现代主义主张功能至上、结构诚实、
形体简单、取消装饰。

28.1 现代主义风格概述

现代主义是现代建筑最主要的建筑风格。但究竟什么是现代主义风格，它包括了哪些流派，并没有统一的说法。

有按时间把 20 世纪 50 年代之前的理性 - 功能主义建筑定义为现代主义风格，把 20 世纪 50 年代到 70 年代流行的理性 - 功能主义建筑归类为国际主义。

有按照建筑师归类，把格罗皮乌斯、勒·柯布西耶和密斯及其理性主义建筑的继任者的作品归类为现代主义。

还有"泛现代主义"归纳方法，把后现代主义出现前的各种理性主义或具有理性主义倾向的现代建筑都归类为现代主义。

也有许多现代建筑史著作不对现代主义建筑风格做出明确定义。

笔者认为，现代主义风格是现代建筑中最重要和最主要的艺术风格，应依据建筑理念和艺术特征给出清晰明确的定义和范围。

1. 现代主义建筑风格的理念与特征

现代主义建筑风格的理念与特征是：

◇ 重视建筑功能，以功能作为建筑设计的出发点和归宿点；反对以形式或象征性作为建筑设计的第一重点。

◇ 主张简单规则的几何造型，反对复杂造型，尤其反对古代建筑的复杂造型。

◇ 强调建筑空间，主张建筑设计时的空间思考模式。

◇ 充分发挥现代结构技术、现代建筑材料和现代施工工艺的优势与效能，追求便利、经济和效率。

◇ 讲结构的诚实性，不对结构进行刻意的包装。

◇ 反对装饰，建筑装饰"少就是多"。建筑外表简洁。

◇ 主张建筑模数化和标准化。

现代主义也被叫作功能主义、理性主义。现代主义完全摒弃了古代建筑的艺术语言，建立了简洁的现代主义建筑美学体系。

2. 国际主义风格与现代主义风格的关系

"国际主义"之名源于美国建筑师菲利普·约翰逊，他 1932 年在纽约组织的一次现代建筑展览会，介绍欧洲的现代建筑，并与希契科克合写了《国际式——从 1922 年以来的建筑》一书，把他对欧洲兴起的现代主义建筑风格称作国际式。由此，国际主义为人所知，后来几乎成为现代主义的代名词。国际式其实只是一种预见，认为这种风格会在国际流行。约翰逊的预见在 20 年后成为现实。国际主义，首先在命名之时，就是现代主义的一种叫法。第二次世界大战后，现代主义在世界各地流行，成了名副其实的国际主义。第二次世界大战后流行的国际主义风格的理念、原则与作品，与战前欧洲的现代主义没有区别。所以，不应把国际主义理解成与现代主义不同的风格。

3. 现代建筑各种风格与流派与现代主义风格的关系

现代建筑有各种风格与流派，这些风格与流派，有些是现代主义的构成或分支；有些与现代主义风格接近，但又有所区别；还有些与现代主义风格不同。

（1）现代主义风格的构成和分支

荷兰风格派在现代主义形成过程中属于现代主义的构成。

苏联构成派大多数建筑属于现代主义风格，还有的建筑类似于解构主义。

粗野主义是现代主义风格的极端。

高科技派强调钢结构的结构美学，不主张装饰，属于现代主义的分支。

有机结构主义或结构表现主义以结构逻辑为美学元素，属于现代主义的分支。

地方主义是有地方特色的现代主义建筑，是现代主义的分支。

（2）与现代主义风格接近的风格

有机系列建筑是指赖特的有机建筑和阿尔托的有机主义以及路易斯·康的部分作品，与现代主义有共同点，但又有一些不同。

新现代主义是现代主义的继承，但比现代主义更为灵活。

（3）与现代主义不同的风格

象征主义建筑借助于形体表达象征性，与现代主义的理念不同。

现代古典主义采用古典符号或抽象的古代建筑形体，与现代主义理念不同。

后现代主义批判现代主义的呆板单调，主张装饰。

地域主义运用地域传统符号作为艺术语言，有装饰性因素。

新陈代谢派是日本的建筑流派，接近后现代主义。

解构主义是突显形式的个人主义的建筑风格。

非线性曲线建筑大多数是强调形式的建筑。

现代折中主义是现代主义、后现代主义和解构主义的收敛中庸的表达。

关于现代建筑各种风格和流派与现代主义风格的关系，有不同观点：有人将风格派、构成派、国际主义、粗野主义、典雅主义、有机主义、象征主义、高科技派等都归于现代主义旗下；有人将粗野主义、典雅主义、有机主义、象征主义、高科技派等都归于国际主义旗下；也有人把新现代主义也纳入现代主义范畴，范围更宽。各种说法都有自身的逻辑，面对丰富多彩的现代建筑实践，分门别类本身就是勉强的。

4. 现代主义的沿革

现代主义建筑风格从 20 世纪 20 年代出现，50 年代到 70 年代形成高潮，70 年代后其一统天下的局面被分解。新现代主义是现代主义的继承。同时，原汁原味的现代主义建筑也没有消失，延续至今，仍占据着重要位置。新建筑中，仍有大量现代主义风格建筑。

28.2 现代主义风格产生的背景 ⊙┈┈┈┈┈┈┈┈┈┈┈┈┈┈┈┈┈┈┈┈┈┈┈

20 世纪之前，一些古典风格建筑，工艺美术运动和新艺术运动建筑，工业厂房等没有艺术要求的功能性建筑，采用现代建筑材料、结构技术和施工工艺建造，积累了大量经验；以芝加哥学派为代表的美国建筑师在现代建筑和高层建筑方面积累的经验，形式追随功能和弱化装饰的建筑美学实践；结构技术和施工工艺更加成熟；为现代主义建筑风格奠定了基础。

现代主义建筑风格是在以下历史背景下形成并流行的：

◇ 现代建筑技术日益成熟。

◇ 经济高速发展。

◇ 人口增长导致的对建筑的巨大需求。

◇ 大规模城市化对建筑规模的需求，土地稀缺对高层建筑的需求。

◇ 两次世界大战对城市的破坏或战后重建的规模与速度需求。

◇ 政治民主化持续提高平民地位，扩大了建筑需求并普遍提高了建筑标准，包括建筑艺术的要求。

◇ 抽象派、立体主义和风格派形成的美学观念，对现代主义建筑美学的支持与呼应。

总而言之，急剧膨胀的建筑需求导致对形式的淡化，对功能的强调和反对装饰的简单简洁的建筑美学登场。

现代主义建筑风格是在 19 世纪现代建筑技术实践的基础上，通过 3 个先驱人物铺路，风格派、构成主义和包豪斯的准备，3 个建筑大师的引领而形成的。自 20 世纪初期开始，到 20 世纪 50~70 年代达到高潮，并对现代建筑的各种流派与风格产生了深刻的影响。

28.3　三个现代主义风格先驱

阿道夫·路斯、彼得·贝伦斯和亨利·费德尔是现代主义建筑艺术的先驱人物。

1. 阿道夫·路斯

奥地利建筑师阿道夫·路斯是现代主义最重要的先驱之一，他 1910 年设计了形体简单没有装饰的斯坦纳住宅，被认为是最早的具有现代主义特征的建筑。

路斯设计的维也纳米迦勒广场大厦 1911 年建成，底层是商业区域，墙面是绿色大理石；上层是住宅，墙面是白色灰泥。建筑外表没有装饰（图 28-1）。由于过于简洁，与当时维也纳流行的有装饰的折中主义建筑反差过大，被不屑一顾的反对者称为"谷仓"。

路斯设计的穆勒别墅 1928 年建成，形体更加简单，立面更加简洁，建筑外表没有任何装饰（图 28-2）。

路斯出版了文集《装饰和罪恶》，反对折中主义，反对装饰，强调建筑的实用功能，主张简单的几何形体。

图 28-1　维也纳米迦勒广场大楼

图 28-2　维也纳穆勒别墅

2. 彼得·贝伦斯

德国建筑师彼得·贝伦斯在 1907 年创办了世界上第一个建筑设计事务所，他主张设计必须与大工业、现代建筑材料和工艺技术紧密结合，建筑要重视功能，简朴实际。贝伦斯的建筑事务所是培养世界级建筑大师的"学校"，20 世纪最著名的 4 个世界建筑大师中的 3 位，格罗皮乌斯、密斯和勒·柯布西耶，都是贝伦斯的徒弟。贝伦斯的理念深深地影响了这些未来的建筑大师和现代主义领军人物。

3. 亨利·费德尔

比利时建筑师亨利·费德尔对现代主义形成的主要贡献是在魏玛大公的资助下创办了包豪斯前身——魏玛艺术和工艺学校，并设计过注重功能取消装饰细节的住宅。

28.4 荷兰风格派和苏联构成派的影响 ○···

20 世纪 20 年代，荷兰风格派和苏联构成派的艺术探索，对现代主义的形成有重要影响：一是探索现代主义艺术理念；二是现代主义建筑风格的早期实践；三是这两个流派都有艺术家或建筑师担任了包豪斯的教师，为包豪斯提供了现代主义的营养，培训了人才。

1. 荷兰风格派

荷兰风格派是 1917—1928 年期间形成的一个前卫艺术家团体，包括画家、雕塑家、建筑师和家具设计师等，因创办艺术刊物《风格》而得名。著名画家蒙德里安是风格派的灵魂人物，他把简单的垂直线、水平线和色彩组合的方格作为艺术表达元素，对现代建筑艺术建立美学原则与美学自信有重大影响。

注重功能的现代主义建筑并不是不要艺术，而是建立了新的美学规则。

从绘画领域的印象主义开始，到表现主义，再到立体主义，传统的权威的视觉艺术的审美规则和习惯不断被打破，艺术表现手法不断丰富，艺术更注重个人的表现，更面对世俗和大众生活，更接近现实，也更多元化。

蒙德里安从 1918 年开始画方块和色彩组合的画作（图 28-3）。如此简单的构图也叫艺术，也算作美，也被认可和欣赏，从而确立了简单是美抽象是美的崭新的美学观。如此，以简单简约简洁为特征的现代主义建筑可以理直气壮地登场了。

荷兰风格派代表性建筑作品是建筑师赫里特·里特维尔设计的建于乌德勒支的施罗德别墅（图 28-4），钢框架加砌砖结构，建成于 1924 年。这座建筑是简单的立方体组合，立面因"立方体"空间错位而里出外进，质感与色彩因材料不同而变化，简单而不失灵活，简洁而不显单调。

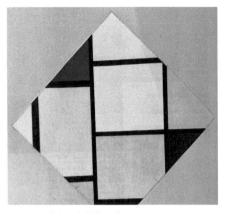

图 28-3 蒙德里安的格子作品   图 28-4 施罗德别墅

2. 苏联构成派

构成派也被称作构成主义，是苏联建立前后形成的艺术流派，后来被喜欢高大上建筑的斯大林封杀。

构成派基本理念与风格派相近，也是主张简单的几何体，抽象的艺术语言，只是更注重结构的主导作用。

建筑师伊里亚·科罗索夫设计的莫斯科祖耶夫工人俱乐部（图 28-5）是构成派的典型作品，1928 年建成，是长方体与圆柱体的组合。康斯坦丁·美尔尼科夫设计的莫斯科卢萨可夫工人俱乐部（图 28-6）也是构成主义的典型作品，也于 1928 年建成。靠悬臂梁悬挑出的大立方体表现了结构力，对几十年后的解构主义有所启发。

图 28-5 莫斯科祖耶夫工人俱乐部   图 28-6 莫斯科卢萨可夫工人俱乐部

28.5 包豪斯的重要作用 •⋯⋯⋯⋯⋯⋯⋯⋯⋯⋯⋯⋯⋯⋯⋯⋯⋯⋯⋯⋯⋯⋯⋯⋯⋯⋯⋯⋯⋯

1919 年到 1933 年的包豪斯学校在现代建筑史上的地位非常重要，从理论建立、人才聚集与培养和设计实践方面为现代主义的形成做出了不可替代的贡献。

包豪斯只是一所仅仅存在了 14 年的很小的工艺美术学校，教过的学生总共只有 1000 多人，平时在校生也就 100 人左右。包豪斯并不是建筑学校，1919 年刚创建时连建筑系都没有，成立 8 年后才设立了建筑系，6 年后，也就是 1933 年，学校被纳粹政权关闭了。

包豪斯在现代建筑史上具有里程碑意义：一是它提倡注重功能讲究实际的现代建筑理念；二是它创立了训练学生实际能力的教学模式，最早区分基础课与专业课；三是它的校舍本身就是现代建筑的经典之作。还有一个重要的因素，两个世界级现代建筑大师格罗皮乌斯和密斯先后担任过包豪斯的校长。格罗皮乌斯担任了 9 年校长，后来去了美国，任哈佛大学建筑系主任。密斯干了 3 年校长，学校被封后也去了美国，任芝加哥伊利诺伊理工学院的建筑系主任。这两个被迫离开当时纳粹德国的建筑大师在美国大显身手，他们的建筑思想和作品影响了全世界。

荷兰风格派和苏联构成派的一些艺术家与建筑师也曾在包豪斯担任过教授。

包豪斯校舍是格罗皮乌斯设计的，钢筋混凝土结构，1926 年建成。这所建筑由三座楼组合而成，讲究实用功能，根据功能进行分区布局，不刻意追求对称。建筑的表面形式结合实际材料与结构特性考虑，没有刻意的装饰，建筑外观简洁清新。这座学校工期短、成本低，是早期现代建筑最著名的作品（图 28-7）。

纳粹为什么关闭包豪斯学校？因为包豪斯的教师中有他们不喜欢的人物，包豪斯的建筑理念不符合纳粹意识形态。

纳粹政权把建筑看作是象征政权稳定和强大的符号，主张建筑要体现国家权力和意志，建筑必须具有象征性，高大雄伟。而现代主义建筑理念讲究实用功能，不注重象征性，自然不符合纳粹的口味。

图 28-7　包豪斯校舍

28.6　三个建筑大师的引领与推动

格罗皮乌斯、勒·柯布西耶和密斯是 20 世纪最为著名的世界级建筑设计大师，也是现代主义的主要发起者、推动者和引领者，在现代主义建筑理论、教育和设计实践方面做出了巨大的贡献。

1. 瓦尔特·格罗皮乌斯

德国建筑师格罗皮乌斯是现代主义的奠基人和旗手，在建筑理论、建筑设计和建筑教育三个方面为现代主义的形成做出了非常重要的贡献。

（1）建筑理论

格罗皮乌斯的建筑理论要点是：

◇ 建筑设计的重点是功能，是适用、可靠、便宜。

◇ 反对复古主义。

◇ 现代建筑应表现新的形象。

◇ 主张建筑工业化和装配化。

（2）现代主义示范性作品

格罗皮乌斯设计的包豪斯校舍是现代主义的经典样板，在包豪斯校舍建成前15年，也就是1911年，格罗皮乌斯设计的法古斯工厂在建筑界引起轰动。这座建筑是钢筋混凝土结构，也是世界上第一个玻璃幕墙建筑，形体简单，立面简洁，边角清晰、墙体透明，是早期现代主义的经典之作（图28-8）。

（3）建筑教育

创办包豪斯并担任校长，格罗皮乌斯坚信包豪斯学校所培养出的"具有创造性的天才，将来一定会塑造完美新世界的面貌。"[⊖]；1937年到美国后，长期担任哈佛大学建筑学院院长，培养了大批现代建筑人才，包括约翰逊、贝聿铭等。

2. 勒·柯布西耶

勒·柯布西耶是现代建筑运动最重要的推动者之一。勒·柯布西耶是笔名，他的真名是查尔斯·埃多亚德·冉内雷特。

做过杂志主编的勒·柯布西耶是创新型建筑师，总在思考，总在创新。他在其建筑生涯早期，在设计、理论和舆论宣传方面为现代主义建筑风格的形成做出了重要贡献。

（1）现代主义示范性作品

勒·柯布西耶设计的萨伏依别墅是早期现代主义非常著名的作品。简单的棱角清晰的方盒子被细柱架空支撑，二层是带形长窗，白色墙面，展现了现代主义建筑的简约简洁之美（图28-9）。

⊖ 《包豪斯团队——六位现代主义大师》P80，（美）尼古拉斯·福克斯·韦伯著，机械工业出版社。

图 28-8 法古斯工厂 　　　　　　　图 28-9 萨伏伊别墅

（2）建筑理论

勒·柯布西耶 1923 年出版了《走向新建筑》一书，被认为是现代建筑运动的宣言。勒·柯布西耶的主张包括：

◆ 推广钢筋混凝土建筑。

◆ 主张高层建筑和高密度建筑。

◆ 主张建筑模数化，主张建筑工业化。

◆ 反对装饰。

勒·柯布西耶认为房屋是居住的机器。机器是实现功能的装置，是不需要额外装饰的。

勒·柯布西耶提出的建筑设计原则非常著名：

◆ 独立柱支撑。

◆ 首层架空，建筑为 6 个面。

◆ 平屋顶，且有屋顶花园。

◆ 室内为开敞的自由平面。

◆ 外立面没有装饰。

◆ 带状窗。

3. 密斯·范·德·罗

密斯·范·德·罗是现代主义建筑风格的重要的开创者和执着的实践者，与他在包豪斯的前任格罗皮乌斯一样，既是理论家又是设计师还是建筑教育家。

（1）建筑理论

◆ 追求单纯。

◆ 强调结构的诚实性。

◆ 反对装饰。

◆ 注重细节，强调"上帝存在于细节中"。

（2）早期建筑设计举例

密斯早在20世纪20年代就设计了玻璃幕墙大厦，尽管没有实施，但现代主义的理念已经成熟。"这个设计看上去就像一个水晶棱柱在天空中漂浮着。就像一座科学幻想电影里的虚构的大厦，但它清楚裸露出的结构又证明他的真实性。它带来一个全新的视角，它不掩饰任何东西，它歌颂最新技术的进步。它的重点在于最新的材质、建造方法和建筑形成的全新理念。"[○]

密斯早期影响最大的作品是1929年巴塞罗那博览会德国馆，钢结构柱，外探很大的混凝土屋盖薄板、大理石和玻璃墙体，虚实对比，极其简洁，极其精致（图28-10）。

图28-10 巴塞罗那博览会德国馆

（3）建筑教育

1931年开始担任包豪斯校长，1938年到美国后长期担任伊利诺伊理工学院建筑系主任，培养了大批建筑人才。

28.7 第二次世界大战结束前的现代主义风格建筑 ◦┄┄┄┄┄┄

第二次世界大战前的欧洲现代主义建筑是战后现代主义盛行的重要铺垫。下面介绍两个著名的具有现代主义特征的建筑案例。

○ 《包豪斯团队——六位现代主义大师》P387，（美）尼古拉斯·福克斯·韦伯著，机械工业出版社。

（1）科摩法西斯之家

意大利建筑师朱塞佩·特拉格尼设计的位于科摩的法西斯之家建于1936年（图28-11）。

（2）巴西教育与卫生部大楼

位于里约热内卢的巴西教育与卫生部大楼于1942年建成，设计师是勒·柯布西耶和奥斯卡·尼迈耶。这座建筑是典型的现代主义风格，但是有些古板单调（图28-12）。

图 28-11　意大利科摩的法西斯之家

图 28-12　巴西教育与卫生部大楼

第29章

国际主义风格

少就是多。

29.1 现代主义风格的高潮——国际主义

20世纪50年代到70年代，现代主义建筑风格在全世界盛行，形成高潮，验证了菲利普·约翰逊20年前的预判，现代主义风格真正成为国际式建筑风格。国际主义风格是原教旨的现代主义，功能和结构几乎成了建筑的全部，它是没有国别、民族和地域差异的艺术风格。

现代主义或者说国际主义得以盛行的主要原因是：

◇ 第二次世界大战造成了巨大的破坏，一些城市成为废墟，战后重建规模巨大。

◇ 第二次世界大战后相对和平的时期，世界经济迅速发展，增加了工业和商业建筑需求。

◇ 经济发展进一步推动了城市化浪潮，增加了城市建筑的需求。

◇ 战后民主政治的发展提高了平民地位和经济状况，公共建筑和住宅的需求扩大。

◇ 以上原因形成的大规模建筑需求，必然排斥烦琐的装饰化艺术元素，选择成本低、工期快的建筑结构和艺术表现方式成为一种必然趋势。

◇ 第二次世界大战期间，欧洲现代主义建筑风格的推动者格罗皮乌斯、密斯和包豪斯学校的教师移民美国，将第二次世界大战前欧洲形成的现代主义建筑理念和经验带到美国，并培养了许多现代主义建筑师，深深地影响了美国建筑界。战后，美国在成为世界经济发展的龙头的同时，也成为大规模现代主义建筑的示范区，并很快影响了全世界，以国际主义的名义和角色占据了世界建筑的舞台。

29.2 国际主义风格代表性建筑

著名的国际主义建筑师有格罗皮乌斯、密斯、勒·柯布西耶、约翰逊、邦夏、贝聿铭、山崎实和 SOM 设计集团等。其中密斯的影响非常大。

国际主义风格建筑遍布世界，在任何城市漫步，环顾四周，凡现代建筑大都是国际主义风格。下面介绍几座有代表性的国际主义风格作品：哈佛大学哈克尼斯研究生中心、纽约利华大厦、纽约西格拉姆大厦、米兰皮瑞利大厦、芝加哥西尔斯大厦、伊利诺伊理工学院克朗楼、玻璃住宅、纽约泛美大厦、纽约基普斯湾公寓和被炸毁的圣路易斯布鲁特 - 伊果廉租房社区。

（1）哈佛大学哈克尼斯研究生中心

哈佛大学哈克尼斯研究生中心是格罗皮乌斯的作品，1951 年建成，有 7 栋学生宿舍和 1 栋公共餐厅，宿舍楼 3 层，钢筋混凝土结构，简单的立方体，带形窗，凸出式阳台，表皮是瓷砖（图 29-1）。

哈克尼斯研究生中心就使用功能和结构的合理性、建造效率以及建造成本而言，有明显优势；就艺术魅力而言，在哈佛校园古典主义和折中主义建筑群中，非常另类，褒贬不一。哈佛大学校长巴克曾想把这座建筑拆掉重建。

图 29-1　哈佛大学哈克尼斯研究生中心

（2）纽约利华大厦

纽约利华大厦（也译作雷维大厦、利弗大厦）现在看平淡无奇，但 1952 年建成时却引起巨大轰动。利华大厦当时在纽约石材表皮的建筑森林中，简洁清爽，光影变幻，明亮动人。它是世界上第一座玻璃幕墙高层建筑，所引发的玻璃幕墙浪潮席卷世界，直到今天还没有退潮。

利华大厦由著名的 SOM 建筑设计事务所设计，建筑师是戈登·邦夏。邦夏是 1988 年度普利兹克奖获得者，那一年利华大厦已经建成 36 年了。

利华大厦是公司总部，钢框架结构，规则化柱网布置形成的空间非常适宜办公。大厦造型简单，就是两个长方体的"玻璃盒"，主楼是立起来的玻璃盒，裙楼是躺着的玻璃盒。玻璃盒表面没有任何装饰（图29-2），却很吸引人。玻璃盒辐射出了现代主义美学的非凡魅力，靠的是简洁抽象的形体、适宜的比例、光洁的质感和光影变化，还有沙利文高层建筑三段式原则的得体应用。

（3）纽约西格拉姆大厦

利华大厦斜对面的西格拉姆大厦1958年建成，比利华大厦晚6年，但比利华大厦名气大很多，是国际主义最经典的作品。

图29-2　利华大厦　　　　　图29-3　西格拉姆大厦

西格拉姆大厦是密斯70岁时设计的作品，高158m，39层。与利华大厦一样，西格拉姆大厦也是公司总部，也是简洁的玻璃立方体，没有任何装饰（图29-3）。

关于装饰，密斯1928年就提出了著名的"少就是多"的原则。对于不想吃辣椒的人，一点点辣椒对他都是多余的；对于不想要装饰的人，再少的装饰也是多。

不要装饰不等于不要艺术。西格拉姆大厦被建筑界普遍认为是艺术珍品。西格拉姆大厦的艺术魅力是靠恰到好处的比例，高贵的质感与色彩，对光的捕捉和利用，精细的设计、选材、施工实现的。西格拉姆大厦也借鉴了沙利文高层建筑三段式的原则。

密斯对细节非常在意，他的一句名言是"上帝存在于细节"。密斯用深色亚光铜材做外露框架材料，金属亚光与玻璃亮光形成轻度反差。他还把窗帘设计得只有三种开启模式，要么放到底，要么拉到顶，要么放下一半。这样，从室外看，各个房间怎样使用窗帘，都有韵律感。

深颜色的西格拉姆大厦显得深沉、高贵、优雅，甚至有点冷漠。高贵总是有距离感的。密斯的作品的简约、严谨、精致。但也有批评者认为，密斯代表着一种消极的影响——思想空虚。

（4）米兰皮瑞利大厦

意大利米兰皮瑞利大厦34层，高127m，1957年建成，比西格拉姆大厦早了一年。

设计师是意大利建筑师皮埃尔·奈尔维和吉奥·庞蒂。奈尔维是结构工程师出身，设计了一些著名的表现结构逻辑美学的作品。

皮瑞利大厦也是公司总部，钢筋混凝土建筑，框架剪力墙结构，两道隔墙是混凝土剪力墙。大厦的平面是菱形的，看上去灵活一些，立面没有采用玻璃幕墙，与美国的玻璃盒子有所不同（图29-4）。皮瑞利大厦也是国际主义的经典建筑。

皮瑞利大厦2002年被一架小型客机撞上，只把墙撞出一个大洞，结构没有损坏，笔者还去现场看过大厦被撞后尚未修复的样子。

（5）纽约泛美大厦

格罗皮乌斯为美国泛美航空公司设计的办公大楼泛美大厦建于1963年，59层，现在是MetLife保险公司的办公楼。这座建筑平面与米兰皮瑞利大厦类似，不是矩形，有点接近菱形，立面看上去是折面。也借鉴了沙利文高层建筑三段式原则，总体上是三段式，横向线条。但中间段有几道较宽的横向玻璃带（图29-5）。

图 29-4　米兰皮瑞利大厦

图 29-5　泛美大厦

泛美大厦在艺术方面招致很多批评，批评者认为它冷漠、刻板、缺乏人情味。但这座钢筋混凝土建筑在建造工法上有重大创新，全部外墙混凝土构件都是工厂生产的预制构件，在现场装配，对推动装配式建筑的发展有重大意义，是高层装配式建筑美学的一种尝试。

（6）伊利诺伊理工学院克朗楼

位于芝加哥的伊利诺伊理工学院的克朗楼是密斯设计的教学建筑，1956年建成。

克朗楼是长方形玻璃盒子，钢结构骨架，落地大玻璃窗，非常简洁，有悬浮感（图29-6）。克朗楼有几道钢梁在屋顶之上，这是密斯为了保证室内空间在视线上无障碍贯通，把结构梁设置在屋顶之上，屋顶吊在梁下，这样在室内就看不到梁柱了。其实就使用功能而言这是没有必要的。追求"理想"的但并不是必要的功能，也是形式主义。

（7）透明的玻璃住宅

国际主义风格建筑中有两座著名的玻璃住宅。一座是约翰逊在美国康涅狄克州为自己设计的住宅（图29-7），1949年建成；一座是密斯在芝加哥为客户范斯霍斯设计的住宅，1951年建成。虽然约翰逊的玻璃住宅比密斯的早两年建成，但他是看过密斯设计的范斯霍斯住宅图纸后受到启发才设计自己的玻璃住宅的，有些抄袭的成分。

玻璃住宅是全透明的，结构用钢骨架焊接而成，地板架空，外墙是落地玻璃。只有卫浴间和壁炉是实体墙。

图 29-6　伊利诺伊理工学院克朗楼

图 29-7　约翰逊玻璃别墅

玻璃住宅很有个性，既有透彻感，又有虚幻感，具有强烈的艺术感染力，在建筑界影响很大，也给建筑师带来了声誉。但这样的建筑并不实用。功能性不好，保温、隔热、私密性、安全性、空间分隔、家居生活对材料质感亲切性的要求等没有顾及，造价也很高。背离了现代主义的初衷。

密斯的玻璃住宅造价超过预算85%，业主范斯霍斯是个单身女士，无法住进没有私密性的房子，把密斯告上了法庭。玻璃住宅后来由于城市规划原因被拆掉了。

建筑艺术可以简约，但建筑功能不应简化。密斯作为功能主义者为了少而少，反倒创造了一种新的形式主义，即虚化了建筑本质弱化了基本功能的自以为是的形式主义。

（8）纽约基普斯湾公寓

纽约基普斯湾公寓是贝聿铭的早期作品，1962年建成。该公寓是两栋钢筋混凝土高层建筑，长125m，21层。形体简单，没有任何装饰，结构与表层合一，清水混凝土梁柱与玻璃窗构成了简洁、优雅、质朴、精致的外观（图29-8）。这个普通住宅的艺术效果是用廉价的混凝土阐释的。不像格罗皮乌斯的哈佛大学哈克尼斯研究生中心，用了瓷砖贴面；也不像密斯的西格拉姆大厦，使用了价格高昂的铜和深色玻璃。

基普斯湾公寓还有以下几个亮点：

◆ 规则化模数化的柱网布置（当时大多数建筑师习惯于根据具体的建筑平面设计进行混凝土柱网布置，柱网多是不规则的），减少了立柱数量，扩大了室内面积。

◆ 采用落地大窗（用于高层建筑在当时是创新之举），不仅室内采光好，也使大型混凝土高层板楼显得明快敞亮，没有厚重感。窗户凹入柱梁，既有利于遮阳，也使立面清晰生动。

◆ 结构柱梁采用清水混凝土，引领了美国清水混凝土建筑的美学实践，大幅度降低了建筑成本（当时施工企业由于没有做过此类工程，报价高出一倍，贝聿铭亲自做样板，证明可以降低成本）。

提到清水混凝土，许多人首先想到安藤忠雄。基普斯湾公寓建成那一年，21岁的安藤忠雄还没有成为建筑师，正游历欧美学习建筑呢。贝聿铭设计生涯中有十几个项目成功地应用了清水混凝土，是挖掘传播混凝土美学价值的最重要的建筑大师。

（9）阿冉亚低造价住宅

1927年出生的印度建筑师巴克里希纳·多西2018在其年91岁时获得普利兹克奖。

阿冉亚低造价住宅项目为经济弱势群体（EWS）提供了居身之所（图29-9）。建于1982年。房子的基本结构非常简单，每户占地面积约30m²，用砖打造地基，有厕所，通水、通电。最初的60间样板房形态相近，正因其形态简单、只具备基本功能，才有

图29-8　纽约基普斯湾住宅

图29-9　阿冉亚低造价住宅

了变化的可能性。每个家庭可以根据自己的需要对房屋进行扩建。这种类型的房屋赋予居民以选择的自由，以最低成本实现了多样的空间用途。

（10）圣路易斯布鲁特 - 伊果住宅区

美国圣路易斯市的布鲁特 - 伊果住宅区是政府建的廉租房社区，有 33 栋 14 层板楼，1954 年建成，由著名日裔美籍建筑师山崎实设计。

山崎实为降低成本，只考虑最起码的居住功能，33 栋楼一个模样，像整齐的兵营（图 29-10），既省钱又省工期，非常适合廉租房的建设要求，山崎实为此获奖。但由于社区环境差，治安不好，穷人后来也不愿租住。18 年后，即 1972 年，政府只好把它炸掉重建。这件事轰动了建筑界，有人说这是国际主义风格"死亡"的判决书。

图 29-10　圣路易斯布鲁特 - 伊果住宅区

29.3　国际主义风格的艺术特点

国际主义风格是对 20 世纪 50 年代到 70 年代那个时代的需求的回应，其艺术特点是：

◇　简单的几何形体，以立方体为主。

◇　简洁的立面，没有装饰。

◇　对结构忠诚，不刻意隐蔽结构。

◇　将建筑材料质感作为艺术语言。

◇　较多采用玻璃幕墙，也采用混凝土。

◇　尝试运用装配式及相应的艺术语言。

29.4   现代主义风格评价

1. 好的方面

现代主义建筑风格好的方面包括：

◆ 抛弃了反复吟唱了 5000 年的古代建筑艺术的老调，创立了符合时代需求和特色的新的艺术语言。

◆ 确立了功能是建筑第一属性的原则。

◆ 靠新材料、新技术、新工艺和新艺术观的集合辐射出了艺术魅力。

◆ 大多数现代主义建筑降低了成本，缩短了工期。

2. 问题方面

现代主义建筑风格的问题包括：

◆ 艺术已成为大多数建筑的属性。个性化是艺术的主要特征，千篇一律使得艺术变得索然无味。

◆ 现代主义使全世界城市变成了单调、刻板的玻璃或混凝土森林。

◆ 完全摒弃装饰也是一种形式主义。为实现建筑艺术效果，或在表皮材料上多花了钱，或在结构布置上添了不必要的麻烦。

◆ 现代主义原则对因地制宜、因项目制宜鼓励不够。

29.5   现代主义风格的影响

现代主义在 20 世纪 50 年代到 70 年代呈燎原之势，一些发展中国家包括中国 80 年代才开始形成高潮。即使到今天，许多非象征性建筑还是原汁原味的现代主义风格。

粗野主义、结构表现主义、高科技派属于现代主义的分支，只是有自己突出的艺术特色。地域主义、典雅主义、象征主义在许多方面与现代主义一致或接近。新现代主义是现代主义的继承与发展。有机建筑等与现代主义互相影响互相借鉴相辅相成。

即使激烈反对现代主义的后现代主义和解构主义，也是对现代主义的调整、变革与局部突破，而不是完全放弃了现代主义注重功能的原则。现代折中主义则包含着现代主义的理念。

现代主义和接近现代主义的新建建筑现在很多，绝对建筑量在增加，因为建筑总体规模在不断扩大中。

第30章

有机系列

赖特认为现代主义的**住宅**更像方盒子而不像住宅。

30.1　有机系列概述

现代建筑中，有多种建筑风格或流派与"有机"概念有关，美国建筑师弗兰克·赖特的"有机建筑"，芬兰建筑师阿尔瓦·阿尔托的"有机主义"，德国建筑师汉斯·夏隆的"有机主义"和芬兰裔美籍建筑师埃罗·沙里宁的"有机功能主义"。路易斯·康的作品虽然没有冠"有机"名号，但理念和表现手法与有机系列建筑接近。

赖特的师傅，被誉为美国现代建筑之父的芝加哥学派建筑师沙利文最早提出"形式追随功能"的主张，可以认为是有机主义建筑的源头。有机主义与理性主义 - 功能主义的区别是，有机主义主张建筑应当考虑形式，只不过形式不能脱离功能特立独行，而应当追随功能。

有机系列建筑的艺术特征与现代主义风格既有共同点，也有不同之处，有机系列的建筑师也未必认同现代主义，如赖特就对现代主义不屑一顾，说"现代主义的住宅更像方盒子而不像住宅"[一]；阿尔托则说："为了达到建筑的实用目的并得到可行的建筑美学形式，一个人不能总是从纯理性和技术的观点来考虑问题——或者可以说从来不是。"[二]

本章介绍赖特、阿尔托、夏隆、沙里宁和路易斯·康及与有机概念有关的建筑。

30.2　赖特的有机建筑

1. 赖特简介

赖特是 20 世纪世界 4 位建筑大师中唯一的美国人，1867 年出生，比其他 3 位大师格罗皮乌斯、密斯和勒·柯布西耶大 16~20 岁。

赖特是沙利文的弟子，15 岁开始从事建筑制图，直到 92 岁去世那年还在工作，近

[一]　《赖特》P190，项秉仁著，中国建筑工业出版社。
[二]　《现代建筑：一部批判的历史》P218，（美）肯尼斯·弗兰姆普敦著，三联书店。

80年建筑生涯中共设计了800多个项目，有400多项建成，其中70项现在是文化保护项目和旅游景点。

早期的赖特作为沙利文的助手参加过一些芝加哥学派建筑项目的设计，形成了现代建筑的意识与理念。20世纪初，比现代主义的开创者格罗皮乌斯、密斯和勒·柯布西耶大约早20年，赖特开始设计现代建筑，并创造了适合美国中西部地区的现代别墅风格——草原风格。赖特最著名的作品是流水别墅，他还设计过一些公共建筑，但为数不多。赖特经常在讲演或文章中说自己的建筑风格是"有机建筑"，但他从来没有给出他的有机建筑的定义。

2. 赖特的有机建筑

（1）草原风格

20世纪初，在盛行尖坡屋顶的维多利亚风格别墅的美国，赖特创立了富有现代特色的"草原风格"别墅，受到中产阶级的欢迎，在美国中西部流行。

"草原风格"受日本建筑启发，其特点是：

◇ 别墅是"扁平"的，在平面展开。

◇ 屋顶坡度平缓，或平屋顶，屋檐探出较大，显得舒展大气。

◇ 突出与地面平行的水平面，强调水平线条。赖特的名言是：水平线就是生命线。

◇ 较多采用横向长窗。

◇ 现代建筑形象，没有烦琐装饰，但也不像现代主义风格那样简洁。

◇ 以壁炉为中心，起居室是最重要的空间。

◇ 没有地下室。

最早的草原风格别墅是建于1902年的威立茨住宅。芝加哥大学校园内的罗比别墅建于1909年，是最有特色的草原风格别墅（图30-1），清晰地展现了上面所说的草原风格的特点。密斯对罗比别墅大加赞赏，他说："这个住宅的成功节省了我们20年时间"[一]。

草原风格占地面积较大，不适于土地资源稀缺的地区。

（2）流水别墅

位于美国匹兹堡市东郊的流水别墅是赖特最著名的作

图30-1　罗比别墅

〔一〕　《赖特》P9，项秉仁著，中国建筑工业出版社。

图30-2 流水别墅

品，1936 年建成。20 世纪晚期曾被评为世界一百年最优秀建筑第一名。

流水别墅建筑面积 380 平方米，建在山间密林中，环境幽美。赖特巧借地势，让别墅从山溪旁的一个峭壁探出，悬在一个小瀑布上，建筑与瀑布、水潭、山石、树木、花草融合在一起。

流水别墅是简单的矩形几何体组合，钢筋混凝土阳台悬挑很大，每层向不同方向探出，产生了丰富的变化感和层次感。通长玻璃窗可无障碍地尽览窗外"大画幅"景色；从外面看，玻璃窗、混凝土阳台及屋顶虚实交替，产生了悬浮感。褐色石头砌筑的粗糙石墙与白色混凝土阳台的平整质感和通长窗户大玻璃的光亮质感，形成了富有韵律和节奏的变化（图30-2）。

流水别墅的设计很精彩，但也依赖于独特的环境。如果把流水别墅放到城市建筑群中，绝不会有如此美妙的效果。流水别墅的成功是很难复制的。

流水别墅也不完美。大悬挑结构有些问题，出现过裂缝；作为住宅，瀑布的水声在夜间显得更响，幽而不静。但瑕不掩瑜，流水别墅仍不失为一件非凡的建筑艺术珍品。

（3）约翰逊制蜡公司办公楼

匹兹堡约翰逊制蜡公司总部办公楼 1939 年建成。这座建筑赖特一如既往地强调他的"生命线"——水平线，并用了圆弧转角，这种流线型在 20 世纪 30 年代还很少见。

这座建筑是办公楼，却没有窗户，靠屋顶天窗采光。赖特设计的天窗很有意思。结构柱是圆形钢筋混凝土柱，柱顶是圆形柱帽，相邻柱帽连在一起，圆柱帽之间的空隙就是天窗（图30-3）。

（4）纽约古根海姆博物馆

纽约古根海姆博物馆是赖特 76 岁时开始设计的。16 年后，即 1959 年工程竣工。也就是在那一年，92 岁高龄的赖特去世。

纽约古根海姆博物馆是一座下头小（直径约 30m），上头大（直径约 38.5m）的螺旋形钢筋混凝土结构建筑（图30-4）。其实就是一个有外墙的螺旋坡道，展画挂在坡道外侧墙上，坡道里侧是上下打通的中庭，屋顶是玻璃天窗。整座建筑没有分层的概念，也没

图 30-3　匹兹堡约翰逊制蜡公司 　　　　　　　　　　图 30-4　纽约古根海姆博物馆

有房间，是"流动"的空间。赖特对自己创造了无分层流动空间很是得意，引以为豪，但实际使用上却非常不便。坡道坡度是 3°，而展品不能随坡道斜挂。墙是斜的，画作是水平的，看上去很不舒服。还有一个问题是坡道宽度限制了大幅画作观赏的距离和角度。

有人猛烈地抨击赖特的这个作品，说它是一栋与纽约格格不入的建筑，也是在功能上不好用的建筑，还是一座丑陋笨拙的建筑。尽管如此，这座建筑还是吸引了不少人参观。

3. 赖特的有机建筑的艺术特点

赖特的有机建筑的艺术特点，包括：

◇ 融入并提升自然环境。

◇ 缓坡或水平屋顶。

◇ 强调水平线。

◇ 喜欢流线型，如弧形转角等。

◇ 没有烦琐的装饰，但立面不单调呆板。

30.3　阿尔托和夏隆的有机主义

1. 阿尔托的有机主义

北欧现代建筑之父阿尔瓦·阿尔托是芬兰建筑师，被认为是与格罗皮乌斯、密斯、勒·柯布西耶和赖特同一量级的世界建筑大师，他主张有机形态与功能主义结合，也被称为有机主义建筑大师。

阿尔托的有机主义主要体现在：

◇ 主张建筑应当富有人情味。

◇ 关注空间的总体氛围。

◇ 重视表面质感。喜欢采用木材、红砖等传统材料。

◇ 形体灵活，不刻板，运用自如的曲线。

下面举两个例子。

（1）麻省理工学院贝克大楼

贝克大楼是麻省理工学院的学生宿舍，1948年建成。大楼沿河岸弯曲布置，犹如起伏的波浪，轻松流畅，富于浪漫情调。体现了阿尔托建筑应当有"人情味"的理念。大楼虽然很长，但没有笨拙感（图30-5）。

图30-5　麻省理工学院贝克大楼

建筑首层是清水混凝土柱，二层以上是清水红砖，窗户框用本色木材。

（2）芬兰赛纳特萨洛市政厅

芬兰赛纳特萨洛市政厅1952年建成，这座几千人小城的市政厅是个微型综合体，包括会议室、办公室、图书馆、公寓和商店等。阿尔托将市政厅设计得亲切自如，没有采用权力机构建筑常用的对称式，而是环天井布置，灵活而不凌乱。建筑形体虽然简单但很生动，建筑表皮为富有亲切感的清水红砖（图30-6）。

2. 夏隆的有机主义

汉斯·夏隆是德国著名建筑师，德国有机主义的代表人物。二战后担任过柏林重建总规划师，他设计的施明克别墅和柏林爱乐音乐厅是著名的有机主义建筑。

（1）施明克别墅

施明克别墅1933年建成，钢结构建筑，是著名的有机主义建筑（图30-7），当时与萨伏依别墅齐名。

施明克别墅的有顶阳台从房屋主体向各方向展开，楼梯和阳台是敞开的，建筑轻盈，

图 30-6　芬兰赛纳特萨洛市政厅　　　　　　　　　　　　　　　图 30-7　施明克别墅

水平线是流线型，弧形转角。钢结构裸露，是十几年后密斯和约翰逊裸露结构的玻璃房和四十多年后裸露结构的高科技派的先行者。

（2）柏林爱乐音乐厅

柏林爱乐音乐厅是世界著名的音乐厅，1963 年建成。

柏林爱乐音乐厅与之前讲究贵族派头和优雅气质的歌剧院、音乐厅类建筑不同，不对称，不规则，布置分散，造型随意，曲面斜面交错，建筑表皮贴瓷砖（图 30-8），有些像 30多年后流行的解构主义风格。柏林爱乐音乐厅的布局与形体使人联想到音乐旋律的动感。

图 30-8　柏林爱乐音乐厅

演出厅设计得很有创意。从古希腊剧场到中世纪教堂唱诗班再到后来的歌剧院和音乐厅，都是演出或演奏者在演出场地的一端，观众与演奏者面对面。而柏林爱乐音乐厅的演奏场地却在中央，观众席不规则地环绕舞台，像小块梯田一样高低错落，这样的布置使得音乐源成为中心，随空气的振动从中央向四周传播。观众与演奏者的距离拉近。著名指挥家卡拉扬对如此设计倍加称赞，观众也普遍叫好。

30.4　沙里宁的有机功能主义 ⊙ ┄┄┄┄┄┄┄┄┄┄┄┄┄┄┄┄┄┄┄┄┄┄┄┄┄┄┄┄┄┄┄┄┄┄┄┄

　　埃罗·沙里宁是芬兰裔美籍建筑师，父亲艾里尔·沙里宁是著名建筑师，著名的芬兰赫尔辛基火车站的设计者。埃罗·沙里宁十几岁时随父亲移民美国，大学毕业后在父亲的设计事务所作设计，40岁时独立执业，51岁时做脑科手术死在手术台上。沙里宁的作品不多，但个个精彩。此外，约翰·伍重的悉尼歌剧院投标方案也是由作为评委的沙里宁慧眼识宝极力推荐的。

　　沙里宁善于运用曲线曲面，把使用功能、力学逻辑与非凡的艺术想象力完美结合，自然而然，毫不做作。沙里宁的风格被说成是有机功能主义。

　　总体而言，沙里宁的作品都可归类于有机功能主义。进一步细分，有的作品的形体具有象征意义，又可归类于象征主义，如耶鲁大学冰球馆、肯尼迪机场候机楼；有的作品可归类为结构表现主义，如华盛顿杜勒斯机场。下面介绍一下麻省理工学院的克雷斯吉礼堂（图30-9）。

　　克雷斯吉礼堂建于1951年。沙里宁非常成功地将大空间薄壳结构

图30-9　麻省理工学院克雷斯吉礼堂

与建筑造型结合起来，屋盖设计成1/8球形壳，只用了3个支撑点，结构合理，造型新颖。

30.5　路易斯·康的"道" ⊙ ┄┄┄┄┄┄┄┄┄┄┄┄┄┄┄┄┄┄┄┄┄┄┄┄┄┄┄┄┄┄┄┄┄┄┄

　　路易斯·康是著名的现代建筑师，很少评价建筑师的格罗皮乌斯都认为他是"完完整整的人"[一]。但路易斯·康的作品究竟属于什么风格却不易界定。说他是国际主义有些勉强，他的设计不刻板，比较灵活，有人说他以"极其丰富的表现方式超出了格罗皮乌斯和密斯的理解"[二]；把路易斯·康归类为粗野主义也比较勉强。笔者到现场看过多座路易斯·康的作品，尽管他经常用清水混凝土，但比较精致，与后来的安藤忠雄是同一类型的，并不粗野。路易斯·康的作品精细精致，对功能、光线、质感、色彩和构造细节都精益求精，艺术元素运用得体。说他有的作品属于后现代主义也不准确，尽管金贝儿博物馆用了拱券，但他运用传统艺术元素时非常严谨，不像后现代主义那样戏谑。

─────────

[一]　《世界现代建筑史》（第2版）P295，王受之著，中国建筑工业出版社。
[二]　《西方建筑》P274，（英）比尔·里斯贝罗著，江苏人民出版社。

路易斯·康说他的设计遵循一种"道"。就像赖特说不清楚自己的"有机建筑"究竟是什么意思一样，路易斯·康也说不清楚他的"道"究竟是什么，说来说去只是说"道存在"[一]，这似乎有些神秘主义。我理解，"道"是潜意识作用、艺术灵感和功能规则聚合形成的。

把路易斯·康归入有机系列，一方面放在其他章似乎都不合适，单独为他写一章也不可能；另一方面是因为他的设计特别强调功能与形式之间的有机联系，与阿尔托很接近。下面看几个设计实例。

（1）理查德医学研究中心

20世纪60年代，路易斯·康为费城宾夕法尼亚大学设计了理查德医学研究中心，在建筑界引起极大关注。这座建筑的设计在功能方面有两个亮点：

◆ 对科研人员调研得知，实验不适宜在直接照射光下进行。路易斯·康据此进行室内功能分区，将实验区安排在非直射光区域，将其他作业如整理实验资料的区域安排在直射光区域。

◆ 按使用空间和辅助空间对建筑内部进行区分，把楼梯间、电梯间、管道等集中在辅助空间的塔筒中。这在当时是一个创举。如今这种方式非常普遍了，特别是在超高层建筑中，辅助空间大都集中在核心筒里。

在艺术方面，路易斯·康的设计与当时流行的国际主义风格不一样，建筑表皮使用了当地已经20多年未用的红砖，与清水混凝土结构梁柱搭配（图30-10）。

（2）萨尔克生物研究所

位于美国南加州的萨尔克生物研究所是路易斯·康赢得盛赞的作品。他巧妙自如地把科学与艺术、环境与建筑、天地与人的关系融合到他的作品中，营造了有着神奇魅力的"场"。

路易斯·康把研究所布置成多个单元的组合，一个科研团队或课题组使用一个或几个单元。

图30-10 宾夕法尼亚大学理查德医学研究中心

路易斯·康很细致地考虑科研使用要求，如生物研究对无尘环境的要求，各种管线的集中，遮阳百叶窗的设置等。

研究所中心场地有一条笔直的细细的小水槽，引向大海。静静的场地，面对空旷，两旁的房子转了一个角度，每栋房子都面向大海（图30-11）。

　㊀　《静谧与光明》P24，（美）约翰·罗贝尔著，清华大学出版社。

萨尔克生物研究所建筑表皮材料是清水混凝土、木板和玻璃，没有任何装饰，庭院广场没有花草树木，只有天地之间的纯净和静谧，只有科学与艺术的交织。

（3）金贝儿博物馆

路易斯·康设计的美国沃斯堡金贝儿博物馆1972年建成。建筑面积1.2万平方米，由13个拱棚组成（图30-12）。屋盖采用后张法预应力半圆拱，有复古主义的感觉。

金贝儿博物馆外墙没有窗，以利于布展和避免眩光。路易斯·康在拱顶留了一道光缝，作为采光带，再通过反射带将光散入展厅（图30-13），这样做避免了紫外线对艺术品的伤害。在实现功能要求的同时，路易斯·康把光的艺术运用到了极致。

图30-11　萨尔克生物研究所

图30-12　沃斯堡金贝儿博物馆

图30-13　金贝儿博物馆采光带

第31章
粗野主义与典雅主义风格

粗野主义有气势，典雅主义有气质。

31.1　粗野主义概述

粗野主义属于现代主义的枝杈，也被称作"野兽派"。20 世纪 50 年代到 80 年代，出现了一些有影响的粗野主义建筑，不装饰，也不追求精细，其主要特征是：

◇ 裸露的钢筋混凝土结构。

◇ 不加修饰的粗糙的清水混凝土表面。

◇ 结构构件不在意比例关系，有的建筑显得粗壮。

◇ 结构构件衔接粗糙。

◇ 有的建筑形体或形体组合有错乱感。

粗野主义是为了降低成本和缩短工期而容忍粗糙。英国建筑师史密斯提出了"粗鲁的诗意"的说法，给粗糙寻找合理性解释。但也有的粗野主义建筑师不是基于成本考虑，而是有意追求粗野粗鲁粗放的"酷"。

粗野主义的源头可追溯到 19 世纪新艺术运动高迪那里。

1922 年建成的美国洛杉矶辛德勒别墅，室外部分墙体和室内墙体采用了清水混凝土。1928 年建成的瑞士多纳赫歌德博物馆有了粗野主义雏形。

粗野主义引起关注和轰动是勒·柯布西耶 20 世纪 50 年代设计的法国马赛公寓、印度昌迪加尔政府建筑群和哈佛大学卡朋特视觉艺术中心等建筑。之后，保罗·鲁道夫设计了耶鲁大学建筑与艺术系大楼；卡尔曼·米基奈和诺尔斯设计了波士顿市政厅。

设计过粗野主义作品的建筑师有勒·柯布西耶、保罗·鲁道夫、史密斯、斯特林、戈万、谢巴德、范·艾克、维加诺、斯蒂夫勒、卡尔曼·米基奈和诺尔斯等。丹下健三设计了两个属于粗野主义的建筑作品——山桥广播公司大楼和仓敷厅舍。有现代建筑史书籍把路易斯·康列为粗野主义风格建筑师，笔者认为不是很合适。

31.2 粗野主义代表作 ○┄┄┄┄┄┄┄┄┄┄┄┄┄┄┄┄┄┄┄┄┄┄┄┄┄┄┄┄

（1）多纳赫歌德博物馆

瑞士建筑师鲁道夫·斯坦纳设计的歌德博物馆位于瑞士巴塞尔附近的多纳赫小镇，1928年完成雏形，1955年最后竣工。这座混凝土建筑在当时非常前卫，造型奇特，外墙是粗糙的清水混凝土表面（图31-1），内墙也是。按照后来的标准，这座建筑属于粗野主义风格，算是先驱吧。

（2）马赛公寓

马赛公寓是从第二次世界大战结束后的第二年即1946年开始设计的，是为海港工人建造的住宅，1952年建成。勒·柯布西耶设计的这座建筑是最具代表性的粗野主义建筑。

马赛公寓是长165m、高56m的大型"板楼"（图31-2），可住1600人。勒·柯布西耶在实用功能方面考虑得比较周到，除住宅外，还包括商店、体育场、游乐场、咖啡馆、酒吧、卫生所、幼儿园、俱乐部等辅助功能。大多数住宅的户型是越层的，朝向室外带有阳台的起居室两层楼高，公共走廊很巧妙地隔层设置。绿地包围着公寓并"涌入"了首层架空空间。

图31-1　多纳赫歌德博物馆

图31-2　马赛公寓

马赛公寓是钢筋混凝土框架结构，梁柱采用现浇工艺，墙板、外墙板、楼板、遮阳格栅等是预制混凝土构件。为了避免预制板传声，勒·柯布西耶设计了质地软的铅垫块。马赛公寓还应用了模数化，这在当时非常少见。

马赛公寓形体规则，但立面有些凌乱。清水混凝土表面的木模板接缝痕迹和混凝土瑕疵未做处理，显得粗糙。

马赛公寓与勒·柯布西耶20多年前设计的精致的萨伏依别墅相比，是完全不同的风格。

勒·柯布西耶是大牌建筑师，但主管部门和业主对马赛公寓的设计并不买账。开始是主管部门不批开工报告，竣工后业主又将勒·柯布西耶告上了法庭。

马赛公寓是通风良好的"板式"公寓，是最早的高层混凝土结构住宅，也是最早的高层装配式混凝土建筑。马赛公寓的住宅综合体概念、低成本尝试识和装配式工艺尝试影响深远，但粗野主义艺术风格不是很成功。

（3）朗香教堂

勒·柯布西耶设计的朗香教堂1955年建成后引起了巨大轰动，这是一座违背了勒·柯布西耶20多年前主张的现代主义原则的非线性建筑。

朗香教堂样子很怪，柱子是歪的，墙是斜的，屋顶是厚重且翘曲的，门窗是不规则的，横看成岭侧成峰，远近高低各不同。建筑表面是混凝土质感（图31-3）。

朗香教堂是打破常规的典型，既打破了教堂建筑的常规，也打破了建筑美学的常规。其不规则曲面的大悬挑翘曲屋顶，具有震撼效果。

朗香教堂属于什么风格不是很容易界定。它有象征主义的意思；也可看作解构主义的序曲；而粗放的形体、笨重的挑檐和粗糙的被涂成白色的混凝土表面，具有粗野主义特征。

（4）耶鲁大学建筑与艺术系大楼

耶鲁大学建筑与艺术系大楼由耶鲁大学建筑学院院长保罗·鲁道夫设计，1963年建成。这座建筑外立面里出外进高低错落，凌乱粗放，混凝土表面为粗糙的条纹质感，给人以眼花缭乱的感觉（图31-4）。建筑表皮有一些容易积灰积雪的凸出部位，形成了水渍污染，看上去很脏。室内功能设计也不合理，学生们意见很多。这是一个失败的设计，曾被评为世界十大最丑陋建筑之一。

图31-3　朗香教堂

图31-4　耶鲁大学建筑与艺术系大楼

图 31-5　波士顿市政厅

（5）波士顿市政厅

1968 年建成的波士顿市政厅看上去笨重、凌乱、粗糙，不可思议。这是建筑师卡尔曼·米基奈和诺尔斯故意为之的粗鲁和野蛮。这座建筑 2008 年被评为世界最丑陋建筑之一（图 31-5）。

31.3　粗野主义评价与影响

人类关于美的价值和标准相对保守，粗野主义建筑师未把握好"酷"的尺度，多数作品不美，甚至成为视觉污染。

就艺术而言，粗野主义是失败的。鲁道夫有 3 座粗野主义作品使用 30 多年就被拆除或部分拆除。耶鲁大学还算宽容，容忍建筑与艺术系大楼继续存在[一]。

不过，鲁道夫的"灯芯条绒"混凝土质感，现在还有建筑师采用。2010 年建成的矶崎新设计的上海喜马拉雅中心，建筑表皮采用了凸凹感很强的粗野主义语言，效果也不错。

31.4　典雅主义概述

典雅主义被认为是现代主义的分支，虽然秉持强调功能的基本原则，但有一些变化，对无装饰的单调的国际主义风格进行了修正。典雅主义将传统的艺术规则和手法与现代技术、材料、造型结合，使建筑透出典雅的气质。

典雅主义与现代主义最主要的不同是典雅主义利用装饰手段，而且从现代主义坚决摒弃的古代建筑那里寻找艺术灵感。

20 世纪 50 年代到 70 年代出现了一些有影响的典雅主义建筑，其主要特点是：

◈　建筑形体是现代主义风格，如简单的立方体等。

◈　特别注重比例协调。

◈　不直接采用传统建筑符号，但会借鉴其美学规则和组织艺术元素的方法。

⊖　《100Years 100Buildings》P106，Author: John Hill，PRESTEL。

◇ 有装饰性表达。

◇ 设计和施工精致，有典雅的效果。

从古典美学传统规则中获取营养是典雅主义的重要手段。同样是把古典的"东西"用于现代建筑，新古典主义、后现代主义与典雅主义三者的区别是：新古典主义直接把古典建筑语言和符号用于现代建筑；后现代主义则是把古典建筑符号放大或变形；典雅主义只借鉴古典传统的美学规则和元素组织方法。

典雅主义的代表人物是日裔美籍建筑师山崎实，约翰逊设计过典雅主义作品，贝聿铭有些作品也被认为具有典雅主义特征。

31.5 典雅主义代表作 ○┈┈┈┈┈┈┈┈┈┈┈┈┈┈┈

（1）纽约世界贸易中心

"9·11"被炸毁的纽约世界贸易中心姊妹楼是典雅主义的经典之作（图31-6）。

世界贸易中心高 411m，钢结构密肋柱筒体结构，造型简单。虽然只是两根矗立的方柱，却不乏魅力。其艺术感染力源于恰到好处的比例、有韵味的竖向线条、凸凹虚实的光影、转角处柔和的抹角和精致的品质。

世界贸易中心的高度与边长之比约为 6.5，这个比例很匀称。表皮不是平面，凸出的白色铝板墙柱和凹进的玻璃带清晰地刻画了竖向线条。底部墙柱间距 3m，以哥特尖拱造型在第 6 层收拢为 1m。墙柱和玻璃带宽度都是 0.5m。

（2）普林斯顿大学罗宾逊楼

1965 年建成的普林斯顿大学罗宾逊楼也是山崎实设计的典雅主义建筑。罗宾逊楼四周是柱廊，既简洁又有风韵的现代风格柱子是变截面的，柱子与柱头连体，用白色装饰混凝土制作而成。柱

图 31-6　纽约世界贸易中心

图31-7 普林斯顿大学罗宾逊楼

上檐口是一圈小柱廊，也是用装饰混凝土制作。混凝土的造型优势，白色混凝土的优雅质感和轻盈的混凝土柱使建筑魅力无穷（图31-7）。

罗宾逊楼是普林斯顿大学校园里最有特色的现代建筑，被视若珍宝，是参观普林斯顿的游人必去的景点。

（3）纽约林肯艺术中心

纽约林肯艺术中心是古典音乐、歌剧等典雅艺术的舞台，建筑是典雅主义风格。哈里逊、约翰逊、沙里宁等美国最著名的建筑大师参加了艺术中心建筑群的设计。艺术中心是在贫民区的废墟上建立起来的，1960年建成。运用了现代建筑语言、现代建筑材料、现代建筑技术和现代建筑艺术符号，但遵循了传统的美学规则——柱廊和拱券的规则（图31-8）。

图31-8 纽约林肯艺术中心

31.6 典雅主义评价与影响 ○···

典雅主义作品不多，效果不错，评价较高。

典雅主义对新现代主义有影响。最近十几年流行的密柱窄窗竖向线条的高层建筑，就是典雅主义的翻版。

第32章
结构表现主义与高科技派

结构美学是力学逻辑所呈现的美。

32.1 结构表现主义概述

结构表现主义是指表现了结构的美学特质的建筑。

结构美学是力学逻辑或者说力学合理性所呈现的美。力学逻辑本身具有艺术张力。

欧洲古典建筑的标志性艺术符号是柱头，东方古典建筑的标志性艺术符号是斗拱，柱头和斗拱都是结构构件，其首要功能是扩大柱顶支撑面积，削弱了应力集中，缩短了梁的计算跨度。将这种基于结构功能考虑的构件做一些艺术处理，就成了重要的艺术符号。

那些漂亮的抛物线形桥梁，也不全是出于美观考虑，而是因为在均布荷载作用下的简支梁的弯矩图是抛物线形的，抛物线形状的桥梁从结构的角度是经济合理的。

结构美学与建筑材料的力学性能有密切关系。罗马、拜占庭、伊斯兰风格建筑常用的拱券和中国古代赵州桥的拱券，最初也不是出于美学考虑，而是因为拱券结构可以减小甚至避免拉应力，可以发挥抗压强度高抗拉强度低的材料的优势，如天然混凝土、砖石材料，建造大跨度的室内空间或门窗洞口。

古代建筑师或工匠利用结构美学时知其然而不知其所以然。现代建筑的结构表现主义则是基于对材料力学性能和结构原理的掌握，基于知其所以然。

钢筋混凝土问世后，桥梁工程师尝试着将其用于桥梁建设中。瑞士工程师罗伯特·麦拉特 20 世纪初设计了最早的大跨度钢筋混凝土拱券桥，展现了钢筋混凝土富于感染力的结构之美。

混凝土的可塑性使实现曲线造型较为容易，混凝土里配置钢筋，大幅度提高了抗拉性能，如此，可以方便地按照结构逻辑设计造型。

结构表现主义注重功能，忠实于结构，不装饰，属于现代主义的分支。

结构表现主义建筑不是在表现结构能做什么，不是以不合理的结构形式形成特殊的形体造型，而是呈现结构合理性的美学特征。中央电视台大楼的不规则异型形体，虽然结构可以实现，但由于不合理，需要多花很多钱，属于反结构理性的解构主义，属于形式主义，而不属于结构表现主义。

32.2 结构表现主义的类型与代表作

结构表现主义建筑的类别包括：钢筋混凝土薄壳结构、钢筋混凝土悬索结构、集成单元、砖结构、钢结构、钢＋膜结构建筑等。

结构表现主义著名建筑师或结构设计师有：西班牙建筑师爱德华多·托洛哈，意大利建筑师皮埃尔·奈尔维，墨西哥建筑师费利克斯·坎德拉，芬兰裔美国建筑师埃罗·沙里宁，日本建筑师丹下健三、黑川纪章，以色列裔加拿大建筑师莫谢·萨夫迪，乌拉圭建筑师埃拉迪奥·德雷斯特，美国建筑师理查德·巴克明斯特·富勒等。著名设计集团SOM也设计过很好的结构表现主义建筑。

1. 钢筋混凝土薄壳结构

最早在建筑中运用钢筋混凝土薄壳结构的是西班牙建筑师爱德华多·托洛哈。早在20世纪30年代就设计了薄壳建筑，跨度大，构件薄，造型轻盈飘逸。

现存最著名的薄壳建筑是意大利建筑师皮埃尔·奈尔维和墨西哥建筑师费利克斯·坎德拉的作品。

（1）奈尔维的作品

皮埃尔·奈尔维是学结构的。大学毕业后在混凝土学会干过两年，对混凝土的技术特点和美学潜力非常了解。从1949年开始，设计了意大利都灵展览馆、罗马小体育宫、旧金山圣玛丽教堂、梵蒂冈会堂等著名建筑，呈现了钢筋混凝土薄壳结构的魅力和诗意。

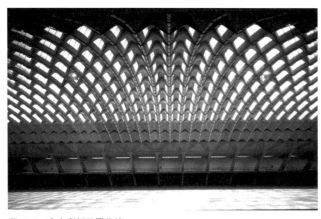

奈尔维的目的首先是形成无柱大型空间，其次是降低建筑成本。在运用合理结构形式的同时获得了力学和美学的效果。奈尔维是把建筑功能、建筑艺术、结构合理性和成本控制结合得非常好的设计师，是对钢筋混凝土结构建筑发展贡献最多的建筑师之一。

图 32-1 意大利都灵展览馆

◇ 都灵展览馆

奈尔维设计的意大利都灵展览馆 1949 年建成，是钢筋混凝土薄壳建筑，屋顶采用了波浪形薄壳拱，纵横两个方向都是拱形。波浪形薄壳拱比平面拱截面惯性矩大，受力性能好。都灵展览馆跨度 80m，是当时跨度最大的混凝土屋盖。奈尔维创造了新的空间形式，通畅而优美（图 32-1）。

奈尔维发明了钢丝网水泥用于都灵博物馆的波浪形薄壳拱。钢丝网水泥壁薄体轻，抗拉强度高于普通钢筋混凝土，厚度只有 3~4cm，最薄可做到 2.5cm。钢丝网水泥形成造型也比较容易。

为了缩短工期，降低造价，奈尔维创造性地采用了装配式技术，将薄壳拱拆分成小块预制，用后浇混凝土进行连接。现在装配式建筑应用的叠合技术就源于奈尔维。都灵展览馆是世界上最早的装配整体式钢筋混凝土建筑。由于采用了装配式，都灵展览馆建设工期得以大大缩短，只用了不到半年时间。

都灵展览馆的双向薄壳拱还有一个亮点，就是在拱腹壁开设了天窗，既实现了采光通风功能，又减轻了预制构件的重量，还是一道"风景"。都灵展览馆建成后受到了建筑界好评，被誉为自英国水晶宫开始的现代建筑一百年来最优秀的建筑之一。

◇ 罗马小体育宫

都灵展览馆之后，奈尔维又设计了罗马小体育宫。罗马小体育宫对钢筋混凝土的结构之美展现得更为全面，更为淋漓尽致，也获得了更多的好评。罗马小体育宫是一座圆形建筑，直径 60m，奈尔维用 36 根倾斜的 Y 字形钢筋混凝土柱和抛物线薄壳构成了轻盈优美的主体结构（图 32-2），巧妙地运用了拱券原理和薄壳原理。小体育宫也是装配式建筑，运用了带肋的钢丝网水泥薄壳以及预制与现浇叠合的技术。柱和屋盖表面为清水混凝土质感，没有任何装饰。

图 32-2　意大利罗马小体育宫

◇ 梵蒂冈会堂

奈尔维设计的最后一个建筑作品是梵蒂冈会堂——一座宗教建筑。在梵蒂冈会堂中，他更为精致地展现了力学逻辑，采用变截面柱和按等压力分布的屋盖抛物线拱券。除了诗意，还有神圣的严谨与精确（图32-3）。

（2）坎德拉的罗斯马南泰阿斯餐厅

墨西哥城一座体量不大的薄壳建筑——罗斯马南泰阿斯餐厅，在建筑界影响很大。这座由西班牙裔墨西哥建筑师费利克斯·坎德拉设计的餐厅于1957年建成，造型犹如花瓣，30m跨度的薄壳只有4cm厚（图32-4）。

图32-3　梵蒂冈会堂　　　　　图32-4　罗斯马南泰阿斯餐厅

2.钢筋混凝土悬索结构

（1）沙里宁的杜勒斯机场航站楼

在表现钢筋混凝土结构艺术魅力方面，埃罗·沙里宁比奈尔维名气更大，尽管他在混凝土领域的艺术成就未必比奈尔维更突出。

1962年建成的华盛顿杜勒斯机场航站楼，用16对倾斜的钢筋混凝土柱撑起了悬索结构屋顶，斜线和抛物线的结合，形成了美妙通畅的空间与造型，既简洁又丰富（图32-5）。

图32-5　华盛顿杜勒斯机场航站楼

图 32-6　东京代代木体育馆

悬索结构是充分利用钢筋混凝土柱的高抗压强度和钢缆绳索的高抗拉强度的结构，形成了大的无柱空间。沙里宁设计的象征主义的耶鲁大学冰球馆也是悬索结构，将在下一章介绍。

（2）丹下健三的代代木体育馆

日本东京代代木体育馆是丹下健三设计的著名建筑，1964 年建成，也是钢筋混凝土悬索结构。丹下健三用巨大的钢筋混凝土柱作为悬索结构的受压构件，由高向低旋转伸出悬索，形成了曼妙的曲面金属板屋顶，覆盖整个体育馆空间（图 32-6）。

3. 集约单元

（1）萨夫迪的盒子

加拿大的蒙特利尔 1967 年举办了世界博览会，以色列裔加拿大建筑师莫谢·萨夫迪用 354 个钢筋混凝土"盒子"组成了包括商店等公共设施的综合性居住区，名为"67 号栖息地"（图 32-7）。

"盒子"是预制建筑单元，是建筑工业化的尝试。现代建筑大师格罗皮乌斯和勒·柯布西耶早在 20 世纪 20 年代就主张建筑工业化，主张装配式建筑。从 20 世纪 50 年代开始，装配式建筑越来越多。但如何在建筑工业化的同时保持建筑的艺术本质，不失去艺术的个性化特征，是一个难度很大的课题。萨夫迪类似"乐高"组合的盒子集合提供了有益的探索经验。

（2）黑川纪章的银座舱体

黑川纪章是丹下健三的弟子，日本新陈代谢派主将。"新陈代谢"是用新的现代建筑替代城市旧建筑的主张。

　　黑川纪章设计的银座舱体被认为是新陈代谢派的代表作,只有430平方米,1972年建成。黑川纪章担任世界建筑学生联合会会长期间,曾经去莫斯科开会,受到苏联工业化建筑的影响,设计了140个钢制舱体悬挂在钢筋混凝土立柱上(图32-8)。

图32-7　蒙特利尔装配式盒子房屋　　　　　　　　图32-8　银座舱体

　　银座舱体可以灵活组合,插入和拔出,但这种功能对于固定建筑没有必要,是噱头功能,没有实际价值。每个舱体的尺寸为 $2.3m \times 2.1m \times 3.8m$,很窄小的空间。这座建筑有概念,有名气,但不实用。不过,银座舱体是"乐高"式装配式建筑的美学探索。

4. 砖结构

德雷斯特的奥布雷罗教堂

图32-9　奥布雷罗教堂

　　乌拉圭建筑师埃拉迪奥·德雷斯特设计的奥布雷罗教堂1960建成,是一座很巧妙地表现了拱券结构美的建筑,他把拱券平放,用砖砌筑波浪形墙体,用钢筋增强。波浪形提高了墙体的抗侧向力性能,成本低,只是相当于建造一个类似体量的仓库的成本,但艺术效果很好(图32-9)。

5.钢结构

（1）富勒的圆球

蒙特利尔1967年世界博览会美国馆是美国工程师理查德·巴克明斯特·富勒设计的玻璃圆球（图32-10）。

富勒是房车发明人，也是整体浴室发明人。他设计的玻璃球直径76m，高41.5m，没有任何支撑柱，完全靠金属球形网架自身的结构张力维持稳定。富勒的网架球体为后来兴起的非线性建筑的结构与构造探了路。

（2）SOM的科罗拉多州空军学院小教堂

科罗拉多州空军学院小教堂是SOM设计集团的作品，1962建成，被认为是建筑艺术的极品（图32-11）。

教堂高46m，由17个尖塔构成，外形像印第安人"A"字形草棚，每个尖塔都是"人"字形结构，由100个不规则四面体组成。四面体表面是铝板。四面体之间是彩色玻璃面板，反射出璀璨的光芒。

图32-10　蒙特利尔博览会美国馆

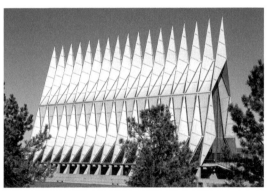

图32-11　科罗拉多州空军学院小教堂

32.3　对结构表现主义的评价

结构表现主义设计师或学结构出身，或对结构了解，或借鉴科研成果，或与优秀的结构工程师合作。

结构表现主义是建筑材料、结构技术、建造工艺与艺术的结合，多数作品获得了较好的效果。但萨夫迪的盒子和黑川纪章的舱体的效果差一些。

结构表现主义派生出了高科技派，或者说高科技派致力于钢结构及其连接点的结构美学表现。

结构表现主义对新现代主义和现代折中主义有影响。对解构主义有启发，使之更加大胆地利用结构优势表达个性。

随着新的高强度或各向同性建筑材料的出现，结构计算技术的深入、细化与进步，工艺实现能力的提高，结构表现主义会有更广阔的发展空间。

32.4　高科技派概述 ●⋯⋯⋯⋯⋯⋯⋯⋯⋯⋯⋯⋯⋯⋯⋯⋯⋯⋯⋯⋯⋯

高科技派是 20 世纪 70 年代出现的现代主义流派，是钢结构加玻璃幕墙建筑，最主要的特点是裸露，裸露结构及其连接节点，裸露电梯，甚至裸露管线系统。

高科技派的科技水平未必高，只是不加掩饰地运用现代材料与技术，挖掘、提炼和展现了这些材料与技术所具有的美学价值。

水晶宫和埃菲尔铁塔可视为高科技派的源头。德国建筑汉斯·夏隆 1933 年设计的施明克别墅可视为高科技派的尝试（见第 30 章图 30-7）。

高科技派第一个引起世界高度重视的作品是德国建筑师佛莱·奥托和根特·本尼什设计的慕尼黑奥运会体育馆，1972 年建成。

高科技派最经典的建筑是巴黎蓬皮杜艺术中心，引起轰动。著名的高科技派建筑作品还包括香港汇丰银行总部大厦、伦敦劳埃德大厦、伦敦小黄瓜大厦等。

高科技派建筑师有德国建筑师佛莱·奥托和根特·本尼什，英国建筑师理查德·罗杰斯、诺曼·福斯特、迈克尔·霍普金斯和尼古拉斯·格林姆肖，意大利建筑师伦佐·皮亚诺等。法国建筑师让·努维尔、日本建筑师丹下健三和瑞士建筑师马里奥·博塔也有高科技风格的作品。

32.5　高科技派的代表作 ●⋯⋯⋯⋯⋯⋯⋯⋯⋯⋯⋯⋯⋯⋯⋯⋯⋯⋯⋯⋯⋯

（1）慕尼黑奥运会体育馆

1972 年建成的慕尼黑奥运会体育馆是一座由钢管桅杆、悬索和丙烯塑料玻璃组成的像大帐篷一样的建筑，结构和造型非常新颖，是现代科技与浪漫情调的完美结合（图 32-12）。

慕尼黑奥运会体育馆是德国建筑师佛莱·奥托和根特·本尼什设计的，被认为是高科技派的第一个建筑。

（2）沙特阿拉伯吉达国际机场

1982 年建成的沙特阿拉伯吉达国际机场新候机"厅"是 210 顶相连的敞开式帐篷，张拉膜结构，用钢柱和聚四氟乙烯涂层塑料搭建而成的（图 32-13）。

这座候机厅每天客流量在 8 万人左右，建成常规建筑的空调能源消耗会非常大。张拉膜帐篷采用反光的白色，没有墙体所以通风良好，当室外温度达到 54℃时，帐篷内温度也只有 27℃。

张拉膜帐篷由 SOM 设计集团戈登·威尔德穆特、戈登·本萨夫特和法兹鲁·汗设计。

图 32-12　慕尼黑奥运会体育馆

图 32-13　沙特阿拉伯吉达国际机场

（3）巴黎蓬皮杜艺术中心

罗杰斯和皮亚诺合作设计的巴黎蓬皮杜艺术中心 1977 年建成。建筑形体是长方体，建筑物地上 6 层，钢结构加玻璃幕墙，看上去像一个化工厂（图 32-14）。评委会之所以选中这个与巴黎格格不入的方案，是因为它采用现代技术、大跨度空间和新颖、活泼的外观。

这座建筑的竖向结构只有 28 根直径 85cm 的钢管柱，分列在建筑物两侧，支撑着每层 14 榀跨度为 48m 的钢桁架，形成了宽 48m，长 166m 的无柱大厅。室内空间没有墙体、竖向管道和吊顶，完全是通透的。钢结构构件采用插销式节点连接。所有管线布置在建筑物四周，不加任何掩饰，只是涂以不同颜色，蓝色管线是空调和电气系统，红色管线是货运系统，绿色管线是给水排水系统。电梯井也是玻璃的，电梯上下时，人们可以看见绳索在移动。建筑师故意把躲躲藏藏的东西的美学价值挖掘出来，让人们认识结构美和工艺美。

巴黎蓬皮杜艺术中心建成之初批评者居多。后来越来越多的人喜欢上了它，把它视为建筑艺术珍品。最初强烈反对的大多数巴黎人也接受了它，把它视为巴黎的骄傲。

（4）香港汇丰银行总部大厦

福斯特设计的香港汇丰银行总部大厦 1985 年建成时的样子与 6 年前投标的样子截然不同。

这座地上 43 层高 180m 的大厦是在老银行之上建造的，为了保证施工期间老银行能够营业，福斯特设计了提升工艺系统，但没有用上。不过，银行对福斯特的创新设计很欣赏，建筑完工后，将施工工艺承重系统保留，使之成为个性化十足的艺术表达（图 32-15）。

图 32-14 蓬皮杜艺术中心

图 32-15 香港汇丰银行总部大厦

32.6 对高科技派的评价

　　高科技派是现代主义的分支，是对密斯型国际主义的调整，有鲜明的个性，就艺术效果而言，有批评有赞誉，肯定的声音多一些。

　　高科技派没有被大量复制或模仿，建筑作品不是很多，但高科技派几个著名建筑师非常活跃，属于"一线"明星。3个最著名的建筑师罗杰斯、皮亚诺和福斯特都获得了普利兹克奖，罗杰斯和福斯特还被英国女王封为爵士。普利兹克奖获得者丹下健三和努维尔也设计过类似高科技风格的建筑。

　　高科技派丰富了建筑美学，尤其是挖掘出了钢结构的结构美学和工艺美学，这是非常有意义的贡献。高科技派登场之后，许多机场候机楼采用大跨度钢结构体系，裸露出结构和连接节点，或者说使结构和连接节点具有美学特征，展现出了力学逻辑之美、金属结构之美和连接工艺之美。

　　近年来，出现了一些具有高科技特征，表达更为得体，艺术上更有特色的著名建筑，如皮亚诺设计的努美阿吉巴乌文化中心（见本书第34章图34-18）、北京T3航站楼、阿灵顿牛仔体育场等。

第33章

象征主义

象征主义 可能让整个建筑看上去像一只"鸭子"。

33.1 象征主义概述

1. 定义

象征主义建筑是指形体、构件或质感等艺术元素有着明确象征性的建筑。象征主义也被叫作隐喻主义。

例如，悉尼歌剧院的形体象征着贝壳或风帆；纽约肯尼迪机场候机楼的形体象征着大鹏展翅；北京中国尊的形体象征着古华夏文明的礼器；达拉斯自然博物馆的表皮象征着地质变迁。

2. 古代建筑的象征性表达

建筑艺术起源于象征性表达。人类早期祭祀性建筑都是被赋予象征性的。

古代建筑艺术的主要任务就是象征性表达，特别是宗教建筑，表达手段包括形体、平面、雕塑和表皮艺术化等。

◇ 形体。最简单的办法是堆砌高台，如埃及和美索美洲的金字塔；北美印第安人的堆土高台；印度教神庙雪域神山的外形；佛教窣堵坡水滴的造形；哥特式教堂窄高向上的形体等。

◇ 平面。如基督教教堂拉丁十字平面象征着十字架。

◇ 雕塑。如埃及金字塔前狮身人面雕塑、希腊建筑山花里的雕塑等。

◇ 表皮艺术化。如美索不达米亚和波斯印有图案的马赛克或瓷砖，印度教建筑表皮密密麻麻的神像等。

3. 现代建筑的象征性表达

现代建筑注重实用，讲究美观，象征性不像古代宗教或宫廷建筑那么重要。不过，许多建筑还是有一些寓意和象征。一些建筑师也喜欢从哲学、历史和宗教的角度诠释自己的作品，有故事，有寓意。

新艺术运动的高迪就是象征主义建筑大师；装饰艺术运动也热衷于象征性表达，把发动机叶片造型用于克莱斯勒大厦顶部；后现代主义会用"鸭子"雕塑做提示性装饰；象征主义则可能让整个建筑看上去像一只"鸭子"⊖；解构主义则可能把建筑形体变成抽象扭曲的"鸭子"；沙里宁的有机结构主义，多出于象征性考虑；一些地域主义建筑，也运用传统文化或建筑的象征性元素。

　　凡是艺术，总有些象征意义，或多或少或清晰或模糊而已。即使反对形式主义、反对建筑以象征性为主的现代主义建筑师，如有顺便为之的可能，也不会放弃象征性表达。如贝聿铭设计的卢浮宫金字塔，既是地下大厅的入口和采光天窗，也象征着法国文化的世界性和历史性。

　　本章介绍的现代的象征主义建筑，主要是形体或质感具有象征意义的作品。

33.2　经典的象征主义建筑

（1）爱因斯坦塔

图 33-1　爱因斯坦塔

位于德国波茨坦的爱因斯坦塔 1921 年建成，是德国建筑师埃里克·门德尔松的作品，引起了建筑界的轰动。

　　爱因斯坦 1905 年和 1916 年相继发表了狭义相对论和广义相对论，天文物理学获得突破性进展。爱因斯坦塔既是天文台，又是相对论的研究中心。地上部分是天文望远镜塔楼（图 33-1）；地下部分是研究中心，图中的绿地是地下室的屋顶。

　　门德尔松设计的天文台雕塑感很强。不规则的流线型被认为与爱因斯坦"物质与能量"的动态主题有关⊜；也给人以探索宇宙奥秘具有不确定性的印象；还有人认为天文台的形体看起来像熔岩流的形象⊕。门德尔松设计时并没有考虑那么多象征性，他说这个造型是他"瞬间想象"的产物。

　　爱因斯坦塔本想用混凝土建造，但当时的施

⊖　《向拉斯维加斯学习》P197，（美）罗伯特·文丘里、丹尼丝·斯科特、史蒂文·艾泽努尔著，江苏凤凰科技出版社。

⊜　《modern qrchitecture since 1900》P187 Author: William i·r·curtis (PHAIDON)。

⊕　《1000 Years of World Aechitecture》P323，Authors: Francecca Prina & Elena Demartini，Thames & Hudson。

304　▶▶▶　世界建筑艺术简史

工技术无法制作顺滑的流线型模板，只好用砖砌筑出基本造型，然后表面抹灰。

爱因斯坦塔的形体与位于墨西哥奇琴伊察的玛雅文明天文台很像，不知是门德尔松的瞬间灵感与一千多年前奇琴伊察玛雅人碰巧相似，还是他看过玛雅天文台的照片受到了启发。

爱因斯坦塔是表现主义建筑的代表作。表现主义是指1910年到1925年在德国和低地国家（荷兰、比利时和卢森堡三国的统称）活跃的建筑流派，既反对19世纪以来的折中主义，也违背当时的理性主义-功能主义倾向[一]。门德尔松的所有设计"都是对场地、项目和客户的特殊回应"[二]。

（2）耶鲁大学冰球馆

1958年建成的耶鲁大学冰球馆是埃罗·沙里宁的作品，造型犹如展翅的大鹏（图33-2）。

沙里宁善于将结构逻辑之美与建筑艺术结合。耶鲁大学冰球馆采用悬索结构，屋脊是钢筋混凝土拱梁，悬索从拱梁向两侧垂下，与边梁连接，悬索曲线形成了屋顶曲面。冰球馆的造型流畅舒展，具有强烈的动感，非常贴切地表达了体育运动的特质和魅力。冰球馆的造型是自然而然顺势而为的，是结构美的展现。

（3）纽约肯尼迪机场环球航空公司候机楼

纽约肯尼迪机场环球航空公司的候机楼（图33-3）也是沙里宁的作品，1962年建成时沙里宁已经去世1年了。这座候机楼是钢筋混凝土薄壳结构与玻璃幕墙结合。4片超大型曲面板组成了约100m宽的大鹏展翅造型屋顶，坐落在"Y"字形钢筋混凝土异形柱上。板块之间是玻璃天窗。主体建筑两侧，羽翼下方，是流畅伸展的候机厅。整个建筑没有装饰，完全靠造型辐射艺术魅力。这座建筑被认为是世界第一座有机功能主义建筑，是成功的典范，对方盒子国际主义形成了有力的冲击。

图33-2　耶鲁大学冰球馆

图33-3　肯尼迪机场环球航空公司候机楼

[一]　《1000 Years of World Aechitecture》P322，Authors: Francecca Prina & Elena Demartini，Thames & Hudson。

[二]　《100 Years 100 Buildings》P22，Author: John Hill，PRESTEL。

（4）悉尼歌剧院

悉尼歌剧院是 20 世纪最伟大的建筑之一，是最成功的象征主义建筑。设计师是丹麦建筑师约翰·伍重。2003 年，在悉尼歌剧院竣工 30 年后，他获得了普利兹克奖。

在 1957 年参加悉尼歌剧院方案投标之前，约翰·伍重是一个默默无闻的建筑师，但他有着扎实的建筑学功底和丰富的建筑考察阅历。他在建筑大师阿尔托和瑞典著名建筑师的设计事务所干过，去摩洛哥、美国、墨西哥、日本和中国考察过历史建筑，摩洛哥的黏土建筑、墨西哥的玛雅建筑与特奥蒂瓦坎建筑、中国和日本的古典木结构建筑，都对约翰·伍重产生了深刻影响。

约翰·伍重在悉尼歌剧院方案投标前做足了功课，了解澳大利亚的历史与文化，看介绍澳大利亚的电影，仔细看建筑场地周围的地图。看地图时他意识到现场环境与他的故乡丹麦科龙宝格城堡（莎士比亚名剧《哈姆雷特》的背景）相似，三面环水，意识到悉尼歌剧院的各个面都必须具有观赏性，要接受来自附近大桥、远处植物园和进出港船舶的审视。

约翰·伍重设计的歌剧院象征性极强，由 10 个大小不一高低不同错落有致的“贝壳”组成，远看像扬帆出海的大船，寓意着海洋文明（图 33-4）。无论从哪个角度看，都有新鲜感。

悉尼歌剧院的结构和施工工艺非常精彩，是前所未有的创新。钢筋混凝土装配式建筑，贝壳壳体由一道道 V 字形后张法预应力梁组合拼接而成，表面贴瓷砖的面板也采用预制装配。

图 33-4　悉尼歌剧院

悉尼歌剧院 1959 年动工，1973 年投入使用。英国女王伊丽莎白二世亲自参加悉尼歌剧院揭幕仪式，赞誉这座建筑是金字塔式的建筑，说“悉尼歌剧院具有金字塔所不具备的特质……它拥有生命。”[一]

约翰·伍重投标时建筑预算是 700 万澳元，最后决算是预算的 14.6 倍，多达 1.02 亿澳元。不过，歌剧院投入使用两年就全

[一]　《悉尼歌剧院——从构想到名胜》P83，（澳大利亚）麦克尔·莫伊，ALPHA ORION PRESS。

图 33-5　宝马大厦

图 33-6　迪拜帆船酒店

部付清账款，当然不是靠演出票房收入，而是靠发行彩票的收入。悉尼歌剧院给悉尼乃至澳大利亚带来了巨大的收益。

（5）宝马大厦

位于德国慕尼黑的宝马大厦是宝马汽车公司的办公大楼，1973年建成，它的造型是竖起来的汽缸（图33-5），奥地利建筑师施科瓦泽直截了当地用产品造型来表现建筑的象征意义。

（6）迪拜帆船酒店

迪拜帆船酒店的真名是阿拉伯塔，1999年建成，是雄心勃勃和雄厚财力的产物，与悉尼歌剧院方案投标后才获得极高的象征性不同，这座酒店设计招标之前就制定了要超越埃菲尔铁塔和金字塔的象征性目标。

阿拉伯塔的造型简单清晰，像一个被风吹鼓的船帆，过目难忘（图33-6）。设计者英国建筑师汤姆·赖特的理念是，标志性应当有简单而独特的形体。

阿拉伯塔共56层，321m高。实现了比埃菲尔铁塔高的目标，当时是全球最高的酒店。酒店建在离海岸280米的人工岛上，由一条道路连接陆地。酒店内部装饰豪华。地下室有一个海底餐厅，隔着玻璃可观赏海底动物，类似一个大鱼缸。坐电梯到海底餐厅有个噱头，电梯内像潜水艇一样，下降时的感觉像是在水下航行。

（7）达拉斯佩罗自然博物馆

美国达拉斯的佩罗自然博物馆2008年建成。由普利兹克奖获得者汤姆·梅恩的墨菲西斯建筑事务所设计，具体负责设计的建筑师是古德·富尔顿和法莱尔。

佩罗自然博物馆是一座个性化十足的建筑，设计师从地质构造中获得灵感。用建筑表皮沿高度变化的皱褶质感模拟不同深度的地层，这个形象与自然博物馆的性质非常吻合，也非常新颖，表皮质感的光影效果也非常好（图33-7）。

皱褶质感外墙由预制混凝土墙板组成，650块墙板每块都不一样，制作和安装难度很大，但如果现场浇筑难度更大。

（8）西雅图音乐体验馆

西雅图音乐体验馆是微软公司创始人之一保罗·艾伦捐建的，是纪念西雅图著名摇滚乐手吉米·亨德里克斯的博物馆和体验馆。亨德里克斯是黑人摇滚音乐家，1970年28岁时去世。他是一个能唤起现场观众疯狂的先锋派摇滚乐手，疯狂极致时，会把电子吉他狠狠地摔到舞台上。

体验馆2000年建成，设计师是著名的解构主义建筑大师弗兰克·盖里。盖里以亨德里克斯摔坏的吉他作为建筑设计的灵感来源，其气质与建筑的主题非常接近，象征性明确。建筑表皮是色彩鲜艳的不规则金属板，表达了亨德里克斯的摇滚乐特征，一种意想不到的爆发力和炫目感（图33-8）。视觉与听觉是有相通语言的。

图33-7　达拉斯佩罗自然博物馆　　　　图33-8　西雅图音乐体验馆

这座建筑是盖里的滑铁卢，被绝大多数人恶评，曾被评为世界十大最丑建筑之一。不过，在我看来，这座建筑是盖里所有"扭曲"作品中，象征性和精神气质最接近建筑本质的作品。

盖里是形式主义至上的建筑师，一旦他的作品距离功能近了，就可能失去了独特的魅力。

（9）纽约"9·11"遗址交通枢纽

纽约世界贸易中心新建的地铁换乘中心地面建筑物像一只从孩子手中放出的和平

鸽，展着翅膀（图33-9），表达了人类对和平与安宁的渴望。这是世界著名建筑师圣地亚哥·卡拉特拉瓦的作品。

这座2016年建成的交通枢纽汇集了8条地铁线，还有几条地下购物街，中心大厅是休闲和观光之处。从室内看，两侧柱子构成未闭合的人字形，屋脊处是透明的天窗，别有韵味（图33-10）。屋脊处的天窗在9月11日10点28分，也就是"9·11"灾难发生时刻打开，阳光直接投射进来，也是一种纪念方式。

图33-9　纽约"9·11"遗址交通枢纽　　　图33-10　交通枢纽室内大厅

这座建筑是型钢与混凝土混合结构，用钢筋混凝土裹住了型钢，比钢筋混凝土有更大的韧性和抗拉、抗弯性能，所以能自如地实现造型；比钢结构则有更好的刚度和防火性能。

建筑师卡拉特拉瓦是西班牙人。他是学结构的，从结构工程师转为建筑师，设计了一些令人瞩目的作品，最著名的是美国密尔沃基美术馆新馆。卡拉特拉瓦善于把建筑艺术的象征之美、结构力学的逻辑之美和使用功能的便利性精妙地结合起来。

"9·11"遗址交通枢纽展现出了，或者说被卡拉特拉瓦挖掘出了型钢混凝土的艺术张力：

◇ 结构构件成为艺术元素，或将整个结构体系作为艺术表达的主角，更可行更便利了。

◇ 细长钢结构构件包裹混凝土可以获得更好的刚度以避免变形，成本增量比加大钢结构构件的断面尺寸要小很多。由此为建筑艺术造型的个性化、新颖化提供了新的选择。追求纤细轻盈的效果时得心应手。

◇ 混凝土造型的随意性和流畅性由于有内埋型钢的隐形支持而更加自如，更加美妙。

◇ 大悬挑构件（如薄板悬挑）更容易实现。

33.3 对象征主义的评价 ○···

优秀的象征主义建筑会形成持久的影响力，不仅使建筑自身成为亮点，还会给城市带来荣耀，成为旅游景点，成为城市名片，成为市民的骄傲，如悉尼歌剧院。不过，平庸的象征主义建筑由于其独特的个性可能会风光一阵子，但不会持久；拙劣的象征主义建筑则会招致恶评。

大多数象征主义建筑增加成本较高，或因造型，或因无效面积，或因结构复杂。借助于结构逻辑的象征主义建筑比较巧妙，成本增加不是太多。

如悉尼歌剧院那样的建筑，虽然超支达到 14.6 倍，但城市为此获得的收益远多于建筑本身的投入。不过多数象征性建筑的高投入并没有回报。

象征性泛滥也是问题。其结果或是象征性雷同，没有个性；或是虽有个性，但艺术效果太差。

慎重得体的象征性，由地域文化、历史所赋予的象征性，或由建筑功能与使命所内生的象征性，再加上优秀的设计，才可能出好作品。

第34章
历史主义与地域主义

古代建筑的**地域差异**是**自然形成**的，

而现代建筑的**地域主义**是**有意为之**的。

34.1 历史主义概述

什么是历史主义？

随着现代建筑的兴起，古代建筑退出了历史舞台，但古代建筑的艺术语言并没有完全消失。所谓历史主义，就是从历史传统中获取一些艺术表达元素的现代建筑。历史主义不是一种风格，而是在不同现代建筑风格中的一种现象：

◇ 19世纪末到20世纪初的工艺美术运动和新艺术运动中有怀古情结的建筑。

◇ 19世纪末到20世纪初的芝加哥学派和20世纪30年代装饰艺术运动的部分建筑，运用古代建筑艺术元素装点门面。

◇ 20世纪一些新建的宗教建筑依然采用古代宗教建筑的符号或抽象符号。

◇ 20世纪30年代以后，意大利、德国和苏联不约而同地热衷于古典主义复兴。

◇ 20世纪60年代出现的后现代主义的主要表现手法之一是在古典建筑元素上做文章。

◇ 20世纪80年代出现的新理性主义把古典建筑艺术元素与规则作为表达手段。

◇ 20世纪60年代到80年代出现的典雅主义建筑会运用古代建筑的美学规则。

◇ 20世纪70年代后出现的新现代主义建筑，偶尔也会采用历史符号。

◇ 大多数地域主义建筑的地域特色靠传统文化、艺术和传统建筑材料实现。

◇ 一些现代商业建筑和住宅喜欢用古典符号装饰或作点缀。

现代建筑的历史主义现象是古典余音，或规则或抽象或部分运用古代与传统的建筑艺术符号与规则。完全复制古代建筑艺术风格的现代建筑从艺术角度上看应属于古代建筑，不在历史主义之列。

34.2 历史主义建筑类型及代表作 ○·······································

1.现代宗教建筑

一些现代宗教建筑采用了现代建筑结构与美学规则，但是，很多建筑或直接或抽象采用了一些古代建筑的艺术元素，举两个例子。

（1）哥本哈根格伦特维格教堂

图 34-1　格伦特维格教堂

丹麦建筑师杰森·克林特设计的丹麦哥本哈根格伦特维格教堂建成于 1927 年。这座 49m 高的砖结构建筑的正立面是阶梯式的，是罗马风教堂或哥特式教堂正立面的变形、简化与抽象（图 34-1）。建筑师借鉴了丹麦乡村教堂的式样。

（2）哈桑二世清真寺

一些现代清真寺既有现代的艺术元素，又采用了古代伊斯兰建筑的艺术语言。例如 1988 年建成的世界第二大清真寺——摩洛哥卡萨布兰卡哈桑二世清真寺，开放式的广场和建筑形体是现代的，拱券、装饰风格则是古代的（图 34-2）。

2.伪古典主义

20 世纪 30 年代意大利法西斯政权和德国纳粹政权，都青睐古典主义艺术语言，将古典建筑的符号、规则用于现代建筑，以获得力量感和权威感，被称作伪古典主义建筑。

意大利与德国差不多是同时统一的，这两个国家都经历了长期的分裂割据的状态，统一后又都找不准自己的位置，几乎同时成为法西

图 34-2　哈桑二世清真寺

斯运动的策源地。法西斯建筑美学注重形式或象征性，把意识形态功能放在第一位。

墨索里尼时期建造的位于罗马的意大利民族宫，当时作为准备召开的世界博览会的标志性建筑于 1943 年建成，设计师是乔万尼·吉厄里尼、恩内斯特·拉帕杜拉和马里奥·罗曼诺。

这座建筑没有装饰，正立面以最能体现古罗马精神的连续的没有装饰的大小一样的拱券作为表达元素，简单有力，凸显了力量与意志（图 34-3）。这是一座现代建筑，又清晰地运用了简化的古典符号，被认为是后现代主义风格的先驱。

3. 苏联的古典主义复兴

20 世纪 50 年代后，苏联喜欢表现气派与气势，讲究规则和对称，较多从欧洲古典建筑中吸取艺术要素，建造了大量有古代建筑艺术符号的建筑，塔楼高耸，立面对称，气势宏伟。建成于 1953 年的莫斯科大学主楼是这类建筑的代表作之一（图 34-4），由建筑师列夫·鲁德涅夫设计。

图 34-3 意大利民族宫

图 34-4 莫斯科大学主楼

准确地讲，苏联的古典主义复兴其实是折中主义的变体。例如莫斯科大学主楼，既有希腊的柱式门廊和希腊化的对称性，又有哥特式塔楼和尖塔元素。这种风格对当时的东欧和中国有较大影响，例如北京展览馆和北京农业展览馆。

4. 有古典特征的新理性主义

意大利建筑师阿尔多·罗西是普利兹克奖获得者，新理性主义建筑师。新理性主义属于后现代主义分支，但反对戏谑式表达，强调比例与规则，特别是借鉴了古典建筑的比例与规则。

罗西设计的荷兰伯尼范腾博物馆 1993 年建成，属于有古典特征的新理性主义建筑，讲究对称、比例，中间采用类似于哥特式尖拱券的造型（图 34-5）。

图 34-5　荷兰伯尼范腾博物馆

图 34-6　班斯伯格市政厅

图 34-7　宝拉·里戈博物馆

5. 与古代建筑神似

（1）班斯伯格市政厅

德国建筑师戈特弗里德·波姆是1986 年普利兹克奖获得者，他设计的德国班斯伯格市的市政厅在古代城堡建筑附近，市政厅是现代建筑，但在形体上与古城堡神似（图 34-6）。

（2）宝拉·里戈博物馆

葡萄牙建筑师艾德瓦尔多·索托·德·莫拉是 2011 年普利兹克奖获得者，他设计的宝拉·里戈博物馆非常简洁，形体与传统陡坡屋顶的草棚神似，色彩比较艳丽（图 34-7）。

6. 点缀古典符号的民用建筑

一些民用建筑如商场、酒店和住宅等，用古典符号点缀，如古典建筑的柱式、线脚、拱券、穹顶、斗拱等。

戏谑式采用古代建筑艺术符号进行装饰的后现代主义也是一种历史主义现象，将在第 35 章介绍。

一些地域主义建筑采用地域的历史元素，也是历史主义现象，在本章34.4 节及之后各节中介绍。

34.3　历史主义的艺术特征与影响 ◦┄┄┄┄┄┄┄┄┄┄┄┄┄┄

现代建筑的历史主义现象的主要艺术特征有：

◇　在现代建筑中采用古代建筑艺术符号。

◇　采用方式：或规则，或戏谑，或抽象，或神似。

◇　表达元素：或形体、或装饰、或质感、或色彩。

历史主义对现代主义、高科技派、解构主义基本没有影响，但对其他风格和流派或多或少存在影响。

本书第 19 章我们已经讨论了古典主义艺术在象征性方面的"变脸"功能。路易十四借助于古典主义强化君主权威；拿破仑借助于古典主义展现帝国力量；杰斐逊用古典主义隐喻政治制度的来源；建筑帅钟情于古代建筑的优雅与沉静等。

通过本节所举历史主义建筑实例，可以看到古典建筑的艺术元素有更多象征性意义：现代宗教建筑对源头的追溯；法西斯复兴帝国的意志炫耀；博物馆类建筑的历史积淀；商业建筑历史感的营造；豪宅的高贵感，普通住宅的优雅感等。

34.4 地域主义概述

地域主义是指艺术风格具有地域特色的建筑。

古代建筑存在地域差异是理所当然的。由于交通不便或隔绝，信息闭塞或传播很慢，建筑材料远距离运输困难等原因，各地文化、建筑材料、环境差异所造成的建筑差异是明显且固定的。印第安建筑艺术、东方建筑艺术、南亚建筑艺术和地中海谱系建筑艺术，互相间有着明显的差异和上千年的稳定性。

古代建筑的地域差异是自然形成的，现代建筑的地域主义则是有意为之。

15 世纪大航海之后，随着殖民主义的扩张，出现了国际性建筑，如巴洛克风格、新古典主义、浪漫主义和折中主义。但也会有地域差异，如欧洲大都是灰色巴洛克建筑，拉丁美洲则有很多白色巴洛克建筑。

现代社会由于信息传播快（包括摄影、摄像信息），交通便利，贸易发达，工业化生产的主要建筑材料钢材、水泥和玻璃各地都一样，结构技术与施工工艺地域差别不大，以及各国之间的文化交流和互相影响增加等原因，各主要建筑艺术风格大都具有国际性特征，建筑的地域特征大大弱化了，许多地方甚至消失了。

一些国家或地区不甘心建筑千篇一律与其他国家或地区雷同，有意设计出一些带有地方色彩的建筑。后现代主义激活了地域主义，一些地区的建筑师从当地历史建筑中提取艺术符号，特别是旅游建筑的设计注重地方性艺术元素的发掘利用，包括历史文化符号或历史故事，当地文化传统和美学偏好等。

地域主义有三种类型：

◇ 现代主义风格类型，地域特色不靠装饰实现。

◇ 后现代主义风格类型，有装饰，地域特色主要靠戏谑或变形的古代建筑元素实现。

◇ 象征主义或新现代主义类型，地域特色靠地域文化或环境特征实现。

多数地域主义建筑是历史主义的，因为地域性大都依靠传统文化、习俗、建筑风格和传统建筑材料表达。只有较少的如巴西尼迈耶设计的地方特色建筑是由建筑师个性实现的。

34.5 现代主义风格的地域主义 ○⋯⋯⋯⋯⋯⋯⋯⋯⋯⋯⋯⋯⋯⋯⋯⋯⋯

20 世纪 50 年代之后，现代主义流行世界，但拉丁美洲、亚洲和大洋洲，既有"正宗"的现代主义建筑，如密斯风格的国际主义；也有一些有当地特色的现代主义建筑，"现代性本身的意义取决于特定的民族历史与民族神话"[⊖]。就像同样说普通话，各地有各地的口音一样，同样是现代主义风格，也各有各的特色。

图 34-8 圣·克里斯托巴宅邸和马厩

1. 墨西哥特色

墨西哥人喜欢艳丽的色彩，喜欢在建筑墙壁上绘画。彩色墙面在墨西哥有久远的传统，印第安玛雅人、特奥蒂瓦坎人和阿兹特克人，都喜欢在外墙涂色。墨西哥城是世界壁画之都。

墨西哥著名建筑师路易斯·巴拉干·墨芬在墨西哥北部红土地上长大，对色彩有着近乎本能的亲近感。他把鲜艳的色彩、简洁的线条、抽象的语言、灵动的水景和绿色植物结合在一个封闭的空间里，创造了个性鲜明，既符合墨西哥文化传统与性格，又遵循现代主义理念，造价还不高的现代主义风格。1968 年建成的圣·克里斯托巴宅邸和马厩（图 34-8）是巴拉甘的代表作之一。巴拉干 1980 年 78 岁时获得普利兹克奖。

2. 巴西特色

奥斯卡·尼迈耶是巴西著名建筑师，曾经与勒·柯布西耶合作设计了里约热内卢的教育卫生部大楼，属于典型的国际主义风格。

20 世纪 60 年代，尼迈耶担任巴西新首都巴西利亚建设的总设计师，当时的巴西总统库比契克对新首都设计提了 3 点要求：面向未来的现代化，不受外国因素影响的巴西化，具有个性的新颖化。

这三个目标中，"巴西化"是很难实现的目标。因为巴西在前哥伦布时期还是采集 - 狩猎社会，人烟稀少，只有棚厦草屋，历史文化的积淀很少；而 16 世纪后的殖民地时期，建筑都是欧洲建筑的复制品，以巴洛克风格居多。

⊖　《modern qrchitecture since 1900》P493，Author: William i·r·curtis，PHAIDON。

富有创新意识和艺术才华的尼迈耶设计出了"实用而抒情的现代巴西语言"[一]。他设计的巴西国会大厦是巴西标志性建筑。国会大厦有4栋单体建筑，布置在一个平台上，就像两块"砖"，两只"碗"。两块竖立的"砖"是国会办公大楼，通过连桥构成了大写字母"H"——葡萄牙语单词"人类"的字头，象征着"以人为本"的政治理念。两只碗分别是众议院和参议院。碗口向上的大碗是众议院，碗口向下的小碗是参议院。这组建筑曲直分明，简洁新颖（图34-9）。

尼迈耶最富创新的作品是巴西利亚大教堂。大教堂是下沉式建筑，地面上的圆形建筑既是入口，也是屋顶，还是采光天窗，用16根双曲线形不等宽钢筋混凝土柱支撑，有印第安土著茅草屋的影子，也像荆棘草帽，从内部看有向上的聚合力，用得又是现代建筑语言，简单简洁，优美优雅（图34-10）。

图34-9 巴西国会大厦

图34-10 巴西利亚大教堂

3. 日本特色

日本19世纪末引进欧洲建筑技术与艺术，派留学生去欧洲学习，请欧美建筑师到日本来设计和讲学。赖特和勒·柯布西耶在日本都有建筑作品。日本传统建筑艺术也对欧美建筑产生了影响。新艺术运动和赖特的草原别墅都从日本建筑与文化中汲取了营养。

20世纪初，日本开始流行欧式建筑，以新古典主义风格和折中主义风格居多。到了20世纪30年代，开始有了现代建筑。第二次世界大战后，在重建规模巨大和经济高速发展的背景下，现代主义风格开始流行，日本涌现出了一批优秀的现代建筑师，最著名的是丹下健三，被誉为日本现代建筑之父。丹下健三1987年获得了普利兹克奖。

丹下健三的现代主义有日本特色，最著名的是广岛和平纪念公园资料馆和香川县厅舍。

（1）广岛和平纪念馆

1955年建成的广岛和平纪念馆是有日本特色的现代主义建筑，赢得了广泛赞誉，也是奠定丹下健三大师地位的重要作品。

[一] 《modern qrchitecture since 1900》P498，Author: William i·r·curtis，PHAIDON。

图 34-11　广岛和平纪念馆

纪念馆是架空的横向建筑，形体规则简单，立面用了竖向格栅（图 34-11）。纪念馆架空使公园内交通和视线通畅。建筑物架空和竖向格栅都是日本建筑的传统做法。丹下健三设计时借鉴了日本最古老的博物馆正仓院[⊖]。架空建筑也是勒·柯布西耶 20 世纪 30 年代的主张。

（2）香川县厅舍

位于日本高松市的香川县厅舍 1958 年建成。日本的县相当于省，厅舍是政府办公楼的意思。这座钢筋混凝土建筑高 43m，11 层，首层完全架空，二层和三层是议会大厅和会议室，四层以上是办公室。

首层架空，行人可随意通过以及二层以上环形阳台赋予了这座政府办公楼开放的象征性。除了架空取自日本传统外，这座现代建筑与日本古典木结构五重塔有神似之处，悬挑阳台板的混凝土梁与木结构梁神似，现代建筑中蕴含着古韵（图 34-12）。

4. 澳大利亚特色

澳大利亚建筑师格林·穆卡特是 2002 年普利兹克奖获得者。他只在澳大利亚做设计，主要设计低层住宅，现代主义风格，有澳大利亚特色：适应澳大利亚的气候条件，借鉴南太平洋地区草棚式样等。

穆卡特特别重视场地环境，对温度变化，是海边还是内陆，是潮湿还是干旱等，都会做仔细认真的分析与对应，他强调建筑设计应"适应澳大利亚极端多变的气候"[⊜]。

1984 年建成的马格尼住宅是穆卡特的代表作之一，方钢管与型钢结构，薄金属屋盖，结构轻盈，没有装饰。为适应当地气候，朝阳面墙体较高，窗户较大；屋檐外探大，夏天可遮阳，冬天又不影响日照。背阴面墙体矮一些，用保温砖砌筑，以抵挡住冬季寒风（图 34-13）。

⊖　《丹下健三》P8，马国馨著，中国建筑工业出版社。

⊜　《The Aechitecture of Glxnn Murcutt》P17，Authors: Maryam Gushen、Tom Heneghan、Catherine、Shoko Seyama. TOTO Ltd。

图 34-12　香川县厅舍

图 34-13　马格尼住宅

34.6　后现代主义风格的地域主义

　　后现代主义风格的地域主义最主要的特征是运用古典建筑符号。1986 年建成的西班牙梅里达罗马艺术博物馆是运用古典符号非常著名的建筑。梅里达历史上是罗马帝国的殖民地，有很多罗马建筑遗迹。西班牙建筑师拉斐尔·莫里奥用简洁的罗马拱券和当地面砖表达地域特征（图 34-14）。

a）室外

b）室内

图 34-14　西班牙梅里达罗马艺术博物馆

　　梅里达罗马艺术博物馆是历史主义的地域主义确认无疑，但说他是后现代主义的地域主义似乎不太有底气，因为后现代主义运用古典艺术符号时往往是戏谑的，不那么一本正经。而梅里达罗马艺术博物馆是严谨简单清晰的，说成典雅主义也可以。

34.7　新现代主义风格的地域主义

　　新现代主义风格的地域主义基本遵循现代主义的原则，或得体地用一些历史符号，或挖掘地方传统材料的艺术元素，或沿袭当地的建筑习惯。

（1）北京香山饭店

贝聿铭设计的北京香山饭店是地域特征明显的建筑，1982年建成。贝聿铭提取苏州古代建筑和园林艺术元素作为建筑的地域特征，灰瓦灰砖白墙，方形菱形图案，以菱形花窗为母形（图34-15）。

（2）中国美术学院象山校区

中国美术学院象山校区由该校建筑系主任王澍设计。王澍是2012年普利兹克奖获得者。象山校区的地域特色是用当地传统的瓦片和木板作墙体，一共用了几百万片瓦。校舍没有刻意的装饰，形体也比较简单，传统的灰色瓦片与本色木材赋予了建筑强烈的历史感和地域感（图34-16）。

图 34-15　北京香山饭店

图 34-16　中国美术学院象山校区

34.8　象征主义的地域主义

象征主义的地域主义主要靠形体语言表示地域特征。

（1）拉斯维加斯图书馆

建于1989年的拉斯维加斯图书馆是美国建筑师安托内·普雷多克的作品，普雷多克是当代著名的地域主义建筑师，善于从地域文化、地域材料和地域历史传统中获得建筑灵感。

普雷多克设计的拉斯维加斯图书馆是简单的几何体组合，多种色彩搭配，表达抽象又不难理解。清水混凝土圆锥源于印第安圆锥帐篷，圆筒源于印第安定居族群的塔楼，土黄色和褐色的矩形房子源于印第安人的土坯房和褐色的荒漠（图34-17）。

（2）努美阿吉巴乌文化中心

努美阿是法国在南太平洋的卡斯蒂尼亚群岛的首府，1998年建成的吉巴乌文化中心由皮亚诺设计，既是高科技派建筑，也可归类于地域主义。这是一座钢结构建筑，在玻璃幕墙之外是木柱和格栅组成的表皮。设计建筑形体的灵感取自土著卡诺克人的棚屋，但并不很像，可以认为是神似吧（图34-18）。

图 34-17　拉斯维加斯图书馆

图 34-18　努美阿吉巴乌文化中心

（3）挪威冰川博物馆

挪威冰川博物馆是挪威建筑师斯威勒·费恩设计的，1991 年建成。费恩是 1997 年普利兹克奖获得者。

在冰川博物馆的设计中，费恩用融入地貌环境的方式体现了地域特征。建筑形体也与大自然的冰川契合（图34-19）。

图 34-19　挪威冰川博物馆

34.9　地域主义的艺术特征与影响

传统符号是表现地域文化最好最简单的方式，地域主义建筑艺术语言特征包括：

◇　传统建筑材料的应用。

◇　提取当地历史建筑的艺术语言。

◇　当地习惯的质感与色彩等。

◇　当地历史传说、事件的象征性表达等。

由于地域历史情怀、文化传统、旅游等因素，地域主义建筑还会继续涌现。

第 35 章
后现代主义风格

"少就是乏味！"

35.1 后现代主义风格概述

后现代主义是对现代主义建筑风格进行"修正"的一种建筑风格，其最主要的主张是建筑应当注重形式，应当有装饰。

"后现代主义"这个词是建筑理论家查尔斯·詹克斯 1977 年在其《后现代建筑的语言》一书中创造的，用来描述从 20 世纪 60 年代兴起的反对理性主义的某些原始建筑倾向[一]。詹克斯说："后现代主义就是现代主义加上一些什么别的。"这个"什么别的"是什么呢？或者是古典建筑的元素或符号，或者是通俗文化的元素和符号。这些符号以轻松、诙谐、戏谑的方式出现，或放大、或变形、或叠加、或矛盾。

后现代主义风格建筑不那么一本正经。被一些建筑师认为俗不可耐的好莱坞、迪士尼和拉斯维加斯的夸张的商业建筑，在后现代主义建筑师看来是值得学习和借鉴的。

35.2 后现代主义风格产生的背景

后现代主义出现于 20 世纪 70 年代，是全球经济大发展时期，城市化继续扩大，一些国家和地区在解决了温饱问题之后，精神需求增加了，文化娱乐方面的公共建筑多了，旅游建筑也多了。当世界进入经济繁荣时期后，简单的建筑无法满足人们对建筑的期待。平民艺术需要世俗的语言。

20 世纪 20 年代到 70 年代，现代主义风格逐渐成为世界建筑的主流，特别是 50 年代到 70 年代，现代主义 - 国际主义在全世界流行，到处都是体现密斯"少就是多"原则的方盒子。在第二次世界大战后重建城市、发展经济的特殊时期，现代主义 - 国际主义

一 《1000 Years of World Aechitecture》P352，Authors: Francecca Prina & Elena Demartini, Thames & Hudson。

风格满足了低成本高速度建设的需要，但存在以下问题：

◈ 强调功能反对装饰的现代主义混淆了不需要艺术形式与需要艺术形式的建筑，不加区分地强调功能，总有一些建筑需要满足人们的精神需求，需要注重形式，需要艺术表达。

◈ 个性是艺术的灵魂，没有个性就没有艺术。一种建筑风格一统天下，艺术语言再美，也会弱化甚至消灭艺术。建筑的艺术性和个性被忽视了，到处是单调的同质化的城市。

◈ 讲究精致的密斯风格的国际主义虽然没有装饰，但花费也不少，只适用于总部大厦等不大在意造价的建筑，适合资本炫耀，但不适合需要热烈气氛的商业、旅游和文化建筑。

◈ 现代主义 - 国际主义的无装饰有一定道理，但走向极端，为了不装饰而不装饰，也会演变为形式主义。现代建筑功能至上有道理，但一些不必要的功能或过剩功能就没有道理，同样花费不菲。

美国宾夕法尼亚大学建筑学教师罗伯特·文丘里是后现代主义的开山鼻祖，这位1991 年的普利兹克奖获得者在 60 年代就对国际主义说"不"，旗帜鲜明地反对"少就是多"的原则，指出"少则厌烦"。他写了后现代主义理论书籍《建筑的复杂性和矛盾性》和《向拉斯维加斯学习》，主张建筑要有审美性和娱乐性。文丘里，还有菲利普·约翰逊等人的建筑理论与实践，形成了后现代主义建筑风格。

后现代主义诞生的象征性事件是 1972 年，美国圣路易斯的布鲁特 - 伊果住宅区在建好 18 年后因为不好卖不好租被炸掉重建。这个事件被说成是现代主义建筑的送葬曲，也是后现代主义登场的序曲，是后现代主义时代到来的宣言。这个事件提示建筑界，只考虑功能的建筑没有生命力。

后现代主义反对不讲形式的功能主义，建筑仅仅有实用功能不行，过于简单简陋的建筑没有人愿意买愿意用，在商业上也可能会失败。

35.3　后现代主义对现代主义的批判 ◦┄┄┄┄┄┄┄┄┄┄┄┄┄┄┄┄┄┄┄┄

后现代主义与现代主义的区别是：现代主义虽然感知到了时代，进行了彻底的革命，但这个过程太长了，被无端地扭曲延长了。

文丘里说："为了替代装饰物和表面符号，现代建筑师便沉湎于变形和过多的表述"[一]。形式化标志化的建筑物是反空间的，它注重信息交流甚于注重空间[二]。

[一] 《向拉斯维加斯学习》P177，（美）罗伯特·文丘里、丹尼丝·斯科特·布朗、史蒂文·艾泽努尔著，江苏凤凰科学技术出版社。

[二] 《向拉斯维加斯学习》P23。

文丘里不无讽刺地说："当现代建筑师们公正地摒弃建筑上的装饰物时，他们就会不知不觉设计成为装饰物的建筑。为了通过象征主义和装饰表达空间与增强表达效果，他们将整个建筑物曲解成为一只鸭子。"[一] 为了反对鸭子的装饰表达，结果却把整个建筑设计成了鸭子。现代主义是极端主义的暴君。现代主义有乌托邦精神，大一统意识。勒·柯布西耶在20世纪20年代曾经建议把巴黎拆毁重建[二]。

35.4 后现代主义风格的类型与代表作

后现代主义讲究装饰性，运用古典建筑或世俗符号，但并不是简单地复制，而是在现代建筑中放大或夸张地引入这些符号。后现代主义与现代主义-国际主义的区别就在于它的装饰，刻意地装饰，借助于一些古典和世俗的建筑语言进行的装饰。

后现代主义建筑师包括罗伯特·文丘里、菲利普·约翰逊、查尔斯·穆尔、詹姆斯·斯特林、迈克尔·格雷夫斯、矶崎新等；凯文·罗奇、马里奥·博塔、汉斯·霍莱茵也有过后现代主义风格的作品。其中文丘里、约翰逊、斯特林、矶崎新、罗奇、霍莱茵都是普利兹克奖获得者。

下面介绍后现代主义的经典作品。

1. 古典符号型

（1）文丘里母亲住宅

图35-1 文丘里母亲住宅

文丘里的第一个后现代主义风格的建筑作品是1964年为他母亲设计的住宅——文丘里母亲住宅（图35-1）。

文丘里母亲住宅用了古典建筑山花墙和拱券的符号，在山花中部故意开口，窗户也不对称，没有规则可言。建筑外形看上去很普通，有人甚至说它丑陋、平庸。但它是一种革命的宣言，一种风格的开端。

（2）电报电话大厦

菲利普·约翰逊设计的位于纽约的电话电报大厦（现在是索尼大厦）1984建成，是

[一] 《向拉斯维加斯学习》P197。

[二] 《向拉斯维加斯学习》P177。

后现代主义风格的代表性作品，引起了建筑界激烈的争论。

电话电报大厦是一栋 37 层板式高层建筑，立面采用沙利文的三段式，底部基座为罗马式拱券，拱券高 36m；中部是整齐简洁的竖向线条；顶部用放大的巴洛克符号，在古希腊山花中开一个圆缺。整个建筑像 18 世纪欧洲流行的高脚立柜（图 35-2）。这座建筑清晰地展现了后现代主义的原则与基本特征。

约翰逊本来是密斯的崇拜者和追随者，密斯到美国来也是他策动和帮助办理的。但是约翰逊是一个总在寻求变化的建筑师，不甘心国际主义风格的千篇一律。文丘里的后现代主义理论启发了他，约翰逊打破了国际主义的"严规戒律"，以轻松谐谑的心情走向后现代主义。电报电话大厦是后现代主义的宣言。约翰逊说：我们就是"热爱历史，喜欢象征。"

（3）PPG 玻璃公司总部大厦

位于匹茨堡的 PPG 平板玻璃公司总部大楼也是约翰逊的作品，1984 年建成。约翰逊设计的玻璃幕墙采用了哥特式符号——凸出的方形或三角形竖向线条、首层和屋顶的玻璃尖塔，有着奇妙的光影变化（图 35-3）。匹茨堡的建筑有浪漫主义即新哥特主义传统。约翰逊的玻璃哥特式大厦，既宣传了玻璃公司，表现了玻璃的"可塑性"；又表达了对城市历史的尊重。

图 35-2 电报电话大厦　　图 35-3 匹茨堡玻璃大厦

（4）休斯敦大学建筑学院

休斯敦大学建筑学院也是约翰逊的作品，1985 年建成。这座教学楼是多层建筑，约翰逊以戏谑的方式用了罗马拱券：一层是竖条窄窗，二层是小方窗，数量增加 1 倍，三层宽拱券窗的数量与二层一样，又高又宽（图 35-4）。

（5）新奥尔良意大利广场

后现代主义著名作品新奥尔良意大利广场 1978 年建成，设计师查尔斯·穆尔曾在美国几所大学任教授，并担任过耶鲁大学建筑学院院长，是著名的后现代主义建筑师。

意大利广场所在地是意大利西西里人聚集地。建筑师采用意大利文艺复兴时期的建筑符号，但比例放大，色彩艳丽，像舞台布景一样（图 35-5）。一些建筑师和评论家认为这个广场"滑稽""俗不可耐"。但当地人非常喜欢这种热闹之俗，俗是大众艺术的重

图 35-4　休斯敦大学建筑学院

图 35-5　意大利广场

要特征，是文化不可或缺的构成。美国许多购物广场借鉴了新奥尔良意大利广场使用古典符号的做法，包括著名的连锁厂家直销店"奥特莱斯"。

2. 世俗符号型

（1）天鹅宾馆

奥兰多迪士尼世界附近的天鹅宾馆和海豚宾馆是非常著名的后现代主义建筑，1988 年建成，迈克尔·格雷夫斯设计。

格雷夫斯最初是白色派建筑师，但很快转向后现代主义，是后现代主义非常活跃的理论家和建筑师，最重要的代表人物。格雷夫斯也是建筑教育家，在普林斯顿大学担任建筑学教授。

格雷夫斯不满意现代主义的单调刻板和毫无趣味，更不喜欢现代主义的垄断地位，他认为建筑应当有装饰、有趣、有文化，城市建筑不能千篇一律。他设计的这两座相邻的宾馆色彩鲜艳，装饰华丽，造型夸张，童趣盎然，像是巨型彩色积木搭起来的。红色的天鹅宾馆屋顶是一道彩虹般的弧线，墙上画了些半圆拱券。屋顶有两只巨大的天鹅雕塑，高15m，5 层楼高。两座副楼向前探伸，副楼屋顶前端有巨大的贝壳雕塑（图 35-6）。

这两座宾馆过于夸张，但符合它的身份和功能，符合场景，与迪士尼世界的快乐气氛吻合，是迪士尼世界童幻情境的一部分，体现了迪士尼文化和趣味。迪士尼文化是世俗的，但民众喜欢。

（2）迪士尼集团总部大楼

1991 年建成的迪士尼集团总部大楼是日本著名建筑师、普利兹克奖获得者矶崎新设计的，被归类为后现代主义建筑，是因为这座建筑用了通俗符号。办公楼两侧是非常简洁的白色 4 层楼，中间部分造型变化多端，有笨重的圆锥台，像轮船大烟囱；有大小不一的立方体，包括一块斜放的小"魔方"；有无窗、大窗和小窗的表皮；颜色五彩缤纷（图 35-7）。整座建筑没有规则，没有逻辑，隐喻着迪士尼世界就是梦幻的产物。

图 35-6 迪士尼天鹅宾馆

图 35-7 奥兰多迪士尼集团总部大楼

3. 混合符号性

（1）俄勒冈州波特兰市政府大楼

俄勒冈州波特兰市政府大楼是后现代主义的经典作品（图 35-8），1982 年建成时引起了巨大的轰动，这座建筑是格雷夫斯设计的。

波特兰市政府大楼是 15 层办公大楼，如果按现代主义设计原则，一定是庄严庄重的。而后现代主义风格的就是要扔掉庄严的架势。格雷夫斯用凸出墙体的三角形几何块（类似古典建筑的拱心石）、窗帘似的深色竖条、不规则的倒梯形图案制造出轻松戏谑的感觉，还在一层布置了购物中心，来政府办事的人可以顺便逛逛商店。

（2）斯图加特艺术馆新馆

1981 年普利兹克奖获得者英国建筑师詹姆斯·斯特林既有粗野主义作品，也有后现代主义作品。1984 年建成的德国斯图加特艺术馆新馆是后现代主义著名作品。

新馆建筑场地是坡地，斯特林顺势而为，采用了坡道、巴洛克式曲线，设计得自然顺畅。表皮用大块彩色石材，局部有希腊柱式和罗马拱券，混合了各种符号（图 35-9）。

图 35-8 波特兰市政府大楼

图 35-9 斯图加特艺术馆新馆

图 35-10　哥伦比亚骑士集团大厦

（3）哥伦比亚骑士集团大厦

做过沙里宁助手的凯文·罗奇是现代主义建筑师，1982 年普利兹克奖获得者，他设计的位于纽约的福特基金会总部大楼是著名的现代主义建筑。但后来一些作品有后现代主义特征。位于纽黑文市的哥伦比亚骑士集团大厦是罗奇的作品，1969 年建成，既有现代主义的基本轮廓，又有后现代主义的特征——4 根粗壮的圆柱立在高层建筑的 4 个角上（图 35-10）。

（4）法兰克福艺术博物馆

奥地利建筑师汉斯·霍莱茵是密斯的学生，赖特的徒弟，世界著名室内设计大师。这位 1985 年普利兹克奖获得者善于营造令人赏心悦目的空间，他说："我们将建筑的愉悦回馈给人们" [一] 。

法兰克福艺术博物馆是霍莱茵设计的后现代主义建筑，运用了混合手法，把不同元素组合在一起。在街道交叉的锐角地带，霍莱茵的设计很灵活：形体有曲面平面交替，表皮有虚实对比，用了变形的古典符号，色彩也有变化（图 35-11）。

（5）特拉维夫大学犹太文化中心

瑞士建筑师马里奥·博塔的作品个性突出，不大好归类。他设计的特拉维夫大学犹太文化中心，有着古朴的石材质感，夸张的造型，圆形城堡、早期黏土建筑的感觉（图 35-12）等，归类为后现代主义或新理性主义都有道理。

图 35-11　法兰克福艺术博物馆

图 35-12　特拉维夫大学犹太文化中心

[一] 《世界现代建筑史》（第 2 版）P512，王受之著，中国建筑工业出版社。

35.5 后现代主义风格的艺术特点

后现代主义风格的艺术特点：

◆ 重视形式，主张装饰。

◆ 俗气，但接地气。

◆ 以戏谑的方式运用古代建筑符号，如变形、叠加、夸张等。

◆ 以戏谑的方式运用世俗文化的符号。

◆ 有些建筑色彩艳丽丰富。

35.6 后现代主义与现代古典主义的区别

后现代主义与现代古典主义的共同点是：

◆ 都是用现代建筑材料、技术与工艺建造的现代建筑。

◆ 都是对现代主义风格的修正。

◆ 都运用古代建筑艺术元素。

后现代主义与现代古典主义的区别是：

◆ 现代古典主义运用古代艺术元素是严肃的讲规则的，即使将古代艺术元素符号
  抽象化，也是正儿八经的；而后现代主义运用古代建筑符号通常采用的是戏谑的
  夸张的方式。

◆ 现代古典主义只运用古代建筑的符号或规则；而后现代主义除了古代建筑符号
  外，还经常运用世俗文化的符号。

35.7 后现代主义的发展与影响

后现代主义是对现代主义 - 国际主义的挑战，它很快流行起来，也很快被滥用。如
今明星穿衣服怕撞衫，现代社会的趋向是越来越排斥流行，建筑也一样。

后现代主义时髦了 20 多年。20 世纪末期就较少出现了。有人认为后现代主义建筑
为装饰而装饰，为表现而表现，有些做作。

但认为后现代主义退出历史舞台的说法不准确。后现代主义的影响一直存在。后现代主
义的意义不在于他是什么，而在于他反对了什么。后现代主义打破了现代主义 - 国际主义的
垄断，这是它最大的功绩。无论多么美好的东西，垄断就是罪恶。后现代主义对现代主义的
反对激活了现代古典主义，启发了解构主义，刺激了新现代主义，促成了现代折中主义。

1990 年后，后现代主义将自己称作新都市主义。或者以地域主义或现代古典主义的
面貌出现，不那么戏谑了，显得庄重。我们现在看到的汉唐元素、徽派元素、印第安
元素还有现代伊斯兰建筑，实质上都是后现代主义的分支和发展。

第36章

解构主义风格

象征性泛滥是一种浮夸。

36.1 什么是解构主义

解构主义既反感现代主义乏味的理性，又对后现代主义装饰手法不屑一顾。解构主义是不受规则约束的建筑风格。

解构主义风格建筑 20 世纪 80 年代登上建筑舞台，至今依然活跃，是当代建筑的重要角色。

解构主义建筑不是一种特定的风格，而是秉持解构主义建筑理念的个人主义建筑师的作品集合。解构主义建筑风格的名称取自解构主义哲学。1988 年在纽约举办的"解构主义建筑展"，展出了 7 位前卫建筑师的作品，是解构主义登场的标志性事件。

解构主义与后现代主义都寻求改变现代主义建筑的单调乏味，强调形式对建筑的必要性。与装饰性的后现代主义不一样，解构主义是对结构秩序和美学秩序的破坏与重组。后现代主义并不破坏结构秩序，美学实践也没有突破建筑美学框架。

解构主义建筑往往具有冲击力和震撼力，这种效果的形成不仅仅由于业主的偏好、建筑师的创新，也是结构技术、计算机三维设计、施工实现能力的进步所支持的，更离不开资金的支持。

著名的解构主义建筑师有：彼得·埃森曼、伯纳德·屈米、弗兰克·盖里、雷姆·库哈斯、扎哈·哈迪德、丹尼尔·里布斯金、彼得·库克、奥地利蓝天组等。其中盖里、库哈斯、扎哈是普利兹克奖获得者。

36.2 解构主义哲学与解构主义建筑

1966 年，在解构主义建筑登场前 20 年，法国哲学家雅克·德里达发表了基于语言学的解构主义哲学。

解构主义哲学的核心理念是"去中心"，否认任何意义上的中心存在，认为"中心并不存在"[一]，只承认"活动"存在，而活动是不断被否定的，中心也是不断转移的。就语言学而言，解构主义将原有结构解构，将解构后的因子重新组合，形成新的结构。

虽然解构主义哲学出现在先，解构主义建筑风格又以解构主义哲学命名，但不能简单地认为是解构主义哲学孕育了解构主义建筑艺术。

解构主义哲学与解构主义建筑的关系不是"母子"关系，也不是指导关系，更没有覆盖解构主义建筑风格体系。解构主义哲学与解构主义建筑风格是理念契合的关系。

德里达的解构主义哲学并没有涉及建筑艺术，他本人也没有关注建筑和艺术领域，甚至不理解建筑师为什么会青睐解构主义哲学。德里达说："解构是反形式、反等级、反结构的，它反对任何建筑所支持的东西。"[二] 而这正是当时的前卫建筑师所需要的支持。前卫建筑师在寻求建筑表达语言的突破时，发现了解构主义哲学与他们的理念的契合性，或者说受到了启发，为自己的离经叛道找到了哲学支持和辩解理由。

解构主义是对结构的分解和破坏，是突破规则，是反对中心、反对权威和习惯，是一种反叛。德里达的哲学"反对必然性与基本原理"[三] 反对以既有的规则约束自己，主张抛弃思维定式和思维理性。

一般的建筑学理论很容易变成对绝对真理的追求。建筑师总是表现出对基本原理、对必然性无法抵制的依赖。而解构主义建筑是激进的，也是即兴和随意的，没有规律可言。解构主义建筑是强烈的与众不同与传统不同与规则不同的愿望的表达，是极端个人主义的艺术观。解构主义建筑的发动者埃森曼说："我的建筑不会是它本该有的那样，而只会是它可以有的那样。"[四] 批评者则评价解构主义建筑是"紊乱成为主导"[五]。解构主义建筑是高度个性化的奇观式建筑，就像破烂露洞却有时尚感的牛仔裤一样。

实际上，解构主义建筑对德里达的哲学概念"不无扭曲"，"是德里达的解构与俄国构成主义的奇特结合"。[六]

德里达的哲学理论在哲学界争议很大。解构主义建筑在建筑界争议也很大。

36.3　解构主义风格类型及代表作 ◦┈┈┈┈┈┈┈┈┈┈┈┈┈┈┈┈┈

解构主义建筑风格没有统一规则，有多种类型，包括：装置艺术型、形体扭曲型、

[一]　《德里达》P14，（美）斯蒂芬·哈恩著，中华书局。
[二]　《建筑师解读德里达》P50，（英）理查德·科因著，中国建筑工业出版社。
[三]　《建筑师解读德里达》序言，（英）理查德·科因著，中国建筑工业出版社。
[四]　《迷失的建筑帝国》P66，（英）迈尔斯·格伦迪宁著，中国建筑工业出版社。
[五]　《迷失的建筑帝国》P68，（英）迈尔斯·格伦迪宁著，中国建筑工业出版社。
[六]　《德里达传》P340，（法）伯努瓦·皮特斯著，中国人民大学出版社。

大悬挑板型、非线性曲线型、不规则形体、结构失稳型、大悬挑块体型、几何体碰撞型、旋扭的大厦等，与建筑师的个人偏好和擅长有密切关系。

1. 装置艺术型

装置艺术型是将建筑与装置造型艺术结合，或者干脆做出装置艺术的感觉。

（1）巴黎拉维莱特公园

巴黎拉维莱特公园里有最早的解构主义作品，1987年建成。拉维莱特公园由解构主义早期发动者美国建筑师彼得·埃森曼领衔设计。

图 36-1　巴黎拉维莱特公园解构主义建筑小品

埃森曼既是建筑师，又是建筑学教授和杂志主编，他最先提出并实践解构主义理念。在巴黎拉维莱特公园设计中，他邀请瑞士建筑师伯纳德·屈米参加设计团队并承担主要设计工作，聘请哲学家德里达为顾问。屈米把公园里的小品建筑设计成鲜艳且莫名其妙的金属装置（图 36-1）。

（2）俄亥俄州立大学韦克斯纳视觉艺术中心

埃森曼设计的美国俄亥俄州立大学韦克斯纳视觉艺术中心建于 1989 年。这座建筑给人印象最深的是白色金属网架穿过艺术中心建筑群，把原有规规矩矩的新古典主义风格的会堂和新建的不规则的艺术中心"拉扯"在一起，看上去像一个大型装置艺术品，建筑的存在被弱化了（图 36-2）。金属网架与新老建筑形成强烈反差，不同质感——金属、红砖、混凝土、岩石，不同色彩——白色、红色、黄色、灰色，不同造型等元素以无逻辑的方式拼凑在一起，展现了一种强加的关联性和难以解读的抽象性。这个作品引起了巨大反响和争议，也使埃森曼名声大振。

图 36-2　韦克斯纳视觉艺术中心

2. 形体扭曲型

年近半百还在主流建筑师圈子之外混的弗兰克·盖里，由于其解构主义作品被一些业主所识，而成为明星建筑师。扭曲形体是盖里的拿手好戏，他设计了一些形体扭曲的建筑，最为著名的是 1997

图 36-3　毕尔巴鄂古根海姆博物馆

年建成的西班牙毕尔巴鄂市的古根海姆博物馆（图 36-3），引起了建筑界巨大反响，成为与悉尼歌剧院齐名的城市标志性建筑，对当代建筑影响巨大。

毕尔巴鄂是西班牙北部的工业城市，制造业的衰落使这座城市陷入低迷状态，古根海姆博物馆是使城市从老工业城市转为文化旅游城市的重要措施，盖里的奇形怪状的设计一炮打响。人们从来没有见过如此奇特的建筑。

虽然同是创新性的不规则造型的标志性建筑，悉尼歌剧院的造型有故事，象征着风帆和贝壳，与澳大利亚的地域环境和历史文化吻合，而毕尔巴鄂古根海姆博物馆只有解构的奇特感和快感，没有寓意和逻辑。

菲利普·约翰逊对毕尔巴鄂古根海姆博物馆大加赞赏，将其称为"这个时代最伟大的建筑"。古根海姆博物馆第一年接待 200 万游客，为当地创造了具大的经济效益。⊖

3. 大悬挑板型

一些解构主义建筑采用薄屋盖大悬挑板。最典型的是扎哈·哈迪德设计的德国维特拉消防站（图 36-4），没有多少实用功能的倾斜的三角形混凝土悬挑薄板刺向青天。这

图 36-4　维特拉消防站

座 1993 年建成的建筑引起极大的关注，因不适合消防使用功能也被许多人批评。事实上，这座建筑的原始功能异化了，成了展览馆，也成了建筑师的"打卡"地。

伊朗裔英国女建筑师扎哈·哈迪德 2004 年获得普利兹克奖，是解构主义非常著名的代表人物，明星建筑师，她最吸引人眼球的作品是那些非

⊖　《建筑家弗兰克·盖里》P158，（美）芭芭拉·伊森伯格著，中信出版社。

线性曲线建筑。

4. 非线性建筑

非线性建筑是由不规则曲面构成的建筑。非线性建筑早于解构主义100年就出现了，一个世纪以来一直有惊世骇俗之作。非线性建筑有的属于19世纪的新艺术运动，如高迪的作品；有的归类于有机主义，如朗香教堂；有的归类于象征主义建筑，如悉尼歌剧院；有的归类于解构主义。

（1）长沙梅溪湖文化中心

扎哈·哈迪德风靡世界的非线性建筑是解构主义风格的重要构成。非线性曲线建筑的形体与空间不是有规则地进行组织，而是随意伸展，靠三维设计软件形成，也依靠三维软件施工。

长沙梅溪湖文化中心是扎哈·哈迪德生前设计的作品，2017年建成，是三座建筑组成的建筑群，包括大小剧场和音乐厅。这座钢结构建筑的表皮为双层，里层是防水保温层，表层是白色仿砂岩GRC（玻璃纤维增强的水泥）曲面板（图36-5），借助于背附龙骨安装在钢结构骨架上。

图36-5　长沙梅溪湖文化中心

（2）奥地利格拉茨艺术之家

奥地利格拉茨市的艺术之家是英国著名建筑师彼得·库克的作品，2003年建成。

彼得·库克是英国著名前卫派设计集团"阿基格拉姆"的骨干。"阿基格拉姆"集团也被译作"建筑通讯"集团，形成于20世纪60年代，这个集团"用未来主义的方式呼吁避免现代主义的千篇一律"[一]，对高科技派和解构主义的形成有重大影响。罗杰斯、皮亚诺和福斯特的高科技风格都深受其影响。库克则走向了解构主义。与罗杰斯和福斯特一样，库克也因在建筑领域取得的成就而被英国女王封为爵士。

格拉茨市艺术之家既是非线性建筑，也是高科技风格建筑。建筑造型有些像海里的刺参，给人以极其深刻的印象（图36-6）。

非线性建筑的曲面不是有规律可循、有方程式解析、有结构逻辑的曲面。喜欢者认

〇　《世界现代建筑史》（第2版）P473，王受之著，中国建筑工业出版社。

为富有个性，打破了直线的沉闷乏味和有规则曲线的重复感。非线性曲线的动感、不确定性是建筑美学不可缺的构成。反对者认为这类建筑对使用功能、结构和造价都有非常不利的影响，是形式主义建筑。偶尔作为象征性表达可以，泛滥了就是灾难。

曲线属于上帝，但曲线很难成为主流建筑，因为绝大多数建筑，实用功能是第一位的。

5. 结构失稳型

（1）德累斯顿 UF 电影院

蓝天组设计的德累斯顿 UF 电影院 1998 年建成，看上去像要倒下来似得（图 36-7）。为了实现这种倾斜，结构上很麻烦，建筑师自找的麻烦。

图 36-6　奥地利格拉茨艺术之家

图 36-7　德累斯顿 UF 电影院

这座建筑不仅在形体上是倾斜的，玻璃幕墙入口大厅与石墙建筑也形成鲜明的对照。斜与直，虚与实，反差强烈，规则混乱。据蓝天组的波兰建筑师说，他们是闭着眼睛设计的。

（2）北京中央电视台大楼

大家所熟悉的中央电视台大楼也是结构失稳型解构主义建筑（图 36-8），由著名荷兰建筑师雷姆·库哈斯设计，2012 年建成。这座建筑顶部悬臂最大距离达 75m。

结构失稳型建筑有强烈的视觉冲击力，但也给人以强烈的不稳定感，为确保不真正倾倒下来，要进行压载平衡，结构也必须有很强的抗拉能力，为此要增加很多造价。

6. 不规则形体

蓝天组设计的大连国际会议中心 2012 年建成。这座建筑是变形抽象的几何体，看不出意味着什么，象征着什么，给人的第一感觉就是："它是什么？"。倒是金属皱纹的表皮有些像微波荡

图 36-8　中央电视台大楼

图 36-9 大连国际会议中心

漾的海面，与海滨城市大连有点关联（图 36-9）。

7. 大悬挑块体型

有的解构主义建筑悬挑出很大"块体"，如 2012 年建成的波士顿当代艺术博物馆。这座水边建筑面积有 6000 多平方米，设计师是伊丽莎白·迪勒和里卡多·斯考菲迪欧夫妻。这座反对理性和艺术规则束缚，追求心灵自由的作品打破常规一鸣惊人。最惊人的地方是上层建筑悬挑出 24m（图 36-10），看上去像体操运动员在做高难动作。这座建筑表现欲强，结构上不符合常规，非常抢眼。这个项目是老工业区改造为文化区的标志性工程，惊人之笔或许是必要的。

8. 几何体碰撞型

几何体碰撞型是几个几何体或不规则形体组合或碰撞在一起的效果。

拉斯维加斯 4.6 万平方米的水晶宫购物中心，好像几个大水晶体堆在一起（图 36-11）。这个购物中心里是一些著名的奢侈品店和豪华餐厅，2009 年建成，由波兰裔犹太建筑师丹尼尔·里布斯金设计。里布斯金学音乐出身，后来改行搞建筑。

图 36-10 波士顿当代艺术博物馆

图 36-11 拉斯维加斯水晶宫购物中心

音乐是抽象的艺术，里布斯金的建筑语言抽象而富有冲击力。他有好几个作品给人以几何体碰撞的感觉。

9. 旋扭的大厦

SOM设计的科威特阿尔哈姆拉大厦（2010年）和巴拿马城的螺旋大厦都是旋扭的高层建筑，巴拿马的螺旋大厦很有特点（图36-12），看上去像螺旋钻头。

螺旋建筑外观效果因奇特而诱人。究竟美不美，不同人美学偏好不同，评价不一。但其使用效率和因结构难度导致的造价高肯定是个问题。看上去也显得不自然。建筑是艺术，真正的艺术是得体的。既在预料之外，又在情理之中。

图 36-12　巴拿马螺旋大厦

36.4　解构主义风格艺术特点

解构主义建筑风格的艺术特点包括：

◇　个性化不规则形体。
◇　违反结构合理性的形体。
◇　抽象的形体。
◇　应用折线或曲线。
◇　较少采用装饰构件。

36.5　对解构主义风格的评价

20世纪90年代后，由于解构主义建筑带来的新奇感，也由于普利兹克奖的推波助澜，还有建筑师明星化的商业运作，再加上一些希望借助于标志性建筑提升影响力的发展中国家或城市的青睐，解构主义建筑风光无限。解构主义建筑师如盖里、扎哈、库哈斯、里布斯金等炙手可热。给人的感觉是解构主义建筑已形成潮流。实际上，解构主义建筑风格作品很少，普遍叫好的作品更少，失败的作品很多。

对解构主义风格建筑褒贬不一。仅就建筑美学而言，许多人感到奇怪和疑惑。

褒的说法：

◈ 个性化艺术。

◈ 新奇的视觉冲击力。

◈ 实现了标志性目标。

◈ 富有动感和活力。

贬的说法：

◈ 牺牲功能。

◈ 有效空间率低。

◈ 结构不合理。

◈ 造价高。

◈ 以怪异奇特代替美学元素得到的不是美，而是新鲜感。泛滥了就会疲劳。

◈ 有些建筑与环境疏离，甚至格格不入。

◈ 有的形体存在视角问题，有的从某个角度看很美，但变换个角度看则很丑。

◈ 杂乱无序是反美学的表达。

◈ 不恰当地追求个性。个性是艺术的特征，而有个性未必有艺术效果。

批评者还认为，一些建筑被不恰当地赋予或过多地赋予了象征性。赋予一座建筑过大的野心和目标就会与现实脱离。象征性或标志性泛滥是一种浮夸。解构主义建筑与历史、文化、建筑本身的目标割裂，与环境冲突。建筑与社会、环境和经济的关系，是顺从依赖还是分离相悖？解构主义是孤立于群体的个性化，是极度的个性化。

36.6　解构主义风格的影响

解构主义刺激或者说激发了新现代主义的表现欲。

解构主义的收敛版，解构主义与其他主义特别是新现代主义的调和版，成为现代折中主义的重要构成。

第37章

新现代主义风格

"当初我最后拍板用贝聿铭的，我永远以此为豪"。

37.1　新现代主义风格概述 ∘┄┄┄┄┄┄┄┄┄┄┄┄┄┄┄┄┄

　　新现代主义遵循现代主义基本理念，但在艺术表现方式上更为灵活和丰富。新现代主义是对现代主义的继承、发扬、适当地修整与改良，是对现代主义建筑思潮中的教条主义和极端主义——纯粹的功能主义——的纠偏。

　　新现代主义是对反现代主义的后现代主义和解构主义的回应，因为后现代主义装饰过于做作，而解构主义形体又故弄姿态。

　　新现代主义比现代主义更注重美学表达的多样性，但不脱离功能框架，自然而得体。

　　新现代主义从 20 世纪 70 年代开始出现，80 年代涌现出一批经典之作，与后现代主义、解构主义同步。现在，后现代主义衰落了，解构主义遭到较多批评，新现代主义仍保持活力。

　　新现代主义与后现代主义和解构主义都是时代的产物，经济发展了，技术进步了，材料丰富了，人们有愿望也有能力使城市和建筑更美一些，更多样化一些。

37.2　新现代主义建筑师及代表作 ∘┄┄┄┄┄┄┄┄┄┄┄┄┄┄┄

　　设计过新现代主义建筑的著名建筑师包括贝聿铭、安德鲁、迈耶、安藤忠雄、戈特弗里德·波姆、阿尔瓦罗·西扎、積文彦、波特赞姆巴克、让·努维尔、彼得·卒姆托、艾德瓦尔多·苏托·德·莫拉、伊东丰雄等，大都是普利兹克奖获得者。我们来看看他们的作品。

（1）美国国家美术馆东馆

　　1978 年建成的美国国家美术馆新馆（东馆）赢得了世界建筑界和博物馆界的盛赞，也倍受参观者喜爱。这座建筑奠定了贝聿铭世界建筑大师的地位。美术馆捐资人保罗·梅隆曾经写道："我这辈子赞助创作了很多艺术品，但杰出的艺术珍品就这么一个——东馆。它雕塑般的墙体气势恢宏，比例和墙体角度新颖又精准细腻，是现代建筑当之无愧的主角，矗立在舞台中心。当初我最后拍板用贝聿铭的，我也永远以此为豪。"[一]

美国国家美术馆东馆设计有两大难点。

第一个难点是建造场地是梯形地块，在其上布置标志性建筑很难。贝聿铭别具匠心地用一个大的等腰三角形建筑和一个小的直角三角形建筑组合（图 37-1），巧妙地解决了这个难题。而且，功能分区非常合理，大三角形是对公众开放的美术馆，小三角形用于办公、研究和档案库。如此组合，建筑外观富于变化，东西南北前后左右各有不同形象。有人说，贝聿铭的两个三角形的构思是绝妙的神来之笔。

第二个难点是与隔路相望的老馆（西馆）如何呼应。老馆建于 1941 年，是新古典主义风格，如果 20 世纪 70 年代建设的新馆还沿用老馆风格就落伍了，但采用现代风格，又可能反差过大。贝聿铭把新馆设计成现代主义风格，但外皮采用与老馆一样的石材，使两者之间有了直接呼应。新馆的高度也与老馆檐口高度协调一致。

美术馆新馆外观既简洁，又丰富，表现了新现代主义建筑的真谛。贝聿铭在中庭和顶层展厅采用透光顶棚，敞亮大气的中庭具有震撼效果。新馆大门前的几个玻璃三角体，是新馆与老馆连接的地下通道及服务空间的采光天窗（图 37-2）。

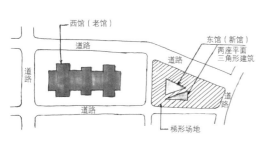

图 37-1　贝聿铭设计的美国国家美术馆东馆平面构思草图

图 37-2　美国国家美术馆东馆

（2）卢浮宫扩建

贝聿铭的设计在功能方面总会令使用者满意，甚至带来惊喜。当法国要改造古老的卢浮宫博物馆时，全世界 15 家著名博物馆的馆长有 14 位向法国文化部推荐贝聿铭。

卢浮宫是艺术圣殿，珍藏着来自世界各地的古代艺术瑰宝。由于卢浮宫是旧王宫，不具备公共建筑功能，参观路线不畅，人流拥挤，也没有大型博物馆所必须的附属面积，参观接待能力和珍宝保护都很困难，无法应付越来越多的参观者，卢浮宫改造工程就是要增加附属面积，打通参观通道，把皇家宫殿变成大型公共建筑。

　　[一]　《贝聿铭全集》P133，菲利普·裘蒂狄欧、珍妮·史壮著，积木文化。

这样一个古典建筑群如何改造，新增加的面积如何与原有建筑对接，在各方面的条件都限制得很死的情况下，如何满足使用功能的要求，还要表现出与卢浮宫相称的艺术价值，这是世界级难题。

法国总统密特朗打破法国公共工程的设计必须招标的惯例，亲自拍板不走招标程序委托贝聿铭设计。贝聿铭也获得了巨大的成功。

贝聿铭的设计有三大亮点：

第一是向地下要空间，把扩建面积安排在 U 字形卢浮宫的后庭院地下，新建了 6.2 万平方米建筑，包括入口大厅、纪念品商店、书店、餐厅、图书馆、艺术品储藏室、影视空间、办公室等。地下大厅还把各展厅之间完全连接起来了，参观路线四通八达，随意流畅。成功地解决了博物馆使用面积少和交通不畅问题。扩建之后，卢浮宫接待能力扩大到原来的 3 倍，从改造前的 370 万游客 / 年到改造后的 1000 万游客 / 年。

第二是把主入口选在卢浮宫后庭院里，既避免了对卢浮宫正立面的破坏或依赖，也使新入口直接朝向香榭丽舍大街，整条大街首尾都是亮点。

第三是入口高 21m 宽 30m 米的玻璃金字塔和 3 个小金字塔，这是绝妙之笔。玻璃金字塔首先是采光天窗，自然光线通过它照射地下空间，使之沐浴在阳光下，没有地下室的感觉。卢浮宫前所未有地有了一个非常敞亮的大厅。贝聿铭特别强调玻璃金字塔注入自然光的作用，他说："如果没有玻璃金字塔，卢浮宫地下大厅与地铁站又有什么区别？"[一]

玻璃金字塔是透明的物体，放在古典建筑围成的院子中，不会像任何实体建筑那样割裂空间，它是实在的，却也是通透的。它的存在突出了中心，却不会遮掩卢浮宫原来建筑的高傲的存在。玻璃金字塔与文艺复兴风格的老建筑对比，互相衬映却不会互相削弱。现代风格与古典风格和谐地交融在一起（图 37-3）。

玻璃金字塔还是地下空间与卢浮宫古老建筑对视的窗口。在大厅里可以透过金字塔玻璃看优雅的古典建筑，看蓝天飘过白云。

金字塔的造型本身是古代的，但全玻璃建筑又是现代的，现代与古典呼应，既尊重历史，又充满活力。玻璃金字塔像钻石一样光芒四射。不是装饰，胜过装饰。卢浮宫改造工程地上未新建任何实体建筑，却成为现代最伟大的建筑。

（3）亚特兰大高级艺术美术馆

亚特兰大高级艺术美术馆 1983 年建成，是典型的"白色派"建筑，造型优雅，质感纯净（图 37-4）。设计者是 1934 年出生的理查德·迈耶，1988 年普利兹克奖获得者。

迈耶是白色派和理性主义代表人物。白色派是 1969 年纽约一次建筑作品展，5 位年轻建筑师都推出白色作品，被评论界冠以白色派，但只有迈耶一人坚持白色始终。迈耶认为：白色建筑在环境中轮廓线分明，是纯洁、透明和完美的象征。

〇 《贝聿铭全集》P239，菲利普·裘蒂狄欧、珍妮·史壮著，积木文化。

图 37-3　卢浮宫博物馆玻璃金字塔　　　　　　图 37-4　亚特兰大高级艺术美术馆

　　迈耶是用光的高手，无论是室内采光，还是有意识地运用光影效果，都别具匠心。美术馆建筑结构是钢结构与钢筋混凝土结构的结合。建筑表皮既有平面，又有弧面；既有实体墙，又有大玻璃窗，还有板条。平面布置活泼，不同立面可看到不同的造型，美术馆内有明亮的中庭。

　　（4）盖蒂艺术中心

　　位于洛杉矶的盖蒂艺术中心1997年建成，也是迈耶设计，被誉为新现代主义的经典之作。

　　盖蒂艺术中心建在200多米高的圣莫尼卡山上，是由多栋低层建筑组成的建筑群，总面积约8.8万平方米，分展览区、研究区、办公服务区等。这些建筑布置在山顶平地上，围成庭院广场。

　　建筑造型简单，有矩形，有圆形；表皮是产自意大利的浅米色沉积岩，凿成粗糙质感，看上去很自然，在暖暖的阳光下感觉新鲜和亲切（图37-5）。

　　盖蒂艺术中心展馆之间或经过庭院，或经过透明的连廊，看过一个展馆后到另一个展馆，会经过一段"明亮"，看到一片绿色或一柱喷泉，也可在室外阳台远眺美丽的风光。这种视觉信号的变化是一种大脑休息方式。

　　盖蒂艺术中心融入了自然环境，也在建筑物之间建造了漂亮的庭院景观，包括喷泉、水池、花坛、绿树、观景平台等。迈耶历来重视环境，重视"绿色"。

　　（5）京都国立近代美术馆

　　京都国立近代美术馆于1986年建成，由日本著名建筑师槙文彦设计。槙文彦1928年出生，是丹下健三的四大弟子之一，1993年普利兹克奖获得者。

　　京都国立近代美术馆是简单的矩形形体，但立面活泼了很多，有虚实对比，有色彩变化，简洁而不单调呆板（图37-6）。

图 37-5　盖蒂艺术中心

图 37-6　京都国立近代美术馆

（6）巴黎阿拉伯文化中心

巴黎阿拉伯文化中心建于 1987 年，由法国著名建筑师让·努维尔设计。建筑的一个立面的表皮是光敏膜片，可根据光线自动调节闭合，其图案寓意着阿拉伯文化（图 37-7）。

有人将巴黎阿拉伯文化中心归类为高科技建筑，有人将其归类为地域主义建筑，似乎都有道理。就形体和表达的灵活性而言，归类于新现代主义更为贴切。

图 37-7　巴黎阿拉伯文化中心

（7）澳大利亚国会大厦

位于首都堪培拉的澳大利亚国会大厦于 1988 年建成，澳大利亚建筑师米契尔、乔普拉和索普设计事务所设计。

国会大厦在一座山上，正立面是现代风格的白色大理石柱廊，围成了开敞式前厅（图 37-8），灵感源于希腊民主聚会广场（阿勾拉）的柱廊，虽有怀古之意，却没有用古典符号。

屋顶的不锈钢锥形支架举起了国旗，既是功能性装置，又是象征性表达。这座建筑是装配式混凝土建筑。

（8）巴黎新凯旋门

巴黎拉德芳斯商业大厦也叫方形大拱门，或者叫新凯旋门。1989 年建成，由法国著名建筑师安德鲁设计，即中国国家大剧院的设计者。这座大理石大厦独出心裁，很对称的四框，观光电梯的井架却在不对称的位置上，还悬挂了一张叫作云的大天幕（图 37-9），是突破固有模式的一种尝试。

图 37-8 澳大利亚国会大厦

图 37-9 巴黎新凯旋门

（9）光之教堂

1989 年建成的光之教堂只有 113m²，清水混凝土建筑。这么小的建筑，日本著名建筑师安藤忠雄却把它设计成世界级的艺术品。安藤忠雄没用高档材料，造型也不特殊，精妙之处在于巧妙地利用光，把窗户设计成十字架型（图 37-10）。

安藤忠雄虽然是拳击手出身，设计风格却非常细腻，善于用光，善于用清水混凝土，还善于设计水景。安藤忠雄的清水混凝土不是勒·柯布西耶的粗野的混凝土，而是像"绸缎"一样蕴含着诗意的光滑柔和的混凝土。

（10）沃斯堡现代艺术博物馆

安藤忠雄设计的沃斯堡现代艺术博物馆 2002 年建成。

现代艺术博物馆是 2 层建筑，采用清水混凝土和玻璃，建筑表皮有两道墙，一道玻璃墙，一道混凝土墙，类似于被动式太阳能墙体，有调节温度的功能。博物馆给人印象最深的是出挑很大的薄薄的混凝土屋面板，非常轻盈（图 37-11）。

图 37-10 光之教堂

图 37-11 沃斯堡现代艺术博物馆

（11）瑞士瓦尔斯温泉浴室

瑞士建筑师彼得·卒姆托是 2009 年普利兹克奖获得者，他的作品注重材料的质感与光线的变化。

卓姆托设计的瑞士瓦尔斯温泉浴室 1996 年建成，钢筋混凝土结构，形体简单，立面简洁，灰褐色片麻岩表皮。局部墙体的凹入，使简洁的立面有了变化和悬念（图 37-12）。

（12）仙台多媒体中心

日本仙台多媒体中心 2001 年建成，2013 年普利兹克奖获得者伊东丰雄设计。伊东丰雄是日本银色派建筑师，善于使用钢结构、轻金属材料、玻璃和光敏玻璃等，横滨风之塔是他的著名作品。

仙台多媒体中心没有传统的墙壁，是通透的、轻盈的、自由的。其结构尤其精彩，13 根犹如海带般的金属管组合的柱子（图 37-13），看上去轻盈飘逸，在 9 级地震的晃动中仍安然无恙。

图 37-12　瓦尔斯温泉浴室

图 37-13　仙台多媒体中心

（13）卢森堡音乐厅

卢森堡音乐厅（也叫交响乐中心）2005 年建成，设计者是法国著名建筑师克里斯蒂安·德·波特赞巴克。波特赞巴克在 50 岁时（1994 年）获得了普利兹克奖获。

波特赞巴克的建筑作品既有现代主义的，也有粗野主义的，还有新现代主义的。他设计的卢森堡音乐厅是新现代主义特点突出的建筑，形体简洁流畅，表皮是白色钢管柱，有些像竖琴（图 37-14）。

（14）堪萨斯城纳尔逊-阿特金斯博物馆

美国密苏里州堪萨斯城纳尔逊-阿特金斯博物馆 2007 年建成，是斯蒂芬·霍尔的作品。霍尔是用光的大师，在纳尔逊-阿特金斯博物馆，他把光用到了极致。

纳尔逊-阿特金斯博物馆是扩建工程，老馆有点古典主义符号，霍尔设计的新建筑表现出了十足的现代感，柔和、轻盈、亲切，虽然是玻璃盒子建筑，但与所有玻璃幕墙不一样，霍尔在两层中空玻璃之间夹了一层由计算机控制的半透明材料，透过玻璃的光线是可以调节的。白天，你在室内看，光线漫射进来，特别柔和；晚上开灯，你在室外看，建筑物是一个发光体，妙不可言。霍尔对自己的作品，特别是光的魅力，非常自信，他说："只有亲身走过，你才能理解这座建筑"。光总是在变化着的，这座建筑也在变幻中（图37-15）。

图 37-14　卢森堡音乐厅

图 37-15　纳尔逊 - 阿特金斯博物馆

（15）巴西维多利亚剧院博物馆

保罗·门德斯·达·洛查是巴西知名度仅次于尼迈耶的建筑师，2006年普利兹克奖获得者，获奖时已经87岁了。他设计的巴西圣埃斯皮里图州首府的维多利亚剧院博物馆2008年建成，简约、沉静，但丝毫也不单调（图37-16）。

图 37-16　巴西维多利亚剧院博物馆综合体

洛查喜欢用混凝土，也喜欢在建筑物周围布置水池。混凝土的坚固与水的柔情，混凝土的实与水的虚，混凝土的静与水的动，还有建筑物在水中的倒影，不仅愉悦视觉，也牵引联想。

（16）巴西伊贝尔·卡马尔格基金会大楼

位于巴西阿雷格里港的伊贝尔·卡马尔格基金会大楼2008年建成，设计师是1933年出生的葡萄牙建筑师阿尔瓦罗·西扎，1992年普利兹克奖获得者。

基金会大楼是包括展厅、礼堂、图书馆、书店、咖啡厅、办公室、储藏室、停车场的综合性文化建筑。场地是一个狭窄的废弃采石

图37-17　伊贝尔·卡马尔格基金会大楼

场，基金会大楼带有弧面，立面简洁，但显得灵活。室外楼梯犹如环抱的"手臂"围合了室外空间（图37-17），虽然没有装饰，色彩也单调，却富有人情味。

37.3　新现代主义风格艺术特点

新现代主义的艺术特点有：
◇　追求功能最佳的同时注重自然而然的艺术表达。
◇　简单抽象的几何形体之间的组合。
◇　简洁精致的表面效果，不拼贴符号。
◇　善于用光。

37.4　新现代主义的分支——极简主义风格

极简主义也被叫作极少主义或"新简约"，是20世纪90年代后出现的建筑思想及其实践，属于新现代主义的一个分支。它同样异于后现代主义和解构主义，是向"现代主义"回归的一种努力，向"少就是多"的理念看齐。

在雕塑艺术领域，美国著名雕塑家唐纳德·贾德在1976年创作了极简主义雕塑，用刨花板钉了15个一样大的箱子（1.5m² 大小，0.9m 高），只是外观有所区别（图37-18）。这样一组任何木匠都可以毫不费力制作的木箱子居然成为雕塑大师的名作，被纽约迪亚艺术中心永久收藏。

图 37-18　唐纳德·贾德的《无题》

贾德的极简主义雕塑获得认可，启发和鼓励了那些讨厌烦琐反对装饰也不喜欢做作的扭曲造型的建筑师，极简主义建筑开始出现。

建筑美学的变化节奏要比绘画、雕塑或装置艺术慢一个节拍。建筑艺术的载体——建筑——投资很大，而且是永久性的，不像绘画艺术一张画布几管颜料，雕塑艺术一堆泥巴或一块石头就搞定了。建筑美学的确立要在其他艺术领域尝试并获得成功之后。蒙德里安的简单的几何线条成为艺术品，可以视为现代主义建筑艺术的探路者。毕加索的扭曲抽象的画作可以视为弗兰克·盖里的先导。贾德的刨花板箱子可视为极简主义建筑的先驱。

2015 年，纽约建成了一座高 426m 的超高层建筑——96 层的公园大道 432 号公寓（图 38-4b），这座建筑目前是纽约最贵的公寓之一，见第 38 章。

37.5　光的建筑美学

建筑艺术从某种意义上讲是依赖光的艺术。建筑造型所形成的光影变化，不同质感与颜色对光的不同反射，构成了建筑形象。

新现代主义建筑师重视光的美学。如安藤忠雄的十字架光带；霍尔把光与建筑表皮结合，使之成为光源，不仅仅是光的反射体；贝聿铭特别重视光的室内投射效果等。

新现代主义对建筑光学艺术的贡献，就像印象派捕捉光的变化对绘画艺术的贡献一样。

第38章

超高层建筑艺术

哈利法塔让人们看到了**暴富**的得意。

38.1　超高层建筑概述

高度是表达的至高境界。

金字塔的高大不是基于美学，而是基于对神的敬仰；哥特式教堂的尖塔高耸云天，象征着信徒向上帝伸出的手臂；埃菲尔铁塔辐射出了法兰西的骄傲；华盛顿纪念碑彰显了美利坚的自豪；帝国大厦是为了炫耀资本的力量；台北 101 大厦在传递后来者超越的信念；哈利法塔让人们看到了暴富的洋洋得意。

19 世纪 70 年代，芝加哥开始出现 30m 以上的高层建筑。20 世纪初，建筑高度达到百米以上。按照中国规范，100m 以上就算超高层建筑；按照日本规范，60m 以上就是超高层建筑。也就是说，人类在 20 世纪初就进入了超高层时代，或者叫摩天大楼时代。图 38-1 是世界第一高楼的历史沿革。从 1902 年建成的 87m 高的纽约熨斗大厦到 2010 年建成的 828m 高的迪拜哈利法塔，108 年间，建筑高度提高了 741m。

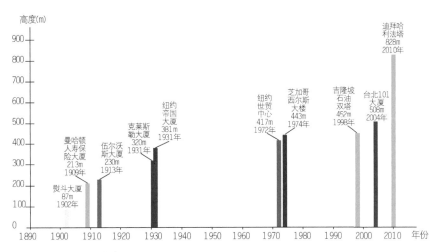

图 38-1　世界第一高楼的历史

超高层建筑你追我赶节节升高，基于技术进步和城市土地资源日益稀缺，但最主要的原因还是表达欲，是为了实现象征性和标志性，建造物的高度是具有震撼力的表达，高度本身就是艺术。

超高层建筑结构主要有框架 - 剪力墙结构、筒体结构、束筒结构。结构材料主要是高强度型钢、高强度钢筋、高强度混凝土等。结构体系有钢筋混凝土结构、钢结构、钢筋混凝土 - 钢混合结构等。

38.2　超高层建筑艺术特征

从 20 世纪初出现了超过百米的超高层建筑开始，到 20 世纪 50 年代，超高层艺术风格主要是芝加哥学派和装饰艺术运动风格，用一些古代建筑艺术语言点缀或用其他艺术符号装饰。

20 世纪 50 年代后，出现了国际主义、典雅主义、后现代主义、解构主义、新现代主义、极简主义、象征主义、现代折中主义超高层建筑。由于超高层建筑越来越高，装饰效果不易显现出来，多在形体上或建筑表皮上做文章。

超高层建筑的艺术特征有：

◇　注重形体语言，或方柱体，或圆柱体，或尖塔，或扭转形体等。

◇　出于结构的合理性，较多采用随高度收缩断面的形体。

◇　为了减轻自重，表皮较多采用玻璃幕墙或玻璃面积较大。

◇　注重建筑表皮的表达，但很少采用装饰。

38.3　超高层建筑类型及经典之作

超高层建筑类型包括双塔、尖塔、方塔、旋转塔、表皮浪漫的塔和象征性塔。

1. 双塔

"双塔"是指两座相同或类似的高层塔楼相邻，也叫姊妹楼。著名的双塔建筑包括芝加哥湖滨公寓（国际主义风格）、芝加哥马利纳公寓（结构表现主义风格）、纽约世贸中心（典雅主义风格）、马来西亚双子塔（后现代主义风格）和拉斯维加斯维尔公寓（解构主义风格）。

（1）芝加哥湖滨公寓

26 层的芝加哥湖滨公寓双塔是密斯著名的作品，1951 年建成，钢结构明框玻璃幕墙建筑，方方正正，规规矩矩，没有任何装饰，极其简洁，国际主义风格经典之作（图 38-2a），只是作为住宅，似乎缺少了点生活气息。

（2）芝加哥马利纳公寓

芝加哥马利纳公寓是浪漫的圆形建筑，一对姊妹楼像两个玉米棒，也被称作"玉米大厦"（图 38-2b）。设计玉米大厦的建筑师是戈德堡，他设计的花瓣形阳台形成了玉米穗效果。

玉米大厦是钢筋混凝土结构，高 179m，65 层，1964 年建成，结构表现主义风格。这座公寓功能齐全，包括住宅、剧院、体育馆、游泳池、滑冰场、保龄球馆、饭店、商店、停车场，还有自己的游艇码头。

a）湖滨公寓

b）马利纳公寓

c）世贸中心

d）马来西亚双子塔

e）维尔双塔公寓

图 38-2　双塔超高层建筑

（3）纽约世贸中心

山崎实设计的纽约世贸中心高 411m，典雅主义风格，2001 年 9 月 11 日被恐怖分子劫持的飞机撞毁。

世贸中心造型简单，是两根矗立的方柱，简单但富于魅力。山崎实做了 100 多个设计方案筛选，其艺术感染力在于恰到好处的比例、有韵味的竖向线条、凸凹虚实的光影、转角处柔和的抹角和精细精致的品质（图 38-2c）。

（4）吉隆坡双子塔

马来西亚吉隆坡的双子塔 1996 年建成，后现代主义风格，高 452m，88 层（图 38-2d），设计师是塞萨尔·佩里。

双子塔的八角形平面受伊斯兰教早期著名的清真寺——耶路撒冷金顶清真寺的启发。双子塔细部设计也从伊斯兰文化中汲取了一些元素。

（5）维尔双塔公寓

墨菲/杨建筑事务所的著名建筑师赫尔穆特·雅恩设计的拉斯维加斯维尔双塔公寓高 142m，解构主义风格。这是两座倾斜的大楼，倾斜度为 5°，最大偏离 10.6m（图 38-2e）。这种倾斜在结构上不合理，为了平衡倾覆力矩，必须有足够的稳定力矩，也就是说必须有很重的压载，尽管结构上可以做到，但要多花很多钱。用于住宅似乎没有意义，但在各种建筑争芳斗艳的赌城，奇特是吸眼球的重要手段。

2. 尖塔

超高层建筑最主要的荷载是水平方向的风荷载和地震作用，力学模型相当于从基础探出的"悬臂柱"，离地面越高的截面，弯矩越小，"悬臂柱"断面可以减小。因此，超高层建筑随高度越来越细是合理的结构布置，如尖塔、梯形塔和台阶形塔等，可统称为"尖塔"。尖塔也使立面造型有变化，看上去不单调，也是一种艺术表达。

著名的尖塔建筑包括旧金山泛美大厦（象征主义风格）、芝加哥汉考克大厦（现代主义风格）、芝加哥西尔斯大厦（现代主义风格）、迪拜哈利法塔（新现代主义风格）、伦敦的瑞士再保险公司（高科技风格）和伦敦的碎片大厦（高科技风格）。

（1）旧金山泛美大厦

1976 建成的旧金山最高建筑泛美大厦是细长的方尖锥形，有人把它称作泛美金字塔（图 38-3a）。

泛美大厦高 260m，48 层，由建筑师威廉·佩雷拉设计。大厦的尖刺造型突兀感强烈，遭到很多批评，甚至有人说它是地狱里穿出来的利剑。不过，时间长了人们也习惯了。

（2）汉考克大厦

SOM 集团设计的芝加哥汉考克大厦高 344m，地上 100 层，1969 年建成，是世界上最高的钢筋混凝土结构建筑。汉考克大厦是写字楼和公寓，表皮沿袭国际主义冷冰冰的风格，用黑色铝合金框，深色玻璃（图38-3b）。汉考克大厦随高度收缩平面面积，为方锥台形，犹如古埃及的方尖碑。汉考克大厦看上去非常雄伟。

（3）西尔斯大厦

芝加哥西尔斯大厦高442.3m，地上110层，1974年建成。2009年被威利斯公司收购后更名为"威利斯大厦"。1998年之前，西尔斯大厦是全球最高建筑。

西尔斯大厦是世界上第一个束筒结构建筑。所谓束筒就是一束筒体，即一群筒体的组合。西尔斯大厦结构平面由9个方格筒体组成，每个方格四周的柱子构成了一个筒。西尔斯大厦从51层开始，切去2个对角的方格，平面变成了7个方格；从67层开始，再切去两个对角的角格，平面变成了5个方格；从91层开始，又切去三个方格，只剩下两个方格到顶（图38-3c）。

a）旧金山泛美大厦

b）芝加哥汉考克大厦

c）芝加哥西尔斯大厦

d）迪拜哈利法塔

e）瑞士再保险公司

f）伦敦碎片大厦

图38-3 尖塔

西尔斯大厦是现代主义风格，钢结构玻璃幕墙，简单的立方体，在立面变化部位有深色横条，使大厦看上去不那么细高、单调。

（4）哈利法塔

阿联酋迪拜的哈利法塔2010年建成，高828m，154层。SOM设计集团阿德里安·史密斯设计，有混凝土核心筒的钢结构束筒结构。哈利法塔也是随着高度增加减少束筒数量，水平截面变小。建筑风格属于新现代主义，也有人称之为新未来主义风格（图38-3d）。

哈利法塔的高度比当时世界第一高楼台北101大厦高出320m，一下子高出这么多就是要"一览众楼低"，表现欲非常强烈。

（5）瑞士再保险公司总部

位于伦敦的瑞士再保险公司总部大厦形状像一根黄瓜，被戏称为"小黄瓜"（图38-3e）。英国高科技派建筑师福斯特设计的高科技风格的超高层建筑，高180m，40层，2005年建成。

"小黄瓜"也是环保建筑，充分利用自然光和自然通风以节约能源。

（6）伦敦碎片大厦

伦敦碎片大厦2012年建成，著名建筑师皮亚诺设计，95层306m高。碎片大厦像一座瘦瘦的金字塔，与旧金山泛美大厦相似，之所以叫碎片大厦，是因为批评者说它像玻璃碎片刺向天空(图38-3f)，碎片大厦是高科技风格。

3. 方塔

方塔是根方形立柱，造型简单。超高层方塔有国际主义、典雅主义和极简主义风格，著名建筑有芝加哥怡安中心（典雅主义）和纽约公园大道432号公寓（极简主义）。

（1）芝加哥怡安中心

芝加哥怡安中心建于1964年，美国建筑师爱德华·斯东设计，最初是美孚石油公司大厦，现在被怡安公司所买，改名为怡安中心。

怡安中心是典雅主义的代表作。虽然造型简单，但恰到好处的比例，对转角和表皮精细的处理，亲切的质感与颜色，与同样简洁但显得冷冰冰的玻璃幕墙方塔形象大不一样（图38-4a）。

斯东是典雅主义代表人物，反对僵化刻板，对密斯的作品特别是纽约西格拉姆大厦感到"恐怖"，他主张现代建筑要从古典建筑中吸取营养，要有人情味、浪漫情调和新颖性。

（2）纽约公园大道432号公寓

2015年，纽约建成了一座高426m的超高层建筑——96层的公园大道432号公寓，纽约最贵的公寓之一。

这座公寓是极简主义风格。平面是正方形，每边 6 跨。建筑物细高，似乎不成比例。但从各个角度看都很顺眼。建筑立面很简单，没有任何装饰，所有窗户都是一个尺寸，接近正方形，唯一的变化是每隔 12 层有 2 层窗户凹入柱梁，如此循环到顶。结构梁柱为清水混凝土，水泥颜色较浅，看上去很柔和（图 38-4b）。

公园大道 432 号公寓虽然极其简约，但在纽约千姿百态的高楼大厦中是一枝独秀。这与超高层建筑所蕴含的象征主义有关，也与极简主义所实现的简约而又优雅的气质有关。

这座建筑的设计师是美籍乌拉圭建筑师拉斐尔·维诺里，新现代主义建筑师。他的设计讲究自然而然，追求在质感、造型、比例等方面实现美学价值。

a）怡安中心　　　　　　　　　　　　　b）纽约公园大道 432 号公寓

图 38-4　方塔

4. 旋转塔

旋转塔是扭曲的柱体，从各个角度看造型不一。著名建筑有马尔默公寓（解构主义）、科威特阿尔哈姆拉大厦（解构主义）和上海中心（象征主义）。

（1）瑞典马尔默公寓

2005 年建成的瑞典马尔默公寓由西班牙著名建筑师圣迭戈·卡拉特拉瓦设计，创意来自雕塑《扭动的腰肢》，结构表现主义风格（图 38-5a）。马尔默公寓高 194m，54 层，钢结构加钢筋混凝土核心筒。形体自下而上扭转 90°。外墙构件采用预制装配工艺。

（2）科威特阿尔哈姆拉大厦

科威特的阿尔哈姆拉大厦高 412m，77 层，SOM 建筑事务所设计，2011 年建成。

阿尔哈姆拉大厦的形体像卷了一半的纸筒，从楼的主体"卷出"部分主要不是基于美学考虑，而是为了增强"板楼"宽面抗侧向力而伸出的翼缘，类似于槽钢翼缘，只是规规矩矩地伸出翼缘太难看了，就设计成了富有变化和美感的翻卷造型，非常新颖（图38-5b）。

a）瑞典马尔默公寓　　　　　　b）阿尔哈姆拉大厦　　　　　　c）上海中心

图38-5　旋转塔

（3）上海中心

上海中心2016年建成，高632m，128层，目前是中国最高、世界第二高建筑（图38-5c）。

上海中心是抽象的龙形，象征着龙的传人，美国Gensler建筑设计事务所创意。

5. 表皮浪漫的塔

表皮浪漫的塔建筑形体比较"规矩"，但建筑表皮比较浪漫，是富有动感的曲面。著名建筑有芝加哥爱克瓦公寓（新现代主义）和纽约比克曼公寓（现代折中主义）。

（1）芝加哥爱克瓦公寓

2009年建成的芝加哥爱克瓦公寓是女建筑师珍妮·甘的作品，82层，高247m。

爱克瓦大厦是钢筋混凝土结构。不规则探出的钢筋混凝土阳台形成了建筑立面水纹波浪效果（图38-6a），建筑师将阳台与建筑立面的艺术表达有机地结合起来，毫不做作，非常巧妙，赋予了建筑丰富浪漫的雕塑感和情调，柔情似水。这座大厦也被叫作"水楼"。

（2）纽约比克曼公寓

纽约有一栋立面有竖向波浪感的大厦——比克曼公寓（图38-6b），这座个性十足的建筑是盖里的作品。265m高的比克曼公寓建筑表皮用不锈钢，有一些扭曲的褶，像涌动的水纹或波浪。许多窗户是曲面或有褶的。比克曼公寓是 100 年前西班牙高迪风格的某种程度的再现。有人认为充满活力，也有人认为没有稳定感。但吸引眼球是做到了。

a）爱克瓦公寓   b）比克曼公寓

图 38-6   表皮浪漫的塔

6. 象征性塔

象征性塔靠建筑的形体语言做抽象的象征性表达。超高层建筑的象征性是神似而非形似。著名建筑有"9·11"后重建的纽约世贸中心 1 号和北京中信大厦，这两座建筑可归类于象征主义，或现代折中主义。前面介绍的上海中心也是象征性超高层建筑。

（1）纽约世贸中心 1 号

纽约世贸中心 1 号是在原世贸中心遗址上重建的建筑，2013 年建成，高 541m，104 层，设计师是 SOM 建筑事务所的戴维·查尔兹。

纽约世贸中心 1 号像一个有切面的钻石柱体，从不同角度看是不同的效果（图 38-7a）。属于新现代主义风格。

世贸中心 1 号最初被叫作自由塔，自由意味着多元，意味着不同侧面的存在。建筑师通过切面以抽象的语言表达了多元的自由精神。

（2）北京中信大厦

北京中信大厦高 528m，108 层，2018 年建成。由中国建筑师吴晨设计，建筑形体像中国古代礼器——尊，所以也被叫作中国尊（图 38-7b）。

中国尊既有象征性，又非常简洁优雅；既有古意，又很现代。

a）纽约世贸中心 1 号

b）北京中国尊

图 38-7　象征性塔

第39章

绿色建筑艺术

建筑业是生态保卫战的重要战场。

39.1 绿色建筑概述

绿色建筑广义而言是指环保建筑，狭义而言是指绿化建筑。

1. 环保建筑

环保建筑也叫生态建筑或低碳建筑，是指在建造过程和使用寿命期内节约能源、减少二氧化碳排放的建筑，又被称作节能减排建筑。

节能减排是关系到地球生存环境进而影响到人类命运的大事，建筑业是消耗能源的"大户"，是生态保卫战的重要战场。

20 世纪 50 年代，建筑师保罗·索莱里最早提出了生态建筑理念，并于 20 世纪 70 年代在美国的沙漠里建造生态城，被誉为生态建筑之父。

20 世纪 90 年代后，越来越多的建筑师设计节能减排建筑，节约能源、土地、材料，利用自然能源，利用废旧材料，利用废弃旧建筑。进入 21 世纪，出现了"零排放"建筑。

2. 绿化建筑

绿化建筑的建筑构成包含着绿化，例如在屋顶、阳台、墙面、架空层、结构转换层、内庭等部位布置绿化，使生活和工作环境融入自然。

一直生活在大自然中的人类，工业革命 200 多年来日益聚集在城市，远离自然，远离绿色。

19 世纪如画风景运动是贵族商贾回归自然；20 世纪的草原别墅是中产阶级回归自然；今天的绿化建筑则是用阳台绿化、墙体绿化、夹层花园、立体绿化和屋顶绿化的办法，让自然覆盖城市，让大众回归自然。

39.2 最早的生态建筑尝试

阿科桑底生态城是保罗·索莱里在美国西南部亚利桑那州沙漠建造的一个生态建筑

图 39-1　阿科桑底生态城

群（图 39-1），自 20 世纪 70 年代到今天一直在建设中，名为城，其实只是个百人社区，荒凉沙漠中的在建工地。

索莱里是赖特的学生，20 世纪 50 年代最早提出了生态建筑的理念——城市建筑要节约土地、节约能源、节约其他资源、减少废物排放和环境污染。这些理念现在已成为世界共识，但在当时非常超前，不被世人接受，更没有市场。索莱里自筹资金在沙漠里买了土地，规划了生态城市，在来自世界各地的志愿者的帮助下付诸实施。

保罗·索莱里规划的生态城市非常紧凑，交通完全靠步行，以节约土地和能源。紧凑的社区还有助于人际交往。生态城的房屋是混凝土结构，建筑美学或者说建筑形式服从使用功能和生态要求。建筑就地取材，用沙漠里的砂石；模板不修边幅，刻意表达不为建筑多费工夫的环保理念；有什么材料用什么材料，建筑垃圾也要再利用。生态城应用太阳能、风能、水利能等自然资源。

40 年过去了，生态城只完成规划的 3%，靠生态理念吸引的志愿者、赞助者和旅游观光者支撑，并不能真正成为人类正常生活的可借鉴模式。阿科桑底生态城是一次失败的尝试。索莱里的生态理念是正确的，但实现生态的路径是乌托邦式的。

39.3　利用废弃资源的建筑艺术

利用废弃资源是生态建筑的重要方面，包括废弃材料的应用、废弃矿山的利用、旧厂房改造应用等。

图 39-2　维也纳生态大楼

（1）维也纳生态大楼

维也纳 1985 年建造了一座生态建筑，画家亨德尔特瓦塞尔设计，墙面装饰品使用了废弃物（图 39-2）。尽管所用废弃物很少，但宣告意义很强，废弃物的美学价值给人以启发。

（2）英国伊甸园

伊甸园是英国 2000 年为迎接 21 世纪的到来建设的生态试验建筑，建在一个废弃的黏土矿上，采用网格薄膜结构，跨度达 240m，整个建筑用充气薄膜覆盖，像吹起的泡泡（图 39-3），既透光又保温。建筑里培育着世界各地的植物。这座生态建筑将废弃矿变成了著名的旅游景点。

图 39-3　英国伊甸园

（3）扬州瘦西湖文化行馆

扬州瘦西湖文化行馆是文化旅游宾馆，多功能厅由旧仓库改建而成，只是对原有墙体做局部改动，就有了艺术范儿（图39-4）。近些年来世界各地有很多这样的项目，都获得了成功，如加拿大温哥华的格兰威尔岛，中国北京的798等。

（4）汉堡易北爱乐音乐厅

2017年投入使用的汉堡易北爱乐音乐厅由瑞士赫尔佐格和德梅隆建筑事务所设计。这座音乐厅最精彩的一笔是在原码头货物仓库之上接层，建起了美轮美奂的音乐厅。旧仓库的砖质感与新建筑的玻璃质感互相映衬，前者坚实厚重古朴；后者缥缈虚幻浪漫（图39-5）。更重要的是以浪漫的手法宣示了旧建筑的价值和环保的理念。

图39-4　扬州瘦西湖文化行馆多功能厅

图39-5　德国汉堡易北爱乐音乐厅

39.4　绿色建筑实例

绿色建筑既要实现节能减排，又要与建筑功能和艺术有机结合。下面介绍几个建筑实例。

（1）凤凰城图书馆

1992年建成的美国凤凰城图书馆赢得了盛赞，这是一座非常有雕塑感的建筑（图39-6），由建筑师威廉姆·布鲁德设计。

凤凰城图书馆的"雕塑感"是靠节能装置实现的。凤凰城气候炎热，为了遮蔽日晒，图书馆南立面玻璃幕墙外设置了计算机自动调节开启角度的百叶窗，用白色三角形帆布和金属杆制作。

凤凰城图书馆还是"全装配"式混凝土建筑。所谓"全装配"是指混凝土柱、梁、楼板的连接没有采用现浇混凝土或灌浆套筒的湿连接方式，而是采用螺栓连接和搭接方式。

（2）德意志商业银行总部大楼

英国建筑师福斯特设计的德意志商业银行总部大楼高299m，53层，1997年建成，是当时耗能最省的高层建筑（图39-7）。大厦是三角形平面，布置方向使三个面都能获得日照，三角形通顶内庭犹如一个大烟囱，非常有利于自然通风，一年四季大多数时候不用开空调，大厦内庭还有多处空中花园。

（3）耶鲁大学克鲁恩大楼

耶鲁大学森林与环境学院的克鲁恩大楼2009年建成，是著名的低碳建筑，汇集了世界顶尖建筑和绿色环保设计团队的设计成果，能耗是相同规模建筑的53%。

图39-6　凤凰城图书馆　　　　　　　　　　　　　　　图39-7　法兰克福德意志商业银行总部大楼

克鲁恩大楼拱形屋顶的朝阳面铺满了太阳能光电板；南墙采用被动式太阳能技术；山墙是通透的玻璃幕墙（图39-8）；尽可能利用自然光源；用隔热玻璃和隔热混凝土；通风系统采用自然风。克鲁恩大楼还利用地热资源。用传感器控制照明，以节约用电。

克鲁恩大楼建立了雨水回收利用系统。将建筑物和周围区域的雨水有组织地进行回收和净化，再用于浇花、卫生间冲洗和清扫卫生等。雨水回收利用系统与庭院景观相结合。

（4）基督城纸结构教堂

新西兰基督城有一座纸结构教堂，日本著名建筑师坂茂设计。坂茂是2014年普利兹克奖获得者。

基督城纸结构教堂是2011年大地震后建的，主要结构构件是用纸卷成的圆管，组成人字形（图39-9），纸管基座是旧集装箱，纸管表面有防火涂料，纸管外铺上透明的塑料板。纸管、塑料板和集装箱都是可回收材料。

（5）洞爷湖零排放建筑

2008年西方发达国家首脑会议在日本洞爷湖召开。日本积水公司向各国首脑展示了世界第一座零排放建筑（图39-10）。这是现代建筑史上具有里程碑意义的事件。

图 39-8 美国耶鲁大学克鲁恩大楼

图 39-9 基督城纸结构教堂

所谓零排放是指建筑物在使用期间二氧化碳排放量为零。该建筑一方面在所有耗能环节采取大幅度节能措施，如高保温性能围护系统、隔热玻璃、遮阳设施、尽可能采用自然通风、采用最节能的电器与家电等；另一方面充分利用自然能源，朝阳屋面铺满了光电板。还有微型风能设施。

（6）苹果新总部

位于旧金山的苹果新总部大楼被称为面向未来的建筑，2018 年竣工（图 39-11）。这座建筑有如下特点：

◇ 圆环形建筑，造型像飞碟，承载了人类的梦想。

◇ 环形建筑的内圈与外围都是绿色植被。

◇ 装配式建筑，采用预制清水混凝土弧形板。

◇ 采用新材料，建筑表皮是弧形玻璃；屋盖是碳纤维材料。

◇ 绿色建筑，屋面铺满太阳能光电板；采用自然通风减少使用空调的时间；生活用水循环使用等。

图 39-10 洞爷湖 "零排放" 建筑（前排平房）

图 39-11 苹果新总部鸟瞰

39.5 建筑绿化艺术

一些建筑师将绿化作为建筑艺术元素，看几个例子。

（1）新加坡太阳大楼

马来西亚建筑师杨经文被誉为生态建筑大师，设计了一些著名的生态建筑，绿化与建筑艺术也结合得很好。例如2010年建成的新加坡太阳大楼，外立面环绕的绿化带总长达1.5公里（图39-12）。

（2）悉尼"CENTRAL PARK"

2015年，建造洞爷湖零排放样板房的日本积水公司在澳大利亚悉尼建造了被誉为世界上最现代化的高层建筑——"CENTRAL PARK"大厦，"最现代化"的标志就是绿色。

这座建筑有一块在高处悬挂的巨大反光板，可将太阳光投射到前楼背阴房间和后楼被挡光的房间，阳光投射角度和时间可自动调节。这座大厦还采用了立体绿化。这座绿色建筑，既是节能意义上的绿色，也是绿化意义上的绿色（图39-13）。

图 39-12　新加坡太阳大楼

图 39-13　悉尼"CENTRAL PARK"

图 39-14　亚马逊公司总部新办公楼

（3）西雅图亚马逊总部

位于西雅图的亚马逊公司的总部新办公楼2018年建成，其中有一个办公区由3个钢结构玻璃球组合而成。亚马逊公司把南美洲亚马孙地区的热带雨林搬到了这3个球形建筑中，有植物，还有小动物。玻璃球里不是植物园，不是游览场所，而是办公场所（图39-14）。

39.6 减少建筑的思考 •••

从阿科桑底生态城最初不被大家所理解，到 30 年后洞爷湖零排放样板房向世界展示，绿色建筑越来越多，表明人类在环境变化的压力下，意识到了绿色建筑的重要性与紧迫性。少排放和零排放的绿色建筑和绿化意义上的绿色建筑，将是未来建筑的重要特征。

其实，少盖房子是更有效的节能减排，是节约资源的最好方式。

如何做到少盖房子？唯一的办法就是延长建筑的使用寿命。道理很简单，100 年建一轮房子比 50 年建一轮房子会大幅度降低建设过程的能源与资源消耗。所以，一方面要延长旧建筑的使用寿命；另一方面要提高新建建筑设计的寿命周期。

1. 延长旧建筑使用寿命

以现在的结构技术，施工工艺和艺术观念，延长旧建筑使用寿命，包括结构安全、功能适宜和美学形象的与时俱进，并不是很难的事。关键是决策者应当具有强烈的尽可能不拆旧建筑的环保意识，对延长旧建筑寿命周期的技术和艺术手段有信心。具体地说：

◇ 许多旧建筑可以进行结构加固以延长使用寿命。

◇ 一些旧建筑可以通过加固、接层增加面积。

◇ 可通过增加保温层、附加电梯井、改造管线等措施提高建筑的节能性、功能性与舒适度。

◇ 在旧建筑加固改造时赋予其适宜的艺术语言。

2. 延长新建建筑设计寿命

延长新建建筑设计寿命比加固改造旧建筑还要容易。

现代建筑的生命期被人为地缩短了。欧洲许多城市保留了大量中世纪建筑；纽约、芝加哥是现代高层建筑的摇篮，有许多 100 年以上的高层建筑在使用。日本高层建筑使用寿命至少是 100 年。日本结构工程师对中国高层住宅按 50 年设计非常不理解：建造一座高层建筑十分不易，只有 50 年使用寿命，是对资源的极大浪费。

日本在建筑结构设计中特别重视耐久性，除了风荷载和地震作用按 100 年或更长时间计算外，普遍采用高强度等级混凝土、高强度钢筋和厚保护层。

延长建筑物的使用寿命并不会成比例增加建造成本。建筑使用寿命从 50 年变为 100 年，建造成本虽然会有所增加，但不是增加一倍，按照日本结构设计师估计，增加的建造成本连 30% 都不到。

高强度混凝土和高强度钢筋的应用，耐久性更长的混凝土的出现，为人类建造使用寿命更长的建筑提供了有力的支撑，为人类减少建筑量，大幅度节能减排提供了解决途径。

第40章
当代建筑进行时

穿衣服怕"撞衫"的时代，建筑也会更加趋于**个性化**。

40.1　多元化的当代建筑

当代建筑是指近二三十年的建筑，艺术风格是多元化的。

1. 古代建筑余音缭绕

虽然古代建筑 19 世纪末就谢幕了，但余音缭绕，古代建筑艺术的影响一直没有消失：或直接仿古，或以后现代主义形式出现，或变形为抽象符号，或以地域主义面貌出现。中国房地产企业恒大、绿城和碧桂园正在开发的房地产项目的建筑风格都受西方古代建筑艺术的影响；一些精品旅游酒店也喜欢传统元素，如现代徽派建筑等。

2. 现代主义还是主角

很多人认为现代主义 20 世纪 70 年代就退出历史舞台了。其实，现代主义风格不仅没有衰落，还一直是建筑艺术舞台的主角，虽然就所占比例而言，现代主义自 20 世纪 70 年代后，被其他风格占去了一些份额，一统天下的局面被打破，但就绝对量而言，现代主义建筑的数量还是增加了。大量的普通住宅、办公楼等非标志性建筑，还是以现代主义风格居多，其中大多数是国际主义风格的老样子，有些建筑接近新现代主义特征。

3. 后现代主义还在延续

后现代主义给人的印象自 20 世纪 90 年代后就销声匿迹了。其实不然，后现代主义以"少则厌烦"反对"少就是多"的理念赢得了市场，许多当代建筑理直气壮地进行装饰。一些地域主义风格建筑继承了后现代主义衣钵，运用传统符号或世俗符号，尽管没有用戏谑的手法。一些当代建筑采用双层表皮，外表皮就是纯粹的装饰层。

4. 解构主义仍然活跃

解构主义因过于注重形式影响功能的短板，似乎日渐式微。其实，解构主义还在兴头上，解构主义建筑师非常吃香。一些急于展现经济发展成就的发展中国家和新兴城市，还有一些不甘衰落或默默无名希望靠标志性建筑振作起来的城市，为奇形怪状的建筑提供了机会。

粗野主义也有新生，极简主义愈显高贵，象征主义不时登台，高科技派与时俱进，绿色建筑渐成主角。还有一些建筑，汲取了各种风格所长，可称之为现代折中主义……

当代建筑是多元的。

40.2　现代折中主义

19世纪的折中主义是古代建筑风格艺术元素的拼盘。当代一些建筑，或是某种艺术风格的变化，或吸取了几种风格的艺术特征，笔者把这类建筑归类为现代折中主义。举几个例子：

（1）奥斯陆歌剧院

挪威奥斯陆歌剧院2008年建成，由斯诺赫塔建筑事务所设计。这座建筑就简洁而言有现代主义的感觉；就形体而言有解构主义的意思；就象征性而言，有些像入海的冰川（图40-1）；屋盖有广场功能，挪威人说这是民主的象征；室内弯曲的木墙延续了北欧有机主义传统。

（2）哥本哈根霍顿律师事务所

丹麦哥本哈根霍顿律师事务所2009年建成，3×N建筑事务所设计，之所以叫"3×N"是因为3个建筑师都叫尼尔森。

这座建筑的形体是稍有变形的立方体，有点解构主义意思，但又很收敛。建筑表皮是有凸凹感的仿石材GRC墙板与玻璃（图40-2）。

图 40-1　奥斯陆歌剧院

图 40-2　哥本哈根霍顿律师事务所

（3）哥本哈根尤斯丹贝拉天空酒店

丹麦哥本哈根尤斯丹贝拉天空酒店2011年建成，也是3×N事务所设计。倾斜的形体是解构主义特征，但又不是很夸张（图40-3）。

（4）里昂橙色立方

法国里昂橙色立方2011年建成，设计师是雅各布和麦克法兰。这座建筑位于旧码头区，是码头区改造的标志性建筑。金属表皮，色彩艳丽。规则的立方体的棱角处挖一个不规则的横向洞，既是采光通风的通道，又是富有个性的艺术表达方式（图 40-4）。

图 40-3　哥本哈根尤斯丹贝拉天空酒店

图 40-4　里昂橙色立方

（5）新普利茅斯列恩·雷博物馆

新西兰新普利茅斯列恩·雷博物馆 2015 年建成，是展出新西兰现代艺术家列恩·雷的作品的博物馆，由 Pattersons 建筑事务所设计。

这座建筑的形体是矩形立方体，墙体是波浪形，墙体外表皮是不锈钢，犹如弯曲的镜面，闪闪发光，富有动感（图 40-5）；内表皮是清水混凝土，质朴素雅。

（6）智利天主教大学 UC 创新中心

智利天主教大学 UC 创新中心是智利当代建筑师亚力杭德罗·阿拉维纳设计，2014 年建成。亚力杭德罗是 2016 年普利兹克奖获得者。这座创新中心地上 11 层，造型是清水混凝土大方块（图 40-6），局部有凸出的块体。外墙面窗户很少，且凹入墙体。各个房间主要靠内庭采光。这座建筑有现代主义的简洁、解构主义的大悬挑、粗野主义不修边幅的清水混凝土质感，还是节能建筑。

图 40-5　新西兰新普利茅斯列恩·雷博物馆

图 40-6　UC 创新中心

（7）纽约新当代艺术博物馆

日本建筑师西泽立卫和妹岛和世设计的纽约新当代艺术博物馆（图40-7）2007年建成。像小孩摆积木没摆好，6个没有窗户的盒子叠起来，盒子大小形状有差异，摆得也不整齐，具有"不确定"性。博物馆首层是玻璃表皮，6个银色铝制幕墙盒子像悬在空中一样，强化了不确定性。这座建筑既是现代主义的变异，也是解构主义的收敛。

（8）荷兰鹿特丹萨尔巴市场

2014年建成的荷兰鹿特丹萨尔巴市场由MVRDV设计（图40-8）。

萨尔巴市场既是市场又是住宅，有100个店铺和228套公寓。建筑本身是个"拱券"，拱顶画满了壁画，高度透明的网状玻璃使人们在市场外就能清晰地看到绚丽多彩的拱壁绘画。这座建筑既有后现代主义戏谑的感觉，又有解构主义的味道。

图40-7 新当代艺术博物馆　　图40-8 鹿特丹萨尔巴市场

40.3　丰富的表皮

由于建筑材料日益丰富和建筑师的创新意识，当代建筑的表皮色彩斑斓，表情丰富。举例如下：

（1）伦敦奥运射击场

伦敦奥运射击场建于2012年，是一座临时建筑，可拆卸后异地重建，由玛格马建筑事务所设计。

这座建筑是组合式钢结构，半透明的双层PVC膜表皮。建筑表皮有颜色的圆孔，或是门窗，或是通风口，功能与艺术表达相结合（图40-9）。

（2）伯明翰斗牛场购物中心

英国伯明翰斗牛场购物中心于 2003 年建成，由"未来系统"设计，形体像科幻片的怪物，表皮是镀铬铝片，犹如盔甲一般（图 40-10）。

图 40-9　伦敦奥运射击场

图 40-10　伯明翰斗牛场购物中心

（3）布罗德艺术博物馆

洛杉矶布罗德艺术博物馆于 2015 年建成，设计师是戴勒·斯科夫迪奥和伦若。建筑表皮是 GRC 镂空装饰构件，共 2500 块，400 个式样，被称作"定制的面纱"（图 40-11）。

（4）马赛地中海博物馆

鲁迪·里乔蒂设计的法国马赛地中海博物馆于 2015 年建成，建筑形体是工工整整的方盒子，其特殊之处在于表皮，墙体外有一层用超高性能混凝土（UHPC）制作的镂空装饰网（图 40-12）。

图 40-11　洛杉矶布罗德艺术博物馆

图 40-12　马赛地中海博物馆

⊖　《100 Years 100 Buildings》P210，Author: John Hill，PRESTEL。

图 40-13　苏拉吉博物馆

（5）苏拉吉博物馆

苏拉吉博物馆坐落在法国南部小镇罗德兹，2014 年建成，由 3 位西班牙建筑师拉斐尔·阿兰达、卡莫·皮格姆和拉蒙·比拉尔塔设计，这 3 位设计师是 2017 年普利兹克奖获得者。

苏拉吉是法国著名画家，博物馆展出他的作品。博物馆由一组立方体组成，建筑表皮是耐候钢板，将建筑与景观紧密融合（图 40-13）。

（6）建筑表皮集锦

当代建筑表皮丰富，图 40-14 给出了一些有特色的建筑表皮细部。

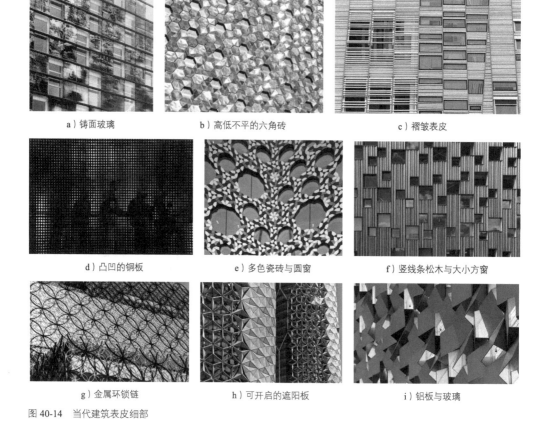

a）铸面玻璃　　　　　　b）高低不平的六角砖　　　　　　c）褶皱表皮

d）凸凹的铜板　　　　　　e）多色瓷砖与圆窗　　　　　　f）竖线条松木与大小方窗

g）金属环锁链　　　　　　h）可开启的遮阳板　　　　　　i）铝板与玻璃

图 40-14　当代建筑表皮细部

40.4　建筑艺术将来时

展望建筑艺术将来时，可能会有如下趋势：

1. 泛艺术化

古代建筑艺术主要体现在宗教和宫廷建筑上，现代建筑艺术从公共建筑和商业建筑开始，演化趋势是越来越平民化。未来建筑艺术会更加普及，甚至覆盖工业厂房。建筑有泛艺术化的趋势。

加拿大温哥华的格兰威尔岛是旧港口、厂房和仓库改造的文化旅游商业区，在岛上最繁华的中心地段，有一个正在运营的混凝土搅拌站。这家搅拌站通过适当地打扮，与周围环境合拍，不仅不碍眼，还会使人联想到格兰威尔岛的历史沿革和艺术特色。格兰威尔岛搅拌站并不是勉强、唐突的存在，而是有历史记忆、有特定身份、有美学价值的存在（图40-15）。混凝土搅拌站的料仓表皮被绘制成鲜艳的卡通画，既符合岛上的艺术氛围，也符合工业园区改造的身份。彩绘

图40-15　混凝土搅拌站与豪华公寓

料仓和距离搅拌站不远的温哥华著名的解构主义风格的豪华公寓"一号公馆"在一个画面里，各展风采，形成了很有趣味的对照。

"泛艺术化"就是艺术有着更广泛的应用领域，即使是工业厂房，即使是混凝土搅拌站，即使是工业设备，也能辐射出艺术的魅力。

2. 更加个性化

建筑泛艺术化时代，艺术成为大多数建筑的固有属性。没有个性，就没有艺术。再漂亮的艺术品，如果被千篇一律地复制，艺术浓度就会稀释。

改革开放前，一个人穿着与大家不一样，会显得很刺眼；而现在，即使在地铁人流高峰期，也很少看到"撞衫"。随着经济的发展，人们不仅仅希望建筑满足生理功能，还会追求建筑在精神上带来的愉悦和满足。人们更加关注自身对建筑美学的独特需求，建筑艺术必然向满足人们个性化需求的方向发展。

个性化就是拥有特质元素，独具一格，与众不同。有个性的建筑，往往生命力更长久，不会湮没在千篇一律同质化的建筑中。追求建筑的个性美是优秀建筑师的本能。随着经济发展和技术进步，"撞衫"的建筑会越来越少。

3. 新建材的影响

高强度等级混凝土、高耐久性混凝土、超高性能混凝土、高强度等级钢材、高强度轻金属、高性能保温材料、碳纤维、高强度建筑纸材料、软膜表皮材料、各种组合和混合材料等，会给建筑师更多的艺术表达选择。

4. 结构技术进步的影响

由建筑材料性能提高所带来的结构技术进步，会带来建筑艺术新的表现形式。

5. 工艺进步的影响

建造工艺的进步包括大型起重设备、3D 打印技术和乐高拼接技术等。

大型起重设备使大型构件、组合构件、模块化构件的安装更为便利和经济。

3D 打印技术在建筑领域的普遍应用，需要打印材料具有较高的抗拉强度、可塑性和防火功能。现有钢筋混凝土尚不具备打印条件，高强度等级的纤维混凝土或许是发展方向。打印材料的突破将使 3D 打印技术在建筑领域进入实际应用，将带来建筑业革命性的变化和飞越。届时，设计和建造房屋会变得简单有趣，建筑风格也会呈现出多彩缤纷的景象。

"乐高思维"是装配式建筑的一个方向，用几种标准化部件组合成各式各样的建筑，相应的建筑美学也会随之而生。

6. 未来建筑什么样

探讨建筑的未来，首先要基于对建筑发展历史的回顾。回顾建筑发展的历史可以得知，建筑的重大进步总是和以下因素有关：

新建筑材料的发现或发明，如天然水泥、人造水泥、钢材、玻璃等。

技术进步，如高层建筑结构、大跨度结构、计算机技术等。

工艺进步，如焊接技术、套筒技术等。

功能需要，如大空间的需要、节能减排的需要等。

7. 对未来建筑艺术的展望

◈ 低排放或零排放的绿色建筑。

◈ 屋顶绿化、立面绿化和周边环境绿化的绿色建筑。

◈ 结构更耐久，使用寿命远比现在长。

◈ 建筑艺术绿色化、多元化、个性化。

◈ 建造过程、使用功能和管理维护工程的智能化。

附录 A 拱券类型图例

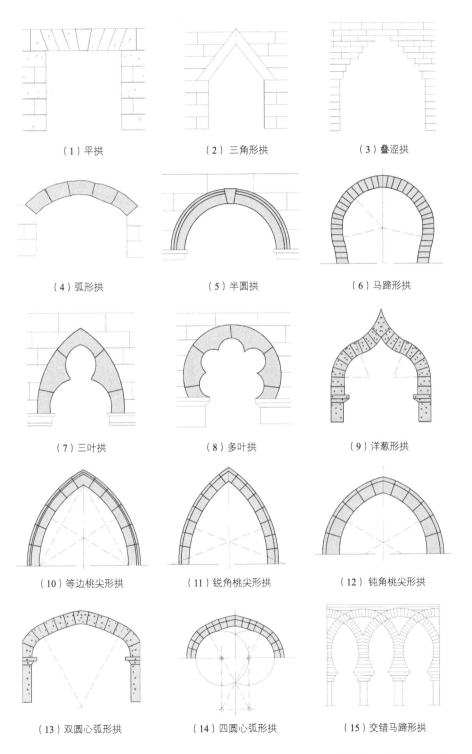

（1）平拱

（2）三角形拱

（3）叠涩拱

（4）弧形拱

（5）半圆拱

（6）马蹄形拱

（7）三叶拱

（8）多叶拱

（9）洋葱形拱

（10）等边桃尖形拱

（11）锐角桃尖形拱

（12）钝角桃尖形拱

（13）双圆心弧形拱

（14）四圆心弧形拱

（15）交错马蹄形拱

附录 B　拱券类型说明

序号	名称	说明	用于建筑风格
1	平拱	中间是楔形石，其两侧是平行四边形块石，互相挤住	普通建筑
2	三角形拱	两块条石形成三角形拱	美索不达米亚、印第安
3	叠涩拱	两侧砖石由下至上依次悬挑，在拱顶汇合	美索不达米亚、印度、印第安
4	弧形拱	梯形石头依次挤住形成拱，也叫做扇形拱	文艺复兴
5	半圆拱	拱的形状为半圆形	罗马、罗马风、拜占庭、文艺复兴、巴洛克、新古典主义，早期伊斯兰教建筑偶尔用
6	马蹄形拱	拱的形状上部是半圆形，下部内收	伊斯兰
7	三叶拱	拱腹线由三个圆弧组成，像三片叶子	伊斯兰
8	多叶拱	拱腹线由多个圆弧组成，像多片叶子	伊斯兰
9	洋葱形拱	两条"S"形曲线组成，上部弧线为凹形	拜占庭、伊斯兰
10	等边桃尖形拱	两段圆弧相对而成的尖拱，圆弧的圆心在拱趾处，曲率半径等于拱跨长度	哥特式、伊斯兰
11	锐角桃尖形拱	两段圆弧相对而成的尖拱，圆弧的圆心在拱跨之外，曲率半径大于拱跨长度。瘦长的尖拱	
12	钝角桃尖形拱	两段圆弧相对而成的尖拱，圆弧的圆心在拱跨之内，曲率半径小于拱跨长度。矮胖的尖拱	
13	双圆心弧形拱	圆心在拱趾连线之下，拱高小于拱跨一半的矮拱	文艺复兴
14	四圆心弧形拱	由四段圆弧组成的矮拱	英格兰都铎式
15	交错马蹄形拱	马蹄形拱交错布置。半圆形拱、桃尖形拱也可以交错布置	拜占庭、伊斯兰

附录 C　著名古代建筑中英文名称及说明

附录 D　现代建筑与建筑师中英文名称及说明